Führer zu archäologischen Denkmälern im Rheinland

Band 4

Eine Veröffentlichung des
Landschaftsverbandes Rheinland/
Rheinisches Amt für Bodendenkmalpflege

herausgegeben von
Jürgen Kunow

W0245468

LANDSCHAFTS
VERBAND
RHEINLAND **LVR**

Qualität für Menschen

Heinz Günter Horn (Hrsg.)

Neandertaler + Co.

Eiszeitjägern auf der Spur – Streifzüge durch die Urgeschichte Nordrhein-Westfalens

VERLAG PHILIPP VON ZABERN
MAINZ AM RHEIN

XIV, 330 Seiten mit 145 Farb- und 30 Schwarzweißabbildungen

Frontispiz: Ein Neandertaler bei der Bearbeitung eines Speeres; Dermoplastik im Neanderthal Museum, Mettmann.

Weitere Publikationen aus unserem Programm finden Sie unter: *www.zabern.de*

Bibliografische Information der Deutschen Bibliothek

Die Deutsche Bibliothek verzeichnet diese Publikation in der Deutschen Nationalbibliografie; detaillierte bibliografische Daten sind im Internet über <*http://dnb.ddb.de*> abrufbar.

© 2006 by Verlag Philipp von Zabern, Mainz am Rhein
ISBN-10: 3-8053-3603-9 (Buchhandelsausgabe)
ISBN-13: 978-3-8053-3603-1 (Buchhandelsausgabe)
ISBN-10: 3-8053-3615-2 (Museumsausgabe)
ISBN-13: 978-3-8053-3615-4 (Museumsausgabe)

1. Auflage 2006

Redaktion: Birgit Wüller, Stuttgart
Schriftenleitung: Michaela Aufleger, Landschaftsverband Rheinland/Rheinisches Amt für Bodendenkmalpflege, Bonn, unter Mitarbeit von Svea Rathje, Landschaftsverband Westfalen-Lippe/Westfälisches Museum für Archäologie, Herne
Gestaltung: Melanie Barth, Verlag Philipp von Zabern, Mainz

Gedruckt mit Mitteln des Ministeriums für Bauen und Verkehr des Landes Nordrhein-Westfalen

Inhalt

Vorwort

Geschichte muss anschaulich sein; dort, wo die Zeugnisse der Vergangenheit sie erlebbar machen, kann sich der Mensch verorten und ein wirkliches Geschichtsbewusstsein, das sich in seinem Denken und Handeln niederschlägt, entwickeln. Dies gilt hierzulande nicht nur für die römische Zeit, das Mittelalter oder die Neuzeit mit ihren reichen Quellenbeständen, sondern auch und vor allem für jene Kapitel der Menschheitsgeschichte, für die Baulichkeiten und schriftliche Überlieferungen fehlen.

Auch das Eiszeitalter, in dem sich mächtige Gletscher von Norden her bis in unsere Region hineinschoben, in den tundra- und steppenähnlichen Randgebieten die Neandertaler Mammut, Rentier, Wisent oder Wildpferd jagten sowie auf ihren Streifzügen Wildpflanzen und Früchte sammelten, extreme Klimaschwankungen den Menschen, Tieren und Pflanzen höchste Anpassungsfähigkeiten abverlangten, hat in Nordrhein-Westfalen zahlreiche Spuren hinterlassen. Es hat mehr oder weniger deutlich zum Erscheinungsbild der heutigen Kulturlandschaft beigetragen. Man muss nur darum wissen, und schon entstehen eindrucksvolle Welten und Lebensbilder einer Epoche des menschlichen Daseins, die in vielen Bereichen noch geheimnisvoll ist und Fragen aufwirft, die die Wissenschaft bislang noch nicht zu beantworten vermag.

Die systematische Erforschung der Altsteinzeit (Paläolithikum), die im Wesentlichen von den Auswirkungen und Umweltbedingungen der Weichsel-Eiszeit geprägt wurde, setzte im Grunde mit der Auffindung der Skelettreste des ersten Neandertalers im Jahre 1856 ein. Anderthalb Jahrhunderte später scheint es an der Zeit, zumindest für Nordrhein-Westfalen ein vorläufiges Resümee zu ziehen. Dies versucht diese Publikation mit ihren einleitenden Kapiteln nun zu leisten.

Der umfangreiche topographische Teil verdeutlicht, dass die Veröffentlichung, die sich in erster Linie an ein breites Publikum wendet, aber auch noch auf etwas Anderes abzielt: Sie soll einmal möglichst umfassend auf die zahlreichen Fundplätze und Relikte des Eiszeitalters im Gelände bzw. in den Museen Nordrhein-Westfalens hinweisen und auch sie als wichtige Bestandteile unseres archäologisch-kulturellen Erbes, die es zu schützen und zu bewahren gilt, in das Bewusstsein der Bevölkerung heben. Gewöhnlich findet nur das privat und öffentlich Schutz und Pflege, um dessen Existenz und Bedeutung man weiß. Nicht zuletzt soll die Publikation möglichst viele Interessierte ermuntern, sich vor Ort durch eigenes Erleben kundig zu machen. Möge sie alle Erwartungen erfüllen!

Mit diesem Führer zu eiszeitlichen Bodendenkmälern leistet die nordrhein-westfälische Bodendenkmalpflege einen wichtigen und auch nachhaltigen Beitrag zum „Jahr des Neandertalers 2006". Allen, die ihn durch Rat und Tat ermöglicht haben, gebührt mein aufrichtiger Dank.

Prof. Dr. Heinz Günter Horn

Februar 2006

Einführung

*Einführung Nean-
dertaler beim Zer-
teilen der Beute.
Dermoplastik aus
dem Neanderthal
Museum, Mett-
mann.*

Heinz Günter Horn

Altsteinzeitforschung und Bodendenkmalpflege in Nordrhein-Westfalen

Das nordrhein-westfälische Denkmalschutzgesetz von 1980 kennt weder eine Prioritätenliste noch eine zeitliche Begrenzung, wenn es darum geht, Zeugnisse der Menschheitsgeschichte im Boden zu schützen, zu erhalten, zu pflegen, zu erforschen und zu vermitteln. Demnach gebührt auch paläolithischen Funden und Befunden jede Aufmerksamkeit der Bodendenkmalpflegeämter im Lande. Sie machen es ihnen aber nicht eben leicht.

Im Gegensatz zu archäologischen Fundplätzen anderer Zeitstellungen entziehen sich gerade die Siedlungsrelikte der Altsteinzeit gewöhnlich der herkömmlichen Prospektion. Im Regelfalle sind sie weder durch eine traditionelle Feldbegehung noch durch Luftbilder oder geophysikalische Methoden auszumachen. Sie liegen normalerweise durch geomorphologische Veränderungen bzw. kolluviale Überlagerungen in derartigen Tiefen, dass sie nicht erfasst werden (können). Andererseits finden sich aber immer wieder einzelne Artefakte aus Stein, die an erodierten Talrändern zwar im Laufe der Zeit an die Oberfläche gelangt, dadurch jedoch zugleich auch ihres ursprünglichen, für eine angemessene Bewertung so wichtigen Kontextes beraubt sind. Sie signalisieren dem Archäologen und Bodendenkmalpfleger – wie etwa die zahlreichen Faustkeilfunde im Indetal (Kreis Düren) seit Mitte der 1970er Jahre – lediglich, dass es in der betreffenden Region mit geradezu an Sicherheit grenzender Wahrscheinlichkeit eine mehr oder weniger intensive Landnutzung durch den eiszeitlichen Menschen gegeben hat. Damit sind dessen Wohn-, Rast- und Werkplätze aber noch immer nicht gefunden und lokalisiert.

Gelegentlich sind die Oberflächenfunde selbst aber schon ein Problem. Dies trifft etwa vor allem auf die bei Bottrop-Kirchhellen, Schermbeck/Kreis Wesel oder auch Weeze/Kreis Kleve in den Schottern der Hauptterrassen von Rhein und Maas aufgesammelten Sandsteine bzw. Quarzite zu, die angeblich in das früheste Paläolithikum Nordrhein-Westfalens (vor ca. 780 000 – 950 000 Jahren) datieren sollen. Jedoch scheint ihre Bearbeitung durch Menschenhand keineswegs sicher; die entsprechenden Spuren könnten auch auf natürliche Ursachen zurückzu-

führen sein. Man tut also sicherlich gut daran, weiterhin davon auszugehen, dass sich die bislang frühesten archäologischen Belege für die Existenz des urgeschichtlichen Menschen hierzulande als Einschlüsse im Travertin der Kartsteinhöhlen bei Mechernich-Weyer/Kreis Euskirchen in der Nordeifel gefunden haben (um 320 000 vor heute).

Auf aussagekräftige Spuren des Paläolithikums zu stoßen, ist in unseren Breiten – wenn es sich nicht gerade um eine ausgesprochen auffällige Höhlen- oder Überhang-(Abris-)situation handelt – bislang immer noch entweder Glücksache oder das Ergebnis fast schon generalstabsmäßiger Planungen, die eher von Erwartungen als von Zielsetzungen, die auf einem bereits vorhandenen Wissen basieren, bestimmt sind. Gelegentlich hilft auch der Kommissar „Zufall".

Der Fund des ersten Neandertalers im Jahre 1856 markiert zwar den Beginn der Altsteinzeitforschung im heutigen Nordrhein-Westfalen; das damalige Geschehen und seine Weiterungen in der Folgezeit hatten jedoch noch nichts mit professioneller Bodendenkmalpflege zu tun. Es ging – einmal die Bedeutung der Skelettreste erkannt – um wissenschaftliche Fragestellungen, bei denen vornehmlich der Anthropologe, Pathologe und Naturforscher gefragt waren. Namen wie J. C. Fuhlrott, H. Schaaffhausen und R. Virchow müssen in diesem Zusammenhang genannt werden. Der archäologische Befund in der Kleinen Feldhofer Grotte ca. 15 m über der Sohle des Düsseltales – ohnehin durch die „Ausräumarbeiten" zerstört – kümmerte seinerzeit niemanden. Das war beispielsweise fast

Abb. 1 Bonn-Oberkassel. Zu den Grabbeigaben der späteiszeitlichen Doppelbestattung gehören ein 20 cm langer, verzierter Knochenstab mit Tierkopf und eine aus Knochen oder Geweih geschnitzte Tierfigur, vermutlich einen Cerviden darstellend. Die Objekte sind im Rheinischen LandesMuseum Bonn ausgestellt.

genau 60 Jahre später doch schon anders, als 1914 beim Basaltabbau an der Rabenlay in Bonn-Oberkassel die Bestattungen zweier Menschen („Oberkasseler") gefunden und ähnlich laienhaft geborgen wurden. Damals kam es an dem Fundplatz zu einer Nachuntersuchung, die es ermöglichte, zumindest noch eine Rotfärbung am Ort zu beobachten und einige Grabbeigaben zu bergen (Abb. 1). Allerdings war mit dem Physiologen M. Verworn immer noch kein „Fachmann" am Werk. So gab es auch dort – wie schon im Neandertal – keine verlässlichen Aufzeichnungen.

Es war sicherlich eine der Sternstunden der rheinischen Bodendenkmalpflege im Allgemeinen und der Paläolithikumforschung im Besonderen, als es nach jahrelanger Suche J. Thissen und R. W. Schmitz im Herbst 1997 endlich gelang, auf dem Gelände des alten Kalksteinbruchs im Neandertal bei Mettmann nicht nur die ehemalige Geländesituation zu rekonstruieren und den genauen Fundort des „Ur-Neandertalers" zu lokalisieren (Abb. 2), sondern zugleich auch noch beachtliche Reste der einstigen Höhlenfüllung unter anderem mit weiteren Knochenfragmenten ausfindig zu machen, von denen sich einige Bruch an Bruch an die vor 150 Jahren geborgenen und jetzt im Rheinischen LandesMuseum Bonn befindlichen Skelettteile anfügen ließen. Eine vergleichbare Such- und Verifizierungsaktion an der Fundstelle der „Oberkasseler" verlief dagegen ohne Erfolg.

Lange Zeit waren mit der Erforschung des Paläolithikums in unserer Region allein wissenschaftliche Anliegen

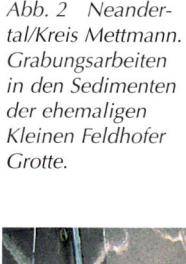

Abb. 2 Neandertal/Kreis Mettmann. Grabungsarbeiten in den Sedimenten der ehemaligen Kleinen Feldhofer Grotte.

und Fragestellungen verbunden; Schutz- und Rettungsge-
danken spielten keine Rolle. Die ersten planmäßigen
Ausgrabungen galten ausschließlich Höhlen. 1911 und
1913 grub der Kölner Vorgeschichtler C. Rademacher in
den Kartsteinhöhlen bei Mechernich-Weyer/Kreis Euskirchen. Danach erfolgten dort immer wieder zielgerichte-
te Untersuchungen unter anderem durch H. Heck (1921),
L. F. Zotz (1939), H. Löhr (1970, 1977) und zuletzt durch
M. Baales und W. von Koenigswald (1996). Lediglich 1977
ging ihnen ein Gefährdungstatbestand voraus, der eine
Sicherung wichtiger, von der Zerstörung bedrohter
Geschichtszeugnisse im Boden durch bodendenkmalpfle-
gerisches Handeln erforderlich machte.

E. Henneböle, ein Lehrer und ehrenamtlicher Heimatpfleger aus Rüthen, widmete sich ab 1929, unterstützt von
dem Geologen J. Andree, mit der ihm eigenen Verve dem
„Hohlen Stein" bei Rüthen-Kallenhardt/Kreis Soest. Die
Balver Höhle im Märkischen Kreis, in der bereits 1843/44
bei „Schürfungen" des Bergamtes Siegen altsteinzeitliche
Steinartefakte zutage gekommen waren, ohne dass sie
damals als solche erkannt worden wären, kann mit Fug
und Recht zusammen mit anderen Höhlen (zum Beispiel
die Feldhofhöhle) im Hönnetal schon in der zweiten
Hälfte des 19. Jhs., spätestens seit 1866, als Eldorado der
einschlägigen Gelehrten und Forscher genannt werden.
Geologen wie K. von Dücker, H. von Dechen oder E. Carthaus, aber auch der Bonner Anthropologe und Neander-
talerforscher H. Schaaffhausen „tummelten" sich dort. Ein-
gehender untersucht wurden die Sedimente der Balver
Höhle jedoch erst 1939/40 durch B. Bahnschulte; 1959
folgten Nachgrabungen des Seminars für Vor- und Frühgeschichte der Universität Münster. Im Winter 2003/04 gab
es noch einmal eine kleinflächige Sondage zur genaueren
Datierung der Sedimentschichten (M. Baales, L. Kindler,
M. Müller-Delvart). Nach den verdienstvollen Arbeiten
von K. Günther (1964) und G. Bosinski (1967) ist das
immense Fundmaterial aus der ehemals bis zu 11 m mächtigen Höhlenfüllung inzwischen von B. Rüschoff-Thale,
M. Baales, K.-P. Lanser und anderen mit einem außerordentlich großen Gewinn für die Altsteinzeitforschung weitgehend wissenschaftlich aufgearbeitet worden.

Anfang des 20. Jhs. begann im Rheinland und in Westfalen-Lippe das Interesse an alt- und mittelpaläolithischen
Oberflächenfunden wie etwa Faustkeilen, Klingen oder
Schabern. Umfangreiche Privatsammlungen entstanden;
etliche bilden heute den Grundstock respektabler Museumsbestände. Ständige Begehungen und Beobachtungen des Bau- und Abgrabungsgeschehens führten dann
auch zur Entdeckung manches Rast- und Werkplatzes des
eiszeitlichen Menschen im freien Gelände. So wurde man

bereits 1915 auf die so wichtige Fundstelle im Bereich der Ziegeleigrube Dreesen bei Mönchengladbach-Rheindahlen aufmerksam, die auch heute noch einen Schwerpunkt der Erforschung des Paläolithikums im Rahmen der jährlichen Denkmalförderungsprogramme des Landes Nordrhein-Westfalen für die Bodendenkmalpflege im Rheinland darstellt. Einige Jahre zuvor war aufgrund einer auffälligen Konzentration von Faustkeilen in der Baugrube IV des Rhein-Herne-Kanals in Herne die erste paläolithische Freilandstation in Westfalen entdeckt worden (1911). Es kamen weitere in den rheinischen und westfälischen Löss- bzw. Sandzonen, wie etwa am Nordwestabhang des Ziegenberges bei Troisdorf-Altenrath/Rhein-Sieg-Kreis (C. Rademacher, 1932) oder in Lüdinghausen-Ternsche/ Kreis Coesfeld (H. Hoffmann, 1935), hinzu.

Nach 1945 lag die Aufmerksamkeit der Altsteinzeitforschung verstärkt auf der Untersuchung dieser altsteinzeitlichen Freilandstationen, sei es, dass sie sich am Hang des Ravensberges bei Troisdorf/Rhein-Sieg-Kreis (G. Bosinski, 1967), bei Langweiler auf der Aldenhovener Platte/Kreis Düren (H. Löhr, 1969), am Rande der Zülpicher Börde in Weilerswist-Lommersum/Kreis Euskirchen (H. Löhr, 1969, 1971–1974, 1977) oder des Broichbachtales bei Alsdorf/ Kreis Aachen (G. Bosinski, 1974) befanden. Die genannten Fundplätze waren allesamt entweder durch Auskiesung, durch intensive landwirtschaftliche Nutzung oder durch die Braunkohlengewinnung akut gefährdet, so dass die Bodendenkmalpflege – zumeist dank der tatkräftigen Hilfe und Unterstützung vornehmlich des Kölner Universitätsinstituts für Ur- und Frühgeschichte – mit diesen Ausgrabungen wichtiges Kulturgut zumindest für die Archive und Museen rettete. Für Westfalen sei beispielhaft nur das ehemalige Dünengebiet der Westerbecker Heide bei Westerkappeln/Kreis Steinfurt genannt. Dort konnte das seinerzeitige Westfälische Landesmuseum für Vor- und Frühgeschichte (heute: Westfälisches Museum für Archäologie/Landesmuseum und Amt für Bodendenkmalpflege) in Münster 1966 einen Wohnplatz des jüngeren Paläolithikums fast vollständig ausgraben (K. Günther). Allerdings war auf der eingeebneten Sanddüne bereits mehr als ein Dutzend weiterer Fundstellen dem Pflug zum Opfer gefallen (Abb 3). Mehr oder weniger intensiv untersuchte westfälische Freilandstationen aus der Altsteinzeit sind auch noch für Rietberg/Kreis Gütersloh (W. Adrian, 1974; H. O. Pollmann, J. Richter, 1999/2000), Schloss Holte-Stukenbrock/Kreis Gütersloh (K. Günther, 1981) oder Detmold-Jerxen-Orbke/Kreis Lippe (H. Luley, Chr. Kempcke, 1990/91) zu nennen.

Viel trägt auch die paläontologische Bodendenkmalpflege – seit 1980 auf der Grundlage des Denkmalschutz-

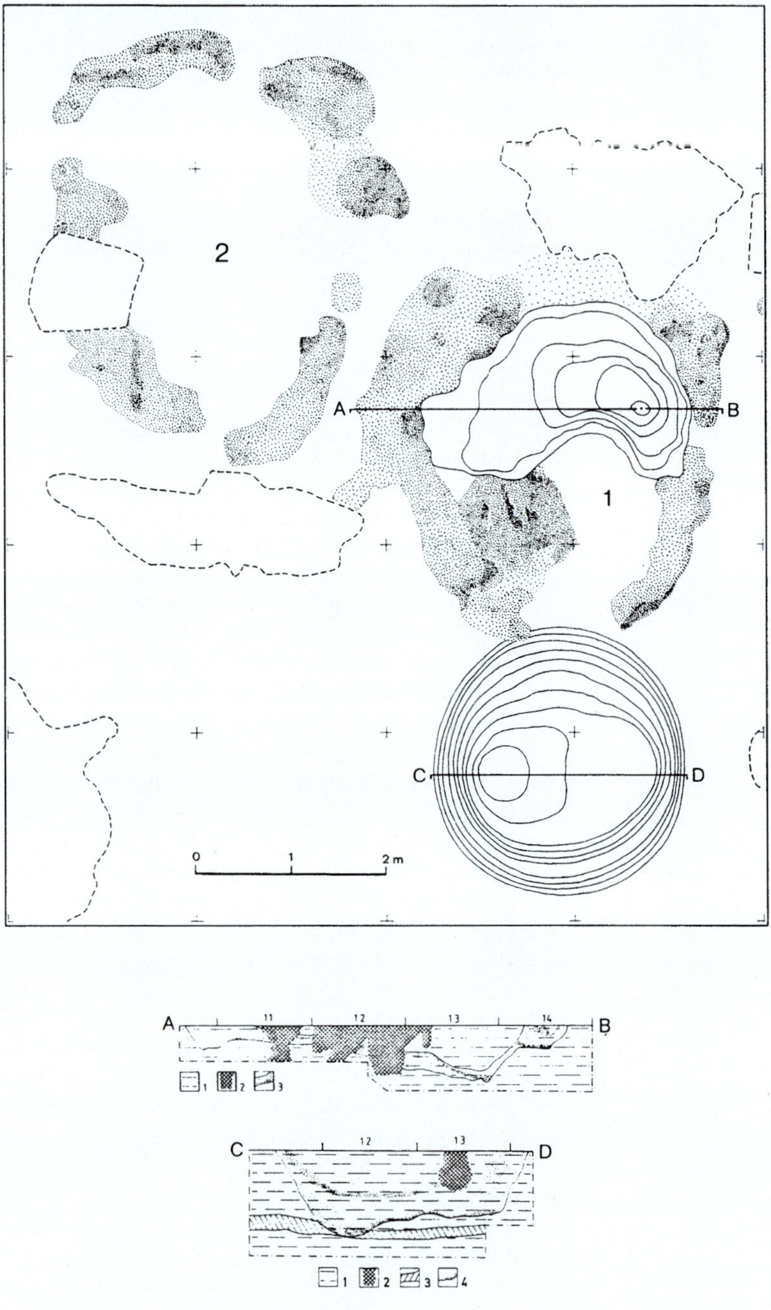

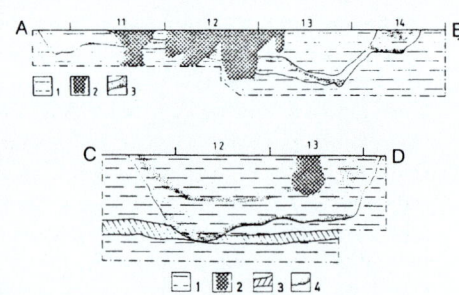

*Abb. 3   Westerkappeln/Kreis Steinfurt. Spätpaläolithische Befunde der jüngeren Federmes-
sergruppen (um 11 500 – 11 000 v. Chr.); die runden Strukturen wurden als die Reste bie-
nenkorbförmiger Hütten interpretiert. Vielleicht handelt es sich aber um die Spuren umge-
stürzter Bäume („Baumteller").*

gesetzes Nordrhein-Westfalen – zur Erforschung des Paläolithikums hierzulande bei. Erwähnt seien beispielsweise die wissenschaftlichen Untersuchungen im Rahmen der Tiefentsandungen in Haltern-Hullern/Kreis Recklinghausen (H. G. Niemeyer, 1981), im Zusammenhang mit dem Bau eines Klärwerkes an der Emscher in Bottrop-Welheim (A. Heinrich, 1992), in einer Karstspalte bei Warstein/Kreis Soest (L. Schöllmann, 1999/2000), bei der Auskiesung in Hamminkeln-Dingden/Kreis Wesel oder Lippstadt-Niederdedinghausen/Kreis Soest (K.-P. Lanser, 2001), in der Dechenhöhle bei Iserlohn/Märkischer Kreis (K.-P. Lanser, 1994), der Heinrichshöhle bei Hemer/Märkischer Kreis (K.-P. Lanser, 1998) oder auch der bereits mehrfach erwähnten Balver Höhle/Märkischer Kreis. Durch diese Aktivitäten ist die Paläontologie inzwischen durchaus in der Lage, ein recht anschauliches Bild der eiszeitlichen Fauna – und damit von der Welt, in der der Neandertaler lebte, und den Tieren, denen er dort auf seinen Wanderungen und der Jagd begegnete – zu zeichnen (Abb. 4).

In den letzten Jahrzehnten bzw. Jahren haben sich die Bodendenkmalpflegeämter in Nordrhein-Westfalen immer wieder mit paläolithischen Untersuchungen bzw. Ausgrabungen befasst. Dabei muss man allerdings wissen, dass sie eigentlich nur dort tätig wurden bzw. werden konnten, wo im wahrsten Sinne des Wortes Gefahr im Verzuge war und allein eine Ausgrabung den Totalverlust des Bodendenkmals noch verhindern konnte. Häufig blieb ihnen aber nicht einmal mehr das: Zwischen 1969 und 1992 vermochten das Münsteraner Fachamt und seine ehrenamtlichen Mitarbeiter an den Stauseen in Haltern/Kreis Recklinghausen nur noch die von Saugbaggern ans Tageslicht gebrachten und ausgespülten paläolithischen Funde aufzusammeln. Ähnlich auch die Not in Warendorf-Neuwarendorf/Kreis Warendorf, wo sich die neandertalerzeitlichen Hinterlassenschaften zumeist auf den Abraumhalden und den Spülfeldern des Baggersees wiederfinden.

So ist es nicht verwunderlich, dass die Schwerpunkte der Erforschung des Paläolithikums in Nordrhein-Westfalen derzeit hauptsächlich im Vorfeld der rheinischen Braunkohlentagebaue (Abb. 5) oder auch der Kies-, Sand- oder Tongruben zwischen Rhein und Weser liegen. Dabei haben vor allem umfassende Talauenforschungen im Indetal unweit von Alt-Inden oder auch im Schlangengraben bei Jülich-Kirchberg (beide Kreis Düren) den Nachweis erbracht, dass dort und auf den randlichen Höhen damals ständig mehr oder weniger starke, überaus mobile Gruppen von Jägern und Sammlern auf ihren Streifzügen Station gemacht haben. Der Flussschotter, aus dem sie sich die benötigten Steinwerkzeuge gefertigt hatten, stammt häufig von weit her. Die großflächigen Grabungen und die

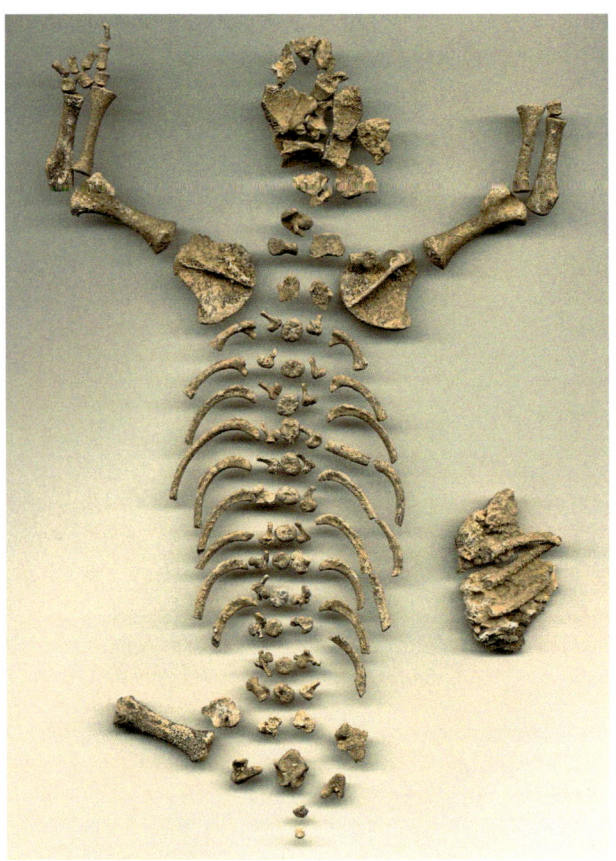

Abb. 4 Dechen-höhle bei Iser-lohn/Märkischer Kreis. Das Höhlen-bärenbaby aus der Grabung „Königs-halle" ist eines von zwei bislang in Deutschland gefun-denen Baby-Skelet-ten dieser Art. Die Länge des Skelettes beträgt 28 cm.

teilweise besonders gut erhaltenen organischen Materia-lien bzw. Reste gewähren aber nicht nur einzigartige Ein-blicke in das Siedlungs-, Wanderungs- und Jagdverhalten des altsteinzeitlichen Menschen, sondern auch in die damalige Fauna und Flora. Ein von der Stiftung zur Förde-rung der Archäologie im rheinischen Braunkohlenrevier von 1998 bis 2001 gefördertes Projekt (J. Richter, U. Böh-ner) hat zudem gezeigt, dass sich für das Paläolithikum gerade im Profil der Tagebaukanten die Schichtenfolgen unterschiedlichster Siedlungshorizonte, Naturräume und Landschafts- bzw. Klimaentwicklungen besonders deutlich ablesen lassen. Grosso modo bestehen ähnliche Möglich-keiten auch beim Kies-, Sand- und Tonabbau. Gleichwohl kann bei aller Zufälligkeit und Unschärfe, die mit ihnen gerade für die paläolithische Zeit verbunden ist, auf syste-matische Geländebegehungen nicht verzichtet werden, wenn es gilt, die Siedlungsgebiete des Neandertalers groß-räumig zu erfassen.

Trotz aller Schwerpunktsetzungen, neuer Strategien und Methoden werden die nordrhein-westfälischen Bo-

Abb. 5 Braunkohlentagebau Garzweiler, Abbaukante im Südfeld. Das etwa 30 m mächtige Profil der eiszeitlichen Lössablagerungen wird in vier „Paketen" abgebaut.

dendenkmalpflegeämter auch zukünftig viele wichtige Erkenntnisse zum Paläolithikum nur durch die Beobachtungen, die Hinweise und die Zu- bzw. Mitarbeit engagierter und fachkundiger Bürgerinnen und Bürger gewinnen, die das Geschehen im Lande aufmerksam verfolgen. Dieses Miteinander hat sich bislang bewährt. So ist es etwa einem eifrigen Sammler von prähistorischen Steinartefakten aus Warendorf und Umgebung zu verdanken, dass 1995 die bei den Entsandungen in den Kottruper Seen aus bis zu 16 m Tiefe aufgebaggerten Reste eines altsteinzeitlichen Siedlungsplatzes und das Schädelfragment eines neandertalerzeitlichen Menschen bekannt wurden. Damit hatte auch Westfalen endlich „seinen" Neandertaler und zugleich einen der bedeutendsten Fundplätze dieser Zeitstellung in Deutschland. Privates Finderglück hat dem Westfälischen Museum für Archäologie/Landesmuseum und Amt für Bodendenkmalpflege unter anderem im Jahr 2000 auch die Kenntnis der mittelpaläolithischen Keilmesser aus Salzkotten-Oberntudorf/Kreis Paderborn beschert, die dort entgegen sonstiger Gepflogenheiten im nordeuropäischen Flachland nicht aus Feuerstein, sondern aus dem vulkanischen Dalarna-Ignimbrit des Gletschergeschiebes aus Mittelschweden gefertigt waren (Abb. 6). Über die Bedeutung der umfangreichen Skelett- und Knochenfunde in der Blätterhöhle bei Hagen, von denen die Bodendenkmalpflege Westfalen-Lippe im Herbst 2004 durch Hobby-Speläologen erfuhr, lässt sich derzeit noch nichts Abschließendes sagen.

Ansonsten werden auch, wie schon in der Vergangenheit, gerade in der Altsteinzeitforschung Zufälle und Überraschungen weiterhin eine wichtige Rolle spielen. So kamen beispielsweise schon 1982 beim Absenken des Wasserspiegels des zweiten Kottruper Sees zahlreiche Baumstämme eines vorgeschichtlichen Waldes aus Kiefern, Weiden und Birken zutage – ein für Nordrhein-Westfalen bislang einzigartiger Befund –, die mit Hilfe von Radiokarbon(^{14}C)-Messungen ans Ende des Paläolithikums datiert werden konnten (Abb. 7). Und zufällig wurde von 1999 bis 2001 bei Ausgrabungen im Bereich einer Siedlung der vorrömischen Eisen- bzw. der römischen Kaiserzeit in der Nähe von Salzkotten-Thüle/Kreis Paderborn auch ein wissenschaftlich wesentlich bedeutsamerer spätpaläolithischer Rast- und Werkplatz der so genannten Federmesser-Kultur entdeckt; die germanischen Häuser standen mittendrin.

Inzwischen ist die Erforschung des Paläolithikums längst nicht mehr ausschließlich eine Angelegenheit der Archäologen und Bodendenkmalpfleger. Die wissenschaftlichen Fragestellungen sind komplexer, die Spezialisierungen und Kompetenzen größer und die Antworten differenzierter geworden. Es geht nicht mehr nur um die Entwicklung des Menschen und sein Verhalten bzw. Handeln in Zeit und Raum, sondern ebenso auch um die Welt, in der er lebte und sich aller topographischen und klimatischen Gegebenheiten oder Veränderungen zum Trotz zurechtfinden und behaupten musste. Bei der Auswertung

Abb. 6 Salzkotten-Oberntudorf/Kreis Paderborn. Keilmesser aus Ignimbrit, ca. 60 000 v. Chr.

Abb. 7 Neuwaren-dorf/Kreis Waren-dorf. Bergung eines Baumstammes aus dem eiszeitlichen Wald im Bereich des Kottruper Sees, um 9 500 v. Chr.

eiszeitlicher Befunde und Funde rücken deshalb immer stärker die Naturwissenschaften mit ihren Möglichkeiten und Methoden ins Rampenlicht. In diesem Zusammenhang gehört schon heute die interdisziplinäre Kooperation mit Anthropologen, Pathologen und Humangenetikern, mit Archäobotanikern und -zoologen, mit Biologen, Chemikern und Physikern, mit Geologen, Sedimentologen und Klimatologen zum Alltag und zum Standard der Bodendenkmalpflege in Nordrhein-Westfalen. Gleichwohl wird sie gerade diese Zusammenarbeit in Zukunft im Interesse der Sache, zur Verbesserung der Ausgrabungsergebnisse und zur Vermehrung unseres Wissens über den Neandertaler und seine Zeit weiter intensivieren müssen.

Schaut man nach vorne, so gibt es in der Erforschung des eiszeitlichen Menschen und seiner Umwelt noch viel zu tun. Das Meiste davon werden die nordrhein-westfälischen Bodendenkmalpflegeämter nur im Rahmen ihrer „normalen" Aufgabenerledigung nach dem Denkmalschutzgesetz Nordrhein-Westfalen leisten können. Dabei wird auch weiterhin manches Wünschenswerte, vielleicht sogar Notwendige zwangsläufig „auf der Strecke" bleiben müssen. Umso gebotener und wichtiger ist die Institutionen und Personen übergreifende nationale und internationale Zusammenarbeit aller, die an dem Thema interessiert sind. Auch scheint es dringlicher denn je, die Archäologie des Paläolithikums, ihre Zielsetzungen und Ergebnisse nachhaltiger als bisher im Bewusstsein der Öffentlichkeit zu verankern. Zu beidem sollten eigentlich das Jahr des Neandertalers 2006 mit seinen zahlreichen Aktivitäten und Veranstaltungen ausreichend Gelegenheit geben.

Literatur

G. Bosinski, Der Neandertaler und seine Zeit. Kunst und Altertum am Rhein 118 (1985).

G. Bosinski u. a., Arbeiten zum Paläolithikum und zum Mesolithikum in Nordrhein-Westfalen, in: H. G. Horn u. a. (Hrsg.), Millionen Jahre Geschichte. Fundort Nordrhein-Westfalen. Begleitbuch zur Landesausstellung. Schriften zur Bodendenkmalpflege in Nordrhein-Westfalen 5 (2000) 91 ff.

K. Günther, Alt- und mittelsteinzeitliche Fundplätze in Westfalen. Einführung in die Vor- und Frühgeschichte Westfalens 6, Teil 1 (1986), Teil 2 (1988).

H. G. Horn u. a. (Hrsg.), Von Anfang an. Archäologie in Nordrhein-Westfalen. Begleitbuch zur Landesausstellung. Schriften zur Bodendenkmalpflege in Nordrhein-Westfalen 8 (2005) (hier speziell die Beiträge zur Vorgeschichte: 314 ff.).

R. W. Schmitz, Neues zum Neandertaler, in: W. Menghin – D. Planck (Hrsg.), Menschen, Zeiten, Räume. Archäologie in Deutschland. Begleitbuch zur gleichnamigen Ausstellung (2002) 108 ff.

Th. Terberger, Der Mensch im Eiszeitalter, in: U. von Freeden – S. von Schnurbein (Hrsg.), Spuren der Jahrtausende. Archäologie und Geschichte in Deutschland (2002) 60 ff.

St. Veil (Hrsg.), Alt- und mittelsteinzeitliche Fundplätze des Rheinlandes. Kunst und Altertum am Rhein 81 (1978).

Josef Klostermann

Der Naturraum Nordrhein-Westfalen – Geographie und Regionen einer Landschaft

Abb. 8 Natur-räumliche Gliede-rung Nordrhein-Westfalens.

Die südliche Hälfte Nordrhein-Westfalens wird von einem Bergland, dem Rheinischen Schiefergebirge, eingenommen. Bei Köln und Bonn greift die Niederrheinische Bucht keilförmig nach Süden in das Rheinische Schiefergebirge ein. Nördlich des Rheinischen Schiefergebirges liegt die weite Ebene der Münsterländer Bucht. Sie wird im Nordosten und Osten vom Teutoburger Wald und vom Eggegebirge begrenzt. Östlich dieser Höhenzüge liegt das

Weserbergland, das im Nordosten vom Wiehen- und Wesergebirge begrenzt wird.

Der linksrheinische Teil des Rheinischen Schiefergebirges besteht aus der Eifel und dem Hohen Venn. Rechtsrheinisch schließen sich Bergisches Land und Sauerland an. Das Sauerland wiederum wird in Rothaargebirge und Siegerland untergliedert (Abb. 8).

Die Eifel als linksrheinischer Teil des Rheinischen Schiefergebirges liegt zwischen Rhein, Maas, Mosel und der Niederrheinischen Bucht im Norden. Für die Herkunft der Bezeichnung Eifel gibt es verschiedene Deutungen. Wahrscheinlich leitet sich der Name vom römischen *eflinse* (= Gebiet der kleinen fließenden Wasser) ab. Ein in Köln gefundener Weihestein an die Matronengöttinnen ist den *matronae afliae* geweiht und unterstützt damit die Hypothese, dass der Name Eifel wohl für Wasserland steht und schon vor der römischen Zeit in Gebrauch war.

Die Eifel ist eine auf ca. 500 m ü. NN gelegene Hochebene. Besonders auffallend sind im Landschaftsbild zahlreiche Bergkuppen, deren Gesteine zeigen, dass sie Reste ehemaliger Vulkane sind. Es gibt auch zahlreiche kreisrunde Seen, die man Maare nennt. Auch diese sind durch Vulkanismus entstanden. Sie bildeten sich dadurch, dass Wasser mit Lava in Kontakt kam und die dadurch ausgelösten gewaltigen Explosionen einen Trichter in den obersten Teil der Erdkruste sprengten. Die herausgeschleuderten Steine fielen zum Teil in den Trichter zurück, zum Teil bildeten sie einen ringförmigen Wall um ihn herum. Der letzte Ausbruch erfolgte vor rund 13 000 Jahren im Laacher Kessel. Im Laufe der darauf folgenden Zeit füllten sich die Maare allmählich mit Regenwasser.

Zahlreiche heiße und kohlensäurehaltige Quellen zeugen noch heute vom Vulkanismus dieser Region. Jüngste Messungen des Kohlendioxid-Gehaltes in den Maaren belegen, dass der Vulkanismus durchaus noch nicht zur Ruhe gekommen ist. Wirtschaftlich genutzt werden die kalten und warmen Mineralquellen dieser Region. Die bekanntesten werden in den Eifelorten Gerolstein, Daun, Neuenahr (Apollinaris) oder Brohl abgefüllt. Auch einige Kurorte verdanken ihre Existenz der vulkanischen Aktivität dieser Region, so zum Beispiel Bad Bertrich, Bad Neuenahr und Bad Godesberg.

Bedingt durch ihre relativ hohe Lage sind in der Eifel große Niederschlagsmengen zu verzeichnen. Dies führt häufig zu Moorbildungen, vor allem in der nordwestlichen Fortsetzung der Eifel. Daher wird dieser Teil der Landschaft auch als Hohes Venn bezeichnet. Der Name Venn leitet sich aus dem altfriesischen Wort „Feen" oder „Fenn" für Morast und Sumpf ab.

Rechtsrheinisch, zwischen der Sieg im Süden und der Ruhr im Norden, erstreckt sich das Bergische Land, benannt nach dem früheren Herzogtum Berg, dessen Fürst auf Schloss Berg an der Wupper residierte. Die Region liegt ca. 300 m ü. NN und wird von einem nicht ganz so rauen Klima wie in der Eifel bestimmt. Zahlreiche steilwandige Täler teilen die Hochfläche des Bergischen Landes in kleinere Einzelflächen; in der Regel liegen die Städte und Siedlungen dabei auf der Hochfläche, da in den Tälern zu wenig Platz ist. Eine Ausnahme macht Wuppertal. Es ist eine „Talstadt" im wahrsten Sinne des Wortes. Lang gestreckt folgt sie der Talsohle der Wupper. Um den Verkehr bewältigen zu können, wurde die Schwebebahn gebaut – ein weltweit einmaliges Verkehrsmittel.

Der Untergrund des Bergischen Landes besteht aus devonzeitlichen Gesteinen. Besonders bedeutend aber sind die darin vorkommenden Erzgänge, denn sie haben die wirtschaftliche Entwicklung des Bergischen Landes ganz entscheidend geprägt. Mit Sicherheit wurde das Erz schon im Mittelalter bergmännisch gewonnen. Möglicherweise wurde das Eisenerz dieser Region aber auch schon viel früher genutzt. Die dortige Kleineisenindustrie ist nach wie vor weltbekannt. Beispielhaft sei hier Solingen mit den berühmten Klingen erwähnt; ebenso werden in Remscheid heute noch vorwiegend Werkzeuge produziert.

Im Osten des Bergischen Landes schließt sich das Sauerland an. Der Name geht auf die Bezeichnung „Söderland", also Südland, von Westfalen zurück. Im westlichen Sauerland beginnt die Fortsetzung der Hochfläche des Bergischen Landes allmählich anzusteigen. Das Klima wird daher rauer und die Niederschlagsmengen nehmen zu. Im östlichen Sauerland geht der Charakter einer Hochfläche verloren. Dort, im Land der so genannten Tausend Berge, werden im Ebbe- und Rothaargebirge sehr viel größere Höhen erreicht. Erwähnt sei nur der Kahle Asten mit einer Höhe von immerhin 841 m ü. NN.

Die doch recht großen Höhen haben einen deutlichen Anstieg der Niederschlagsmengen zur Folge. Das im Süden des Sauerlandes gelegene Rothaargebirge ist außerdem die Wasserscheide zwischen Rhein und Weser. Ruhr, Lenne, Sieg und Lahn, die dort entspringen, entwässern zum Rhein; Eder und Diemel dagegen münden in die Weser. Im Norden wird das Sauerland vom Haarstrang begrenzt. Der Name leitet sich von der Bezeichnung „Hart" für Wald ab. Das Sauerland ist den in dieser Region vorherrschenden Westwinden frei ausgesetzt und infolgedessen tritt dort sehr viel Steigungsregen auf. Dadurch bedingt konnte sich ein sehr dichtes Bachnetz entwickeln. Die großen Wassermengen werden in zahlreichen Talsperren gespeichert und auf diese Weise für die Trinkwassergewinnung genutzt.

Der Untergrund des Sauerlandes besteht ganz überwiegend aus Sandsteinen, Tonsteinen, Schiefern und Quarzitgesteinen des Devons und Karbons. Die ältesten Gesteine befinden sich im Raum Plettenberg und gehören dem Ordovizium an. In den Gesteinen des Devons und Karbons kommen häufig Eisenerze vor. Dies ist vor allem bei Warstein und in der Umgebung der Diemeltalsperre der Fall. Bei Brilon, Ramsbeck und Meggen kommen Blei- und Zinkvorkommen dazu, in Meggen ferner als Besonderheit noch Schwefelkies. Dreislar zeichnet sich durch Schwerspatvorkommen aus. Am Ostrand des Sauerlandes sind darüber hinaus Kupfer- und Strontianitvorkommen bekannt. Alle erwähnten Rohstoffe werden mindestens seit dem Mittelalter abgebaut und prägten einst die wirtschaftliche Entwicklung der gesamten Region. Außergewöhnlich und deshalb besonders erwähnenswert sind die Goldvorkommen des Eisenberges bei Korbach im Sauerland. Der Bergbau auf Gold erreichte im 16. Jh. seine Blüte; bis zu 3 Gramm Gold pro Tonne wurden damals gewonnen. Von herausragender wirtschaftlicher Bedeutung auch heute noch sind die Kalksteinvorkommen des Sauerlandes, vornehmlich bei Lennestadt, Finnentrop, Iserlohn, Balve, Warstein, Brilon und Marsberg. Der Rohstoff wird als Baukalk und Zement verwendet. In der Vergangenheit wurde zudem an vielen Stellen, allen voran in der Region des Rothaargebirges, Dachschiefer gewonnen.

Zwischen Rothaargebirge und dem südlich gelegenen Westerwald erstreckt sich das Becken des Siegerlandes – ein Raum, der vor allem von Eisenerzvorkommen geprägt ist. Der Erzbergbau geht mit Sicherheit bis ins Mittelalter zurück, wahrscheinlich wurde aber auch schon zur römischen Zeit und davor erster Abbau betrieben.

Die Niederrheinische Bucht greift keilförmig nach Süden zwischen Eifel und Bergisches Land; ihre Südseite liegt bei Bonn. Wir befinden uns hier in einer weiten Verebnungsfläche, die in nördlicher Richtung allmählich abtaucht: Erreicht sie bei Bonn noch eine Höhenlage von rund 60 m ü. NN, so sind es bei Emmerich nur noch ca. 15 m ü. NN.

Ihre Entstehung verdankt die Niederrheinische Bucht Bewegungen der Erdkruste. Entlang der Linie Rhônetal, Oberrheingraben, Mittelrheintal und Niederrheinische Bucht bricht die Erdkruste Europas auseinander. Im Bereich dieses Risses, also auch innerhalb der Niederrheinischen Bucht, sinkt die Erdkruste in die Tiefe. So konnte vor 30 Mio. Jahren das Meer weit nach Süden in die Niederrheinische Bucht vordringen. Südlich der damaligen Küstenlinie erstreckten sich ausgedehnte Braunkohlenmoore, aus denen sich im Laufe der Jahrmillionen die niederrheinische Braunkohle entwickelte. Die Bewegungen der Erdkruste, die sich bis in die heutige Zeit fortsetzen, hatten zur Folge, dass die Braunkohleflöze verschieden tief abgesenkt wurden. So entstand beispielsweise im Süden zwischen Bonn und Köln ein flacher Höhenzug, das Vorgebirge oder die Ville. Der Name Ville leitet sich aus der Zeit römischer Besiedlung her, als die Römer dort ihre *villae rusticae* besaßen, die die Versorgung der römischen Städte mit Nahrungsmitteln sicherstellten. Bedingt durch die unterschiedlichen Auswirkungen der tektonischen Bewegungen wurden die Braunkohlevorkommen im Bereich der Ville nicht abgesenkt, blieben also oberflächennah liegen, und wurden folglich hier zuerst entdeckt. Wenig westlich, im Bereich der Erft, ist die Kohle um nahezu 500 m abgesenkt. Dennoch wird sie heute auch dort mit modernster Technik im Tagebau gewonnen. Die Wirtschaft der Region wird von der Braunkohle dominiert. 25 % der gesamten Stromproduktion Deutschlands stammen aus niederrheinischer Braunkohle.

Auch im Norden der Niederrheinischen Bucht gibt es Höhenzüge. Sie liegen südlich des heutigen Rheinlaufes. Die größten Höhen, bei denen es sich um vom Inlandeis der vorletzten Eiszeit zusammengepresste Stauchmoränen handelt, erstrecken sich halbkreisförmig nach Süden.

Die Münsterländer Bucht greift ebenfalls keilförmig in das Gebirge ein. Im Süden wird es vom Sauerland, im Nordosten und Osten vom Teutoburger Wald und Eggegebirge begrenzt. Das Münsterland ist eine Ebene, aus der sanfte Hügel aufsteigen. Die Hügel bestehen im Wesentlichen aus Kalkgesteinen der Kreidezeit. Sie werden an vielen Stellen von der Kalk- und Zementindustrie genutzt. Die namengebende Stadt liegt im Zentrum des Münsterlandes.

Die Bucht ist nach Westen hin zum Meer offen, so dass der Seewind genügend Feuchtigkeit heranbringen kann. Insbesondere an den umgrenzenden Höhenzügen (Teutoburger Wald, Eggegebirge, Haarstrang) sorgen Steigungsregen für ausreichende Niederschlagsmengen.

Die Soester Börde im Süden der Bucht wird von sehr fruchtbaren Böden bedeckt. Diese Region wird daher auch als Kornkammer des Münsterlandes bezeichnet. Die übrigen Teile der Münsterländer Bucht sind aufgrund ihrer sandigen und tonigen Böden sowie durch die Moore deutlich weniger fruchtbar. Auf diesen Böden werden in erster Linie Kartoffeln, Roggen und Hafer angebaut. Die feuchten Böden werden als Weideland genutzt.

Ems und Lippe sind die beiden größeren Flüsse des Münsterlandes. Dabei gibt es im Bereich der Paderborner Hochfläche ein besonderes Phänomen. In den Rissen, Klüften und Spalten der Kalkgesteine verschwinden Bäche und kleine Flüsse ganz plötzlich im Untergrund, um dann in starken Quellen am Rande der Hochflächen wieder zutage zu treten.

Zwischen Norddeutschem Tiefland und Münsterländer Bucht liegt das Weserbergland. Im Norden wird es vom Wiehen- und Wesergebirge begrenzt, im Süden vom Teutoburger Wald und vom Eggegebirge

Bei Hannoversch Münden, im Süden des Weserberglandes, vereinen sich Werra und Fulda zur Weser. Die Weser ist der größte und namengebende Fluss der Region. Das Weserbergland ist ein relativ dicht bewaldetes Hügelland, das südöstlich von Herford und Löhne im Wesentlichen aus Gesteinen der Triaszeit besteht. Nordwestlich davon treten Gesteine der Jurazeit hinzu. Der 115 km lange Teutoburger Wald mit den berühmten Externsteinen bei Detmold und das Eggegebirge bestehen aus Gesteinen der Kreidezeit. Weser- und Wiehengebirge werden von Gesteinen der Jurazeit aufgebaut. Bei Ibbenbüren finden sich im Untergrund Kohleflöze aus der Karbonzeit, die gegenwärtig abgebaut werden. Darüber hinaus sind dort und bei Osnabrück Eisenerzvorkommen bekannt, die hier in der Vergangenheit zutage gefördert wurden.

Während des Tertiärs gab es im Weserbergland vulkanische Aktivität, die sich auch heute noch deutlich in der wirtschaftlichen Bedeutung der Region niederschlägt. So leben die ansässigen Heilbäder von den Nachwirkungen dieses Vulkanismus, indem sie das aufsteigende Kohlensäuregas zu ihren Zwecken nutzen. Die bekanntesten Bäder sind Bad Driburg, Bad Oeynhausen, Bad Meinberg und schließlich Bad Pyrmont, wo erste Quellopfergaben bereits für das 1. Jh. v. Chr. nachgewiesen sind.

Was die landwirtschaftliche Nutzung des Weserberglandes betrifft, so wird sie in den südlichen Gebieten, im Ravensberger Land und in der Warburger Börde intensiver betrieben als im Norden, da die Böden dort sehr viel fruchtbarer sind.

Literatur

H. Harms, Vaterländische Erdkunde (1909).

Josef Klostermann

Das Klima des Eiszeitalters

Das Klima der Vergangenheit

Wetter, Witterung, Klima: Was ist was?

Alle reden vom Wetter, aber was ist eigentlich Klima? Wetter sind die Veränderungen in der Erdatmosphäre, die innerhalb weniger Stunden oder innerhalb eines Tages ablaufen. Betrachtet man die Wetteränderungen über mehrere Tage und Wochen, so spricht man von Witterung. Den jährlichen Witterungsablauf an einem Ort nennt man Klima. Das Klima beschreibt die durchschnittlichen Witterungselemente und ihre Schwankungen. Auch die Beschreibung des typischen jährlichen Witterungsablaufs einer Region gehört zur Beschreibung des Klimas. So gibt es gleichfalls in unseren Breiten ganz charakteristische Witterungslagen. Zwischen dem 11. und 14. Mai kommt es häufig zu einem kräftigen Kälteeinbruch, den gefürchteten „Eisheiligen". Zu Beginn des Juni wird der tägliche Temperaturanstieg plötzlich geringer und in der Monatsmitte kommt es vielfach zur so genannten „Schafskälte". Während der letzten Juli- und ersten Augusttage erreicht der Hochsommer seinen Höhepunkt, die „Hundstage" bringen noch einmal große Hitze. Bis ins erste Septemberdrittel erreichen die Temperaturen noch sommerliche Werte, der „Altweibersommer" ist da.

Ändert sich das Klima, so ändern sich auch die beschriebenen Witterungselemente und die typischen Witterungslagen. Von diesen Änderungen wurden Flora und Fauna am stärksten beeinflusst (s. Beitrag von W. von Koenigswald u. T. Litt in diesem Band). Dies ist auch der Grund, warum die Klimazonen der Erde oft anhand der Vegetation definiert werden.

Klimaarchive

Wir wissen inzwischen, dass es die besten Informationen über die Klimaschwankungen der Erde in den Ablagerungen der Tiefsee und in den großen Inlandeiskappen der Erde gibt.

Betrachten wir zunächst die Spuren der Vergangenheit in der Tiefsee. So merkwürdig es klingen mag, aber man kann aus ihren Ablagerungen recht genau die Klimaänderungen der Vergangenheit rekonstruieren. In den Ozeanen befinden sich Schwebstoffe, die im Laufe der Zeit auf den Grund sinken und dort die Tiefseeablagerungen bilden. Darüber hinaus leben im Wasser aber auch winzige einzellige Lebewesen, die ihre Schalen aus Kalk ($CaCO_3$) aufbauen. Diese Lebewesen, Foraminiferen genannt, schweben zu Millionen in den Ozeanen. Sterben sie ab, sinken auch sie auf den Grund der Ozeane und werden so in die Sedimente des Meeresgrundes eingebettet. In den Kalkschalen der Foraminiferen finden sich Informationen über die Klimaveränderungen der Erde.

Die Kalkschalen der Foraminiferen bestehen aus einer Verbindung von Calcium (Ca), Kohlenstoff (C) und Sauerstoff (O). Eine Schlüsselposition kommt dem Sauerstoff zu. Von ihm gibt es verschiedene Isotope, also Atome, die sich chemisch gleich verhalten, aber unterschiedlich schwer sind. Neben dem normalen Sauerstoff ^{16}O kommt für unsere Betrachtungen dem schweren Sauerstoff ^{18}O eine besondere Bedeutung zu. Er stellt 0,20 %, ^{16}O 99,76 % des Gesamtsauerstoffs. Die Foraminiferen bauen den Sauerstoff in Abhängigkeit vom Isotopenverhältnis in den Ozeanen in ihre Schalen ein: Gibt es viel schweren Sauerstoff (^{18}O) im Ozean, so lagern auch die Foraminiferen viel davon in ihre Schalen ein und umgekehrt.

Wodurch aber wird das Gesamtisotopenverhältnis der Ozeane verändert? Während der Kaltzeiten eines Eiszeitalters bilden sich auf den polnahen Kontinenten bis zu 4 000 m mächtige Inlandeiskappen. Zur Bildung der Eiskappen sind enorme Schneemengen erforderlich, das heißt, sehr viel Ozeanwasser muss verdunsten. Da leichter Sauerstoff (^{16}O) besser verdunstet als schwerer (^{18}O), reichert er sich in den Eiskappen an. Der Anteil von schwerem Sauerstoff (^{18}O) im Wasser nimmt entsprechend zu.

Die Foraminiferen bauen folglich während der Kaltphasen mehr schweren Sauerstoff in ihre Schalen ein. Während der Warmphasen schmelzen die Eiskappen; der leichte Sauerstoff gelangt so zurück in die Ozeane, und die Foraminiferen lagern nun wieder mehr leichten Sauerstoff (^{16}O) in ihre Schalen ein. Die verschiedenen Gehalte von leichtem und schwerem Sauerstoff in den Schalen der Foraminiferen werden mit Hilfe eines Massenspektrometers bestimmt. Die Foraminiferen werden mittels Kernbohrungen aus den Tiefseeböden gewonnen. Die δ-^{18}O-Werte aus den Tiefseebohrkernen schwanken zwischen 1 und 2 ‰. Die Warm- und Kaltzeiten werden von oben beginnend durchnummeriert. Die Stufe 1 steht für das Holozän, die Warmzeit, in der wir noch heute leben. Die Stufe 5 markiert das Eem-Interglazial im weiteren Sinne. Die Datierung der Schichten in den Tiefseebohrkernen erfolgt unter anderem durch Bestimmung der so genannten Paläomagnetik, also der Polarisierung des Erdmagnetfeldes im Laufe der Jahrtausende. Ein Fixpunkt ist dabei die letzte Magnetfeldumkehrung vor ca. 790 000 Jahren, die die letzte normal magnetisierte so genannte Brunhes-Epoche von der älteren umgekehrt magnetisierten Matuyama-Epoche trennt. Davor war das Erdmagnetfeld wiederum normal gepolt. Diese Zeit wird als Gauss-Epoche bezeichnet. Die Grenze zwischen Matuyama- und Gauss-Epoche wird auf ca. 2,6 Mio. Jahre vor heute datiert und ist identisch mit der Grenze zwischen Tertiär und Quartär.

Die Sauerstoffisotopenkurven lassen sich für die letzten 2,6 Mio. Jahre in drei Abschnitte untergliedern: Das Laplace-System (Abb. 9) charakterisiert die Zeit zwischen 1,9 und 1,2 Mio. Jahren vor heute. Während dieser Zeit sind die Zyklen der Sauerstoffisotopenkurven regelmäßiger als während der nachfolgenden Zeit. Außerdem sind ihre Amplituden schwächer. Während des Croll-Systems zwischen 1,2 Mio. und 600 000 Jahren vor heute werden die Kurven unruhiger und die Amplituden nehmen zu. Im Milankovitch-System, dem jüngsten Abschnitt von 600 000 Jahren vor heute bis heute, werden die Kurven sehr viel unregelmäßiger und es treten die höchsten Amplituden des gesamten Eiszeitalters auf.

Genaue Untersuchungen zeigten für das älteste Drittel einen dominanten 40 000-Jahreszyklus, während das jüngste Drittel von einer 40 000- und einer 100 000-Jahresperiode bestimmt wird. Der 100 000-Jahreszyklus kommt jedoch erst seit ca. 900 000 Jahren zum Tragen. Dieser Zeitpunkt wird von Berger und seinen Koautoren 1994 als Mittelpleistozäne Revolution (kurz: MPR) bezeichnet.

Betrachten wir nun das zweite Klimaarchiv: die gefrorenen Klimadaten der großen Inlandeisschilde. Hier sind zahlreiche Klimainformationen in exzellenter Weise gespeichert, gewissermaßen eingefroren. Der auf die Inlandeisschilde gefallene Schnee wurde und wird auch heute noch immer wieder von neuem Schnee überdeckt. Dadurch verdichtet sich der Schnee immer stärker und es kommt schließlich zur Gletschereisbildung. In diesem Eis sind noch Luftblasen erhalten, in denen die Luft der Erdatmosphäre aus der Entstehungszeit dieser Schicht gespeichert ist. Eine Analyse dieser Luftblasen erlaubt eine exakte Rekonstruktion der chemischen Zusammensetzung der Erdatmosphäre aus der Zeit, in der diese Schneeschicht entstanden ist. Mit den bereits bekannten Sauerstoffisotopen lassen sich auch die damaligen Temperaturen bestimmen.

Um an diese Klimadaten zu gelangen, hat man Kernbohrungen in das Eis der Antarktis und in den grönländi-

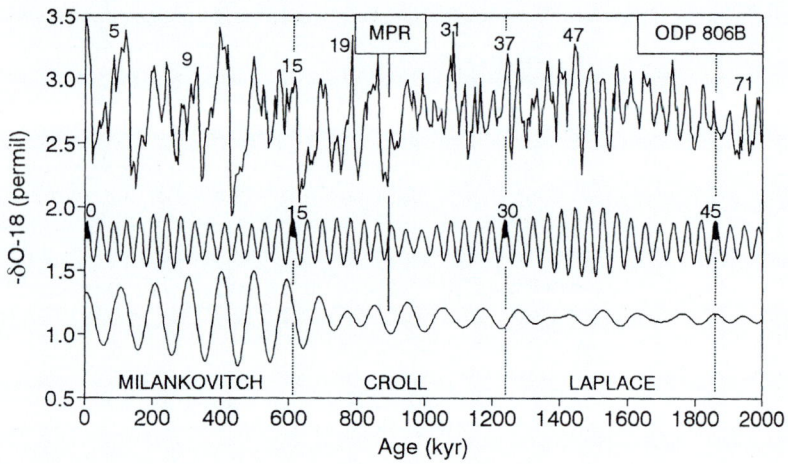

schen Eisschild abgeteuft. Besonders weit in die Vergangenheit zurückreichende Informationen hat eine Eisbohrung bei der russischen Station Vostok in der Antarktis geliefert. Nach einer Bohrzeit von zehn Jahren erreichte diese Bohrung eine Tiefe von 3 623 m und lieferte Klimainformationen für die letzten 420 000 Jahre.

Wie bereits erläutert, lassen sich die Temperaturen der Erdatmosphäre mit Hilfe des δ-^{18}O-Gehaltes der Eisbohrkerne ermitteln. Durch die Verdunstung des Ozeanwassers werden die verschiedenen Sauerstoffisotope unterschiedlich rasch freigesetzt. Je höher die Temperatur, umso mehr schwerer Sauerstoff (^{18}O) gelangt nun auch in die Erdatmosphäre und reichert sich dabei in den Eisschichten an.

Warme Jahre zeichnen sich in den Inlandeiskappen der Erde daher durch einen im Vergleich zu kalten Jahren höheren ^{18}O-Gehalt aus. In den Bohrkernen aus der Tiefsee ist es umgekehrt: Dort sind Kaltphasen durch einen höheren ^{18}O-Gehalt charakterisiert. Der Grund dafür ist, dass sich in den Tiefseeablagerungen nicht die Temperatur der Erdatmosphäre, sondern die Größe der Inlandeiskappen widerspiegelt.

Die Temperaturen der Erdatmosphäre lassen sich außer durch den schweren Sauerstoff auch mit Hilfe des Deuterium-Gehaltes bestimmen. Deuterium ist ein Wasserstoffatom, das im Kern ein zusätzliches Neutron besitzt. Es handelt sich beim Deuterium um schweren Wasserstoff. Zur Verdunstung von schwerem Deuterium ist deutlich mehr Energie notwendig als es bei normalem Wasserstoff der Fall ist. Daher führen erst deutlich höhere Temperatu-

Abb. 9 Gliederung der Sauerstoffisotopenkurven während der letzten 2,6 Mio. Jahre. Ab 900 000 Jahren vor heute werden die Schwankungen zwischen Glazial- und Interglazialzeiten zunehmend extremer; dieser Zeitpunkt wird als Mittelpleistozäne Revolution (kurz: MPR) bezeichnet.

ren zu einem Anstieg von Deuterium in der Dampfphase und damit zu einer Anreicherung in den Inlandeiskappen.

Die Auswertung des Vostok-Eisbohrkernes, in der Temperatur und CO_2-Gehalt gegeneinander aufgetragen sind (Abb. 10), zeigt den eindeutigen Zusammenhang zwischen dem CO_2-Gehalt der Erdatmosphäre und ihrer Temperatur. Die Wirkungsweise des Kohlendioxids und anderer Treibhausgase wird an anderer Stelle noch näher erläutert.

Neben Temperatur und chemischer Zusammensetzung lassen sich mit Hilfe der Eisbohrkerne auch die Niederschlagsmengen der Vergangenheit bestimmen. Man bedient sich dazu des Berylliums-10 (^{10}Be). Beryllium-10 ist ein so genanntes kosmogenes Nuklid mit einer Halbwertzeit von 1,5 Mio. Jahren. Das Beryllium lagert sich an kleinste in der Erdatmosphäre schwebende Feststoffpartikel an und gelangt schließlich mit dem Niederschlag auf die Erdoberfläche. Man geht von einem etwa konstanten Gehalt der Atmosphäre an Beryllium aus. Fällt nun wenig Niederschlag, so bildet sich nur eine dünne Schneeschicht, in der der Beryllium-Gehalt der Atmosphäre gespeichert ist. Fällt viel Niederschlag, so ist der gleiche Beryllium-Gehalt auf eine dickere Schneeschicht verteilt, er ist also verdünnt. Das bedeutet, dass sich niederschlagsarme Zeiten durch hohe Konzentrationen von Beryllium auszeichnen, Zeiten größerer Niederschlagsmengen durch geringe Konzentrationen.

Abb. 10 Darstellung des Zusammenhanges zwischen Temperatur, CO_2- und CH_4-Gehalt, basierend auf der Auswertung des Vostok-Eisbohrkernes.

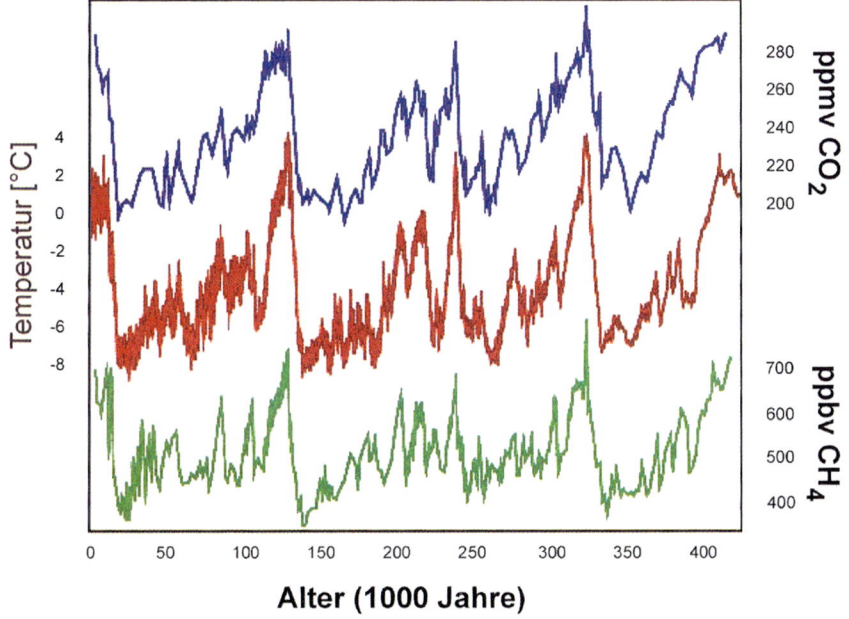

Geschwindigkeiten der Temperaturschwankungen

Im Grönlandeis sind die Klimaschwankungen der letzten 250 000 Jahre besonders gut dokumentiert. Im Rahmen der Projekte „Greenland Ice Core Project" (GRIP) sowie „Greenland Ice Sheet Project 2" (GISP 2) wurden Bohrungen in das Grönlandeis abgeteuft, die diesen Zeitraum nahezu lückenlos erschließen. In der Grafik, in der der Temperaturverlauf der letzten 250 000 Jahre mit Hilfe der Sauerstoffisotopenschwankungen aufgetragen ist, erkennt man deutlich die extremen Ausschläge zwischen 100 000 und 10 000 Jahren vor heute (Abb. 11). Augenfällig ist auch die enorme Geschwindigkeit, mit der die Temperaturschwankungen ablaufen. Beispielhaft sei hier auf ein Ereignis vor ca. 12 000 Jahren hingewiesen. Die Jahresdurchschnittstemperaturen stiegen damals innerhalb von nur 50 Jahren um 13 °F (Fahrenheit) an, das entspricht etwa 7,2 °C. Die Abbildung verdeutlicht zudem, dass es auch zu Lebzeiten des Neandertalers solche dramatischen Temperaturstürze in beide Richtungen gab.

Ursachenforschung

Das Klima der Erde wird von einer Vielzahl von Faktoren gesteuert, die sich außerdem durch Rückkopplungsprozesse gegenseitig beeinflussen und verändern können.

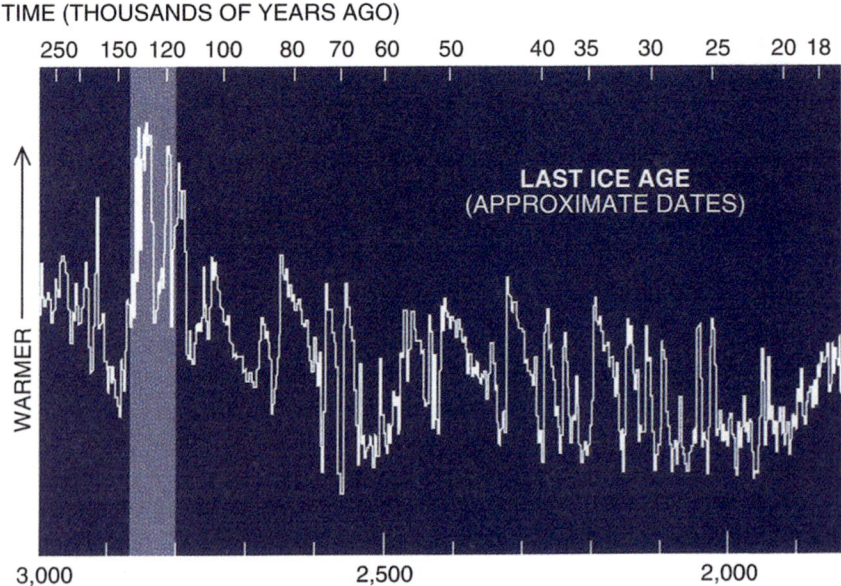

TIME (THOUSANDS OF YEARS AGO)

LAST ICE AGE (APPROXIMATE DATES)

WARMER

APPROXIMATE DEPTH OF ICE-CORE SAMPLE (METERS)

Das übergeordnete Steuerungselement der letzten 2,6 Mio. Jahre sind sehr wahrscheinlich die sich verändernden Bahndaten der Erde bzw. die Planetenbahnen. Es gibt nämlich eine ausgezeichnete Übereinstimmung zwischen den Schwankungen der Strahlungsmengen während der Sommer auf der Nordhalbkugel mit den Schwankungen der Größe der Inlandeiskappen.

Natürlich spielt auch die chemische Zusammensetzung der Erdatmosphäre eine bedeutende Rolle; sie ist sozusagen die Klimamaschine. Insbesondere sind hier die Treibhausgase Kohlendioxid, Methan, Wasserdampf und andere mehr zu nennen. Grundlegende Änderungen der Atmosphärenchemie könnten ebenfalls Auslöser für die Eiszeitalter der Erde gewesen sein. Die Eisbohrkerne belegen außerdem einen äußerst engen Zusammenhang zwischen der Konzentration der Treibhausgase und der Temperatur der Erdatmosphäre.

Abb. 11 Temperaturverlauf der letzten 250 000 Jahre, abgeleitet aus den Grönland-Eisbohrkernen. Besonders extreme Schwankungen kennzeichnen die Zeit zwischen 100 000 und 10 000 vor heute; um 12 000 stiegen die Temperaturen innerhalb von 50 Jahren um ca. 7 °C.

Eine herausragende Rolle bei der Klimasteuerung kommt den Ozeanen zu. Die chemische Zusammensetzung der Ozeane und ihre Strömungen sind ein dominierendes Steuerungselement für das Klima. Sie treiben Klimaveränderungen voran, sind quasi der Wassermotor.

Auch die Menge der Biomasse, also sämtliches Leben auf der Erde (zum Beispiel Algen und Wälder), ist ein wichtiger Steuerungsfaktor für das Klima.

Plattentektonische Bewegungen der Erdkruste führen zu Volumenveränderungen der Ozeane. Dadurch entste-

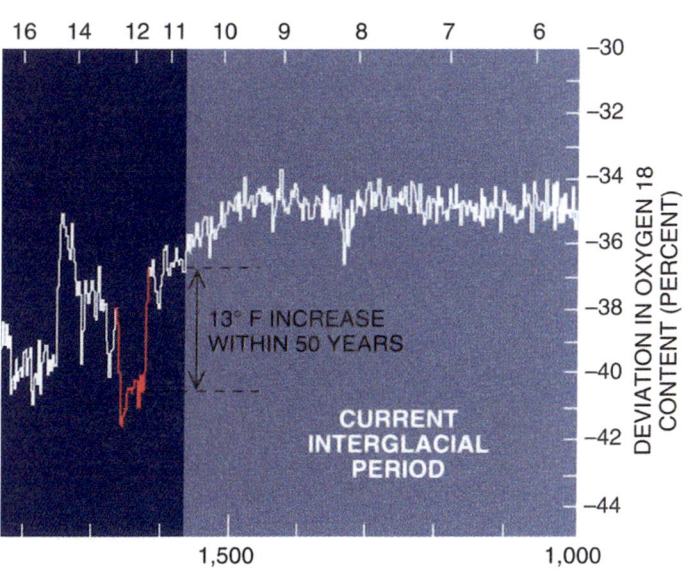

hen und vergehen Landbrücken. Meeresströmungen entstehen oder sie werden abgeschnitten.

In Nebenmeeren bilden sich salzhaltige Ozeanwässer, die wiederum einen starken Einfluss auf die ozeanischen Strömungen ausüben.

Alle oben erwähnten Ursachen können sich gegenseitig beeinflussen und verändern, in Wechselbeziehungen treten. Dadurch entstehen außerordentlich komplexe Rückkopplungsprozesse, die man bis zum heutigen Tag noch nicht vollständig verstanden hat.

Die Planetenbahnen

Die Bahnen aller Planeten unseres Sonnensystems werden durch die Anziehungskraft der Sonne und der anderen Planeten beeinflusst und verändert. Wie bei den anderen Planeten auch kommt dem Erdmond eine bedeutende Rolle zu. Durch die Einflüsse von Sonne, Mond und Planeten verändern sich die Form der Erdbahn, die Neigung der Erdachse sowie der Abstand zwischen Erde und Sonne.

Die von der Ellipse abweichende Form der Erdbahn bezeichnet man als Exzentrizität. Durch die oben beschriebenen Einflüsse verändert sich die Form der Erdbahn im Laufe der Zeit. Zurzeit besitzt die Erdbahn eine Exzentrizität von 1,7 %. Die Form der Erdbahn schwankt im 100 000-Jahreszyklus zwischen 0,5 und 6 %. Ist die Erdbahn fast kreisförmig (0 %), ändert sich der Abstand zwischen Erde und Sonne nicht. Folglich verändern sich die auf der Erde ankommenden Strahlungsmengen von der Sonne auch nicht mehr.

Die Neigung der Erdachse gegen die Umlaufebene der Erde um die Sonne nennt man Ekliptikschiefe. Heute besitzt die Erdachse eine Ekliptikschiefe von 23,5°. Die Ekliptikschiefe variiert zwischen 22,1° und 24,4°. Die Zyklusdauer beläuft sich auf 40 000 Jahre. Ist die Ekliptikschiefe groß, so werden die klimatischen Verhältnisse extremer. Die Sommer werden wärmer, die Winter kälter. Geringere Ekliptikschiefen haben eine Abschwächung der Jahreszeiten zur Folge.

Auch der Abstand von der Erde zur Sonne ändert sich im Laufe der Zeit. Heute befindet sich die Erde zur Zeit der Wintersonnenwende in größter Sonnennähe (Abb. 12). Mit dem Begriff Perihel wird der Punkt größter Sonnennähe bezeichnet. Der Zeitpunkt des Perihels wandert jedoch ebenfalls im Laufe der Zeit (Perihelwanderung). So befand sich die Erde vor 5 500 Jahren am 22. September in größter Sonnennähe, vor 11 000 Jahren war das am 21. Juni der Fall, und erst nach 22 000 Jahren befindet sie sich wieder am 21. Dezember in größter Sonnennähe. Ein Zyklus

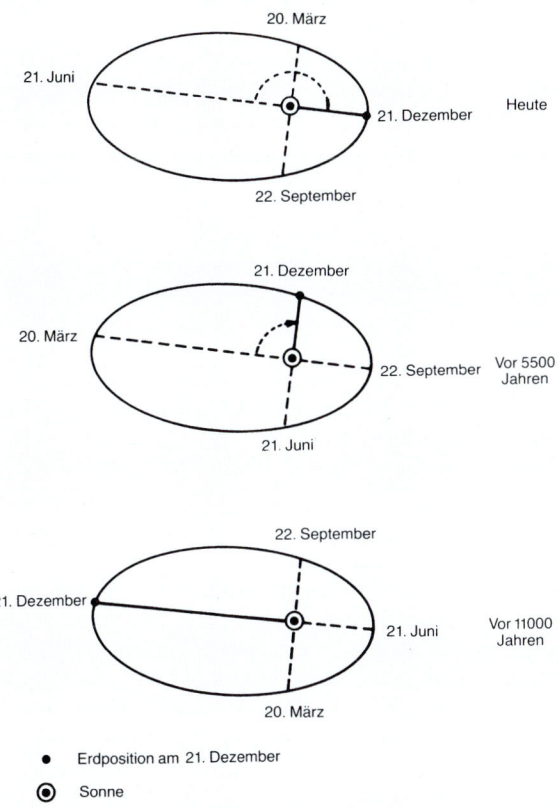

Abb. 12 Die Darstellung der Perihelwanderung zeigt, wie sich der Zeitpunkt des kürzesten Abstandes zwischen Erde und Sonne im Laufe der Jahrtausende verändert.

dauert also 22 000 Jahre. Verursacht wird diese Wanderung durch zwei sich überlagernde Präzessionsbewegungen: Die Präzession der Erdachse erfolgt vom Nordpol aus betrachtet rechts herum. Ein solcher Zyklus dauert 26 000 Jahre. Dieser Bewegung überlagert sich eine Präzessionsbewegung der gesamten Erdbahn, die vom Nordpol aus betrachtet links herum abläuft. Beide einander überlagernden Bewegungen erzeugen einen Gesamtzyklus von 22 000 Jahren.

Die Erdatmosphäre: eine Klimamaschine

Die chemische Zusammensetzung der Erdatmosphäre hat einen bedeutenden Einfluss auf das Klima. Heute besteht die Erdatmosphäre zu 78 % aus Stickstoff, zu 20 % aus Sauerstoff, zu 1 % aus Argon und anderen Gasen. Unter diesen restlichen Gasen gibt es unter anderem 380 ppm (parts per million) Kohlendioxid. Kohlendioxid ist eines der bedeutendsten Treibhausgase, die zu einer Aufheizung der Atmosphäre führen.

Die von der Sonne auf die Erde auftreffende kurzwellige Strahlung wird am Boden in langwellige Wärmestrahlung umgewandelt. Letztere wird normalerweise ins Weltall abgestrahlt. Befindet sich jedoch Kohlendioxid in der Atmosphäre, so wird diese Wärmestrahlung zurückgehalten. Das bedeutet, dass sich die Atmosphäre umso mehr aufheizt, je mehr Kohlendioxid sich in ihr befindet und umgekehrt. Der Zusammenhang zwischen dem Kohlendioxid-Gehalt der Atmosphäre und ihrer Temperatur ist eindeutig in den Eisbohrkernen der Antarktis und Grönlands dokumentiert (s. Abb. 10). Nicht geklärt ist jedoch, ob zuerst die Temperaturveränderungen oder zuerst die Änderungen in der Konzentration des Kohlendioxid-Gehaltes auftraten.

Ozeane steuern das Klima: der Wassermotor

Den Strömungen in den Ozeanen der Erde und der chemischen Zusammensetzung des Wassers kommt eine herausragende Bedeutung für die Steuerung des Klimas zu.

Die bekannteste oberflächennahe Meeresströmung ist der Golfstrom. Er transportiert große Mengen warmen Wassers in Richtung Nordpol. Auch vom Mittelmeer aus gibt es eine warme Meeresströmung in Richtung Pol. Auf der Höhe von Island gelangt so stark salzhaltiges warmes Ozeanwasser an die Oberfläche. Das warme salzige Ozeanwasser gibt seine Temperatur an die Atmosphäre ab. Dies ist unter anderem der Grund, warum die norwegi-

Abb. 13 Tiefenwasserstrom im Nordatlantik.

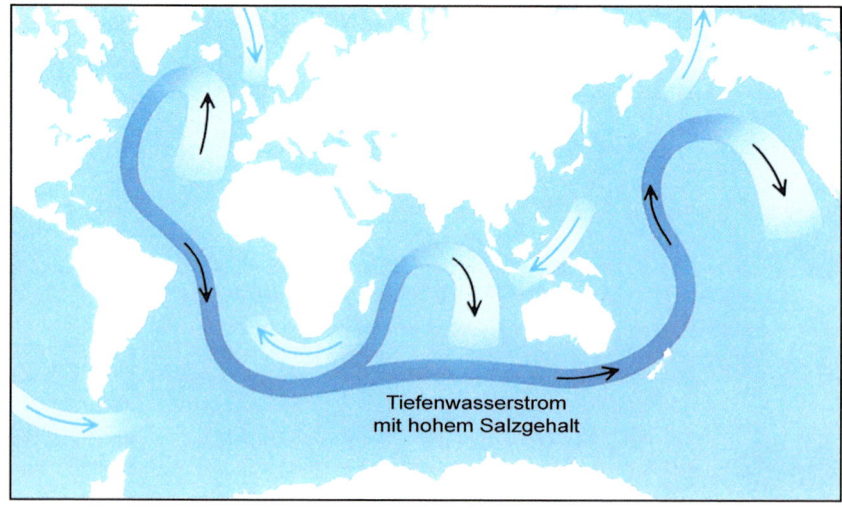

Tiefenwasserstrom
mit hohem Salzgehalt

schen Häfen weitgehend eisfrei sind. Das warme salzhaltige Ozeanwasser selbst kühlt sich durch die Temperaturabgabe an die Atmosphäre stark ab. Dadurch entsteht sehr schweres salzhaltiges kaltes Wasser, das auf den Grund des Ozeans sinkt und als Tiefenwasserstrom durch den Nord- und Südatlantik bis in den Pazifik strömt (Abb. 13). Dieser Tiefenwasserstrom zieht den Golfstrom, ähnlich wie ein Fließband, an. Dieses Fließband kann sehr rasch in seiner Funktion beeinträchtigt werden, und zwar dann, wenn das salzhaltige Ozeanwasser nur geringfügig ausgesüßt wird. Es reichen geringste Promille-Anteile, um den Tiefenwasserstrom zum Stillstand zu bringen. Die Folgen sind verheerend: Der Golfstrom und auch der Zustrom warmen Mittelmeerwassers brechen zusammen; innerhalb weniger Jahrzehnte kommt es zu einer Vereisung der Nordhalbkugel.

Algen und Wälder: die Biomasse als Steuermann

Sowohl die Biomassen der Kontinente als auch der Ozeane nehmen unmittelbar Einfluss auf den Kohlendioxid-Gehalt der Atmosphäre und damit auf die Temperatur.

Innerhalb der Ozeane gibt es Regionen, in denen besonders viel nährstoffreiches Tiefenwasser an die Oberfläche transportiert wird. Dies sind insbesondere die Gebiete am Äquator und entlang Nord-Süd verlaufender Küsten. Das aufquellende kalte Tiefenwasser führt zu einer Überdüngung der Ozeane in Oberflächennähe. Dies wiederum hat verstärktes Algenwachstum zur Folge. Algen entziehen dem Wasser Kohlendioxid. Da die Ozeane in Wechselwirkung mit der Atmosphäre stehen, geht auch der Kohlendioxid-Gehalt der Atmosphäre zurück. Der Treibhauseffekt nimmt ab und die Erdatmosphäre wird kälter. Umgekehrt hat geringeres Algenwachstum eine Aufheizung der Atmosphäre zur Folge.

Ebensolche Wirkung haben die Biomassen auf den Kontinenten. Ausgedehnte Wälder entziehen der Atmosphäre Kohlendioxid. Dadurch wird der Treibhauseffekt verringert, die Atmosphäre kühlt sich daher ab. Gibt es nur wenige Wälder, so können diese der Atmosphäre nur wenig Kohlendioxid entziehen. Die Atmosphäre heizt sich infolge des höheren Kohlendioxid-Gehaltes auf.

Die Plattentektonik als Einflussfaktor

Eine wichtige Voraussetzung für das Zustandekommen von Eiszeitaltern ist die Position der Kontinente auf unserem Planeten. Damit es überhaupt zur Vereisungen kommen kann, müssen die Kontinente am Pol oder in Polnähe liegen. Diese Tatsache ist unmittelbar verständlich, da in Polnähe die geringste Strahlungsmenge von der Sonne auftrifft.

Auch andere plattentektonische Vorgänge sind von entscheidender Bedeutung für das Klima. Die Vereisung der Antarktis konnte vor 15 Mio. Jahren nur deshalb beginnen, weil sich kurz zuvor der australische Kontinent von der Antarktis getrennt hatte. Infolge der Trennung beider Kontinente konnte sich die Zirkum-Antarktische-Strömung entwickeln. Diese kalte Meeresströmung rund um die Antarktis verhinderte, dass warme Strömungen die Antarktis erreichten; die Vereisung der Antarktis begann.

Ein ebenso bedeutendes Ereignis war die Entstehung der Mittelamerikanischen Landbrücke vor ca. 3,5 Mio. Jahren. Erst seit dieser Zeit existiert der Golfstrom, der die für die Eiskappenbildung erforderlichen warmen Wassermassen in Richtung Pol befördert. Vorher strömte das warme Wasser unmittelbar vom Atlantik in den Pazifik.

Das Mittelmeer als Nebenmeer entstand vor ca. 5 Mio. Jahren durch den Zusammenprall Afrikas mit Europa. Erst nach der Entstehung des Mittelmeeres konnten sich dort warme salzhaltige Wässer bilden, die durch die Straße von Gibraltar in den Atlantik und dann in Richtung Island strömten, wo sie zur Aufheizung der Atmosphäre führten.

Die Wechselwirkung der Steuerungsfaktoren

Es gibt eine Fülle von Wechselbeziehungen zwischen den verschiedenen Klimasteuerungsfaktoren. Beispielhaft sei an dieser Stelle nur eine Wechselwirkungskette beschrieben.

Die Änderung der auf der Erde ankommenden Strahlungsmenge bewirkt, wie im Zusammenhang mit den Planetenbahnen beschrieben, eine geringfügige Abkühlung der Atmosphäre. Diese Abkühlung hat zur Folge, dass sich die Treibeisgrenze am Nordpol nach Süden verschiebt. Die Treibeisgrenze wiederum ist verantwortlich für die Zugbahnen der Tiefdruckgebiete, die unser mitteleuropäisches Klima bestimmen. Verlagert sich die Treibeisgrenze nach Süden, so ziehen auch die Tiefdruckgebiete weiter südlich. Dies bedeutet, dass die heute über der Sahara liegenden Hochdruckkerne in Richtung Äquator verschoben werden, und dadurch wiederum erhöht sich das Druckgefälle zwischen den Hochdruckkernen und dem Äquator. Infolgedessen wehen die Passatwinde stärker als vor der Verlagerung der Treibeisgrenze. Die Passatwinde verursachen die oberflächennahen Meeresströmungen. Sie führen unter anderem dazu, dass sich das Oberflächenwasser der Ozeane vom Äquator wegbewegt, und zwar auf der Nordhalbkugel nach Norden und auf der Südhalbkugel nach

Süden. Im Bereich des Äquators entsteht so ein Wasserdefizit, das durch aufquellendes Tiefenwasser ersetzt wird. Dieses Wasser ist sehr nährstoffreich und führt zu einer Überdüngung der Ozeane in Oberflächennähe; vermehrtes Algenwachstum setzt ein. Die Algen entziehen dem Wasser und damit der Atmosphäre Kohlendioxid. Auf diese Weise wird der Treibhauseffekt reduziert und die Erde kühlt sich weiter ab. Wir haben es bei diesem Vorgang mit einer so genannten positiven Rückkopplung zu tun, denn die durch eine geringere Sonneneinstrahlung verursachte Abkühlung verstärkt sich selbst.

Durch die kräftiger wehenden Passatwinde gewinnt auch der Golfstrom an Intensität. Dadurch wird mehr warmes Ozeanwasser in Richtung Pol transportiert. Dort trifft es auf das von Treibeis bedeckte Nordpolarmeer. Es kommt zum so genannten Waschkücheneffekt. Das Wasser des Golfstroms verdunstet und in der Folge entwickeln sich kräftige Niederschläge in Form von Schnee. Die Eiskappen beginnen, sich zu bilden. Je größer die Eiskappen werden, umso stärker reduziert sich die Vegetation bzw. Biomasse auf den Kontinenten. Der Atmosphäre wird dadurch im Laufe der Zeit immer weniger Kohlendioxid entzogen, stattdessen reichert es sich stetig in der Atmosphäre an. Der Treibhauseffekt nimmt zu und die Erde beginnt, sich allmählich zu erwärmen; die Eiskappen schmelzen nun langsam ab.

Zusammenfassend bedeutet dies: Kühlt die Erdatmosphäre minimal ab, werden Eiskappenbildung und Eiskappenzerfall ganz automatisch über Rückkopplungsprozesse weiter gesteuert.

Vorwärts in die Vergangenheit – die Neandertalerzeit

Nur mit modernsten technischen Methoden ist es möglich, eine Reise in die Zeit des Neandertalers anzutreten. Zu diesen Methoden zählen insbesondere die Auswertungen von Eisbohrkernen, vor allem mittels Untersuchung der Sauerstoffisotope.

Auffallend ist, dass sich die Zeit des Neandertalers in zwei fast gleich lang dauernde klimatische Abschnitte untergliedern lässt. Der erste Abschnitt zwischen 127 000 und 75 000 Jahren vor heute ist im Wesentlichen durch warme, ausgeglichene Klimaverhältnisse gekennzeichnet. Die Zeit zwischen 75 000 und 25 000 Jahren vor heute war durch extrem rasche klimatische Schwankungen charakterisiert (Abb. 14). Immer schneller kippte das Klima vollständig von einer Warm- in eine Kaltphase um und umgekehrt. Innerhalb weniger Jahrzehnte vollzogen sich dramatische Klimaveränderungen.

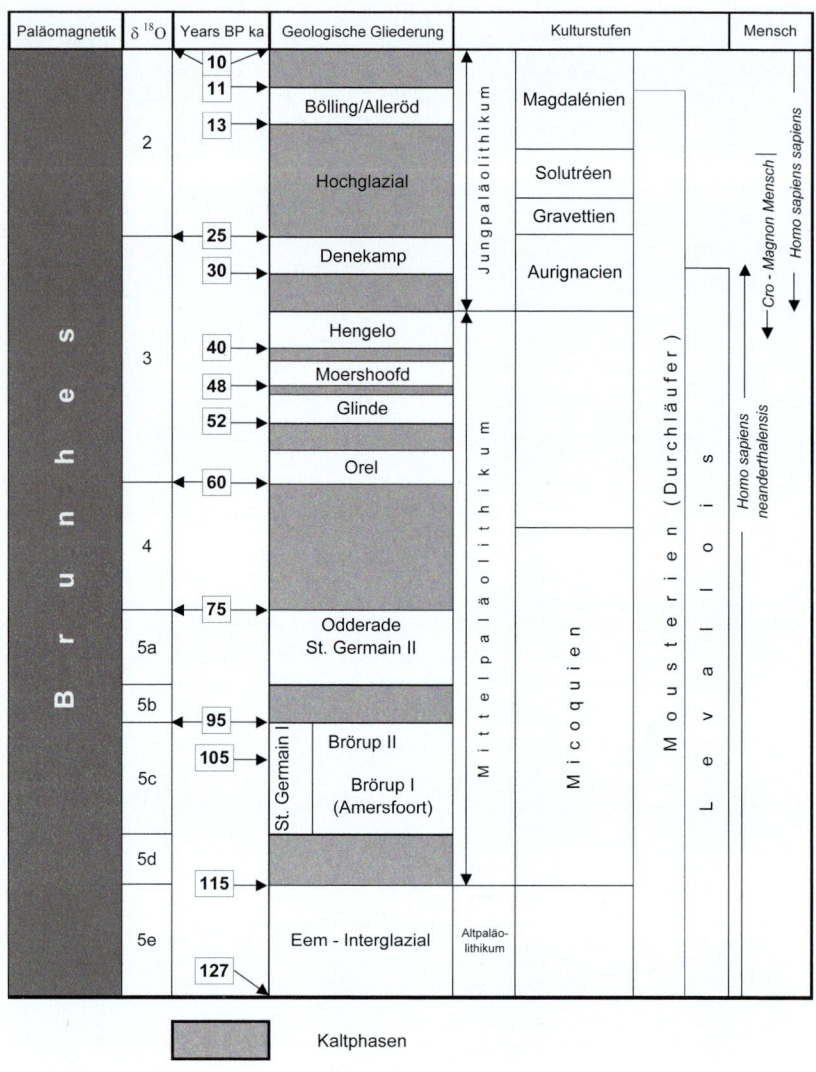

Abb. 14 Geologie, Klima und Kulturstufen von 127 000 bis 10 000 vor heute.

Ausgeglichene Klimaverhältnisse
(127 000 – 75 000 Jahre vor heute)

Der erste Abschnitt mit ausgeglichenen Klimaverhältnissen, das heißt der Zeit zwischen 127 000 bis 115 000 Jahren vor heute, ist durch Temperaturen gekennzeichnet, die ca. 2 °C über den heutigen lagen. Die Niederschlagsmengen waren deutlich erhöht. So begannen sich nun die Inlandeiskappen aufzubauen. Das Klima dieses Zeitabschnittes war, auch infolge des hohen Meeresspiegels, warmgemäßigt. Weit ausgedehnte Wälder breiteten sich aus und es gab eine reiche Säugerfauna: Diese umfasste beispielsweise das Waldnashorn, den Waldelefanten, das Waldwisent, Wildschwein, Flusspferd, den Hirschen, das Reh, den Elch, Bären, Löwen und darüber hinaus zahlreiche Kleintiere. In den Flüssen und Seen tummelten sich die unterschiedlichsten Fischarten.

Aufgrund des hohen Meeresspiegels und des warmgemäßigten Klimas mäandrierten die Flüsse, wie sie es auch heute tun. Der Neandertaler dieser Zeit hat sich wohl vorwiegend an Flussufern, Quellen und Seen aufgehalten, und es ist davon auszugehen, dass die Flüsse die Hauptverbindungswege zwischen den verschiedenen Neandertaler-Gruppen bildeten. Großwildjagd, insbesondere auf das Nashorn, ist für diese Zeit nachgewiesen. Der Speisezettel dürfte wahrscheinlich durch Kräuter und Pflanzen des Waldes abgerundet worden sein.

In der Zeit zwischen 115 000 und 75 000 Jahren vor heute kam es zu ersten Kälteeinbrüchen und eine subarktische offene Landschaft entstand. In der Nähe der Flüsse gab es noch Birken- und Kiefernwälder. Doch das Klima wurde zunehmend unwirtlich, begleitet von häufigen Staubstürmen in den weiten Steppengebieten.

Während einer längeren Warmphase konnten sich Kiefernwälder mit Fichte, Birke und Erle wieder großflächig ausbreiten. Die Jahresdurchschnittstemperaturen lagen bei +10 °C bis +12 °C (heute in Europa +9 °C). Zu dieser Zeit dürfte der Neandertaler in unsere Region zurückgekehrt sein, aus der er wohl im Zuge des ersten Kälteeinbruchs verschwunden war.

Vor 90 000 Jahren kam es zu einer ersten wirklich dramatischen Klimaveränderung. Der Meeresspiegel sank deutlich ab. Das Klima wurde kontinentaler. Die Flüsse verwilderten. Zahllose flache Stromrinnen durchzogen während der Frühsommer das gesamte Gebiet der Niederrheinischen Bucht. Wieder entstand eine subarktische offene Landschaft. Wälder gab es wohl keine mehr. Diese dramatischen Umweltveränderungen dürften in unserer Region den Neandertaler gezwungen haben, in den Mittelmeerraum auszuweichen.

Es schloss sich eine weitere Warmphase an, und in Europa konnten nun Kiefern- und Birkenwälder mit Eiche und Haselnuss wieder gedeihen. Die Jahresdurchschnittstemperaturen erreichten erneut mindestens +12 °C. Der Neandertaler dürfte zu dieser Zeit nach Mitteleuropa zurückgekehrt sein, wo er wiederum bevorzugt die Flussnähe aufsuchte. Kontakte zu anderen Neandertaler-Gruppen bestanden nun aber wohl nicht nur über die Flüsse, sondern auch über die weiten waldarmen Regionen hinweg.

Extreme Klimaverhältnisse
(75 000–25 000 Jahre vor heute)

Die Zeit zwischen 75 000 und 25 000 Jahren vor heute ist gekennzeichnet durch immer raschere und intensivere Klimaumschwünge (s. Abb. 14); ursächlich hierfür ist der Zusammenbruch bzw. Neuaufbau des Golfstroms. Die Abstände zwischen den Warmphasen variieren zwischen 500 und 2 000 Jahren, können aber auch bis zu 4 500 Jahre betragen.

Die Eisbohrkerne, aus denen sich diese Informationen ablesen lassen, förderten noch ein weiteres hochinteressantes Phänomen zutage. Der Umschwung von einer Kaltphase zu einer Warmphase dauerte nur Jahrzehnte, der von einer Warmphase zu einer Kaltphase dagegen mehr als 100 Jahre.

Während der Warmphasen der hier thematisierten zweiten Halbzeit konnten sich keine ausgedehnten Wälder mehr entwickeln. In Flussnähe mögen sich an günstigen Stellen noch lichte Nadelwälder gehalten haben. Dennoch erreichten die Jahresdurchschnittstemperaturen heutige Werte. Wie hart die Zeiten damals waren, zeigt die Umstellung der Jagdgewohnheiten des Neandertalers. Es ist eine Zunahme der Jagd auf Pelztiere wie Wolf, Fuchs und Hase zu verzeichnen, die in erster Linie wegen ihres Felles gejagt wurden.

In den Kaltphasen herrschte arides bis humides Klima; Steppentundra war die dominierende Vegetationsform. Ab 40 000 Jahren vor heute kommt es in diesen kalten Perioden immer wieder zu ausgedehnten Vereisungen mit den entsprechenden Klimaverhältnissen. In diesen Zeithorizont (um 40 000–35 000 vor heute) fallen das Aussterben des Neandertalers und das früheste Auftreten des anatomisch modernen Menschen in Europa.

Betrachten wir abschließend die warmen und kalten Abschnitte dieser zweiten Halbzeit noch etwas genauer.

Die Jahresdurchschnittstemperaturen der warmen Zeiten lagen zwischen +8 °C und +10 °C. Man muss sich das Klima etwa so vorstellen wie heute in Ostsibirien. Extrem hohe Juli-Temperaturen und extrem kalte Winter waren typisch. Es herrschte ein ausgeprägt kontinentales Klima. Eine Strauch- und Steppentundra mit Zwergbirken prägte die Landschaft. In den Mittelgebirgen Zentraleuropas gab es taigaähnliche Nadelwälder.

Das Großwild dieser Zeit wird vom Mammut dominiert. Außerdem werden Rentier, Wolf, Fuchs, Hase, Pferd, Nashorn, Löwe, Bär, Hirsch, Reh und Steinbock bejagt.

Der Neandertaler hielt sich während dieser Zeiten ganz überwiegend in Flussnähe oder an kleinen Seen auf. Er kannte die Wildwechsel und die Stellen, an denen das

Wild zur Tränke kam, sehr genau. So war er auch in der Lage, Rentiere und Pferde zu jagen. Die Kontakte zwischen den Neandertaler-Gruppen dürften sehr intensiv gewesen sein. Über die Flüsse und über die waldarme Strauchtundra zwischen den Flüssen war eine ausgezeichnete Kontaktaufnahme möglich.

Im Laufe der Kaltzeiten wurde das Klima immer arider und kontinentaler. Eine waldfreie offene Strauchtundra war das beherrschende Landschaftselement. Polarweide und Zwergbirke dürften wohl noch als inselartige Reste vorgekommen sein. Während der extrem kalten Winter kühlten die über die freie Ebene der Strauchtundra wehenden Winde die Atmosphäre immer weiter ab, so dass schließlich überhaupt keine Bäume mehr gedeihen konnten.

Insbesondere Huftiere lebten in dieser Strauchtundra. Ausgedehnte Gräser- und Kräuterfluren waren ein exzellentes Äsungsgebiet. Das Äsungsangebot war damals zehnmal größer als heutzutage. In den Flüssen sind Hecht, Barsch und Ellritze nachgewiesen. Samtente, Singschwan und Ohrengeier kamen ebenfalls vor. Steinböcke, Saigaantilope und Elch hielten sich vermutlich konzentriert in den Mittel- und Hochgebirgsregionen auf. Dominierend war aber wohl zu dieser Zeit das Rentier, das durch das veränderte Klima bis nach Südfrankreich vordringen konnte. Möglicherweise war der Mageninhalt der Rentiere schon bei den Neandertalern eine Delikatesse, ganz so, wie es bei den heutigen Eskimos der Fall ist.

Das Klima wurde zunehmend kälter. Der Wechsel zwischen kalt und warm vollzog sich dramatisch schnell. Innerhalb weniger Jahrzehnte kippte das Klima vollständig um. Verwilderte Flusssysteme bestimmten die Landschaft und nur im Frühsommer führten sie Wasser. Braune schlammige Wassermassen rauschten zu Tal. Während des übrigen Jahres waren die Flusssysteme ausgetrocknet. Staubstürme tobten durch die Tundra. Dies war die Zeit, in der der Neandertaler auf Großwildjagd gehen konnte. Bei geringer Bevölkerungsdichte durchstreiften nur wenige Gruppen die weite Landschaft. Wahrscheinlich suchten sie im Winter Schutz in Höhlen der Mittelgebirge.

Zwischen 40 000 und 25 000 Jahren vor heute kam es zu dramatischen Klimaschwankungen mit gewaltigen Temperaturveränderungen. Die Vegetationsdecke wurde extrem dünn, teilweise wurde sie wohl vollständig vernichtet. Großwild und Herdentiere hatten zeitweise keine Nahrungsgrundlage mehr. Wie bereits erwähnt, ist dies auch jene Zeit, in der der Neandertaler durch den anatomisch modernen Menschen „abgelöst" wird.

Literatur

W. H. Berger u. a., Das Klima im Quartär. Rekonstruktion aus Tief-seesedimenten mit Hilfe der Milankovitch-Theorie. Geowissen-schaften 12, 1994, 258–266.

W. S. Broecker, Der Ozean, in: R. Kraatz (Hrsg.), Die Dynamik der Erde (1907) 144–155.

W. H. Calvin, The Emergence of Intelligence. Scientific American 271, Oktober 1994, 79–85.

J. Imbrie – K. Palmer Imbrie, Die Eiszeiten (1981).

J. Klostermann, Das Klima im Eiszeitalter (1999).

G. Wefer – W. H. Berger, Klimageschichte aus der Tiefsee, in: G. Wefer (Hrsg.), Expedition Erde (2002) 152–163.

Josef Klostermann

Spuren der Eiszeit – eiszeitliche Landschaftsformen und Ablagerungen in Nordrhein-Westfalen

Gletscher formen die Landschaft

Eis, insbesondere Gletschereis, ist ein ganz besonderer Stoff. Gletschereis kann sich plastisch oder ruckhaft entlang von Brüchen bewegen. Eis kann über bereits existierende Hügel hinwegkriechen, ohne diese nur im Geringsten zu beschädigen. Das Eis verhält sich in diesem Fall wie Butter; andererseits ist Gletschereis in der Lage, bereits existierende Geländeformen komplett abzuhobeln und zu beseitigen. In den Alpen werden von Flüssen und Bächen eingetiefte V-förmige Täler durch das Eis in weite U-förmige Täler verwandelt. Das Fließverhalten des Eises wird durch seine physikalischen Eigenschaften gesteuert. Das Erosionsverhalten ist davon abhängig, wie viel Gesteinsschutt der Gletscher in seinem Inneren mitführt: Führt das Eis nur wenig Material mit sich, so verhält es sich wie Butter. Viel Gesteinsschutt dagegen wirkt auf den Untergrund des Eises wie Schmirgelpapier. Die Landschaft, auf die das Eis trifft, wird dann sehr stark überformt.

Unter dem Eis

In der Regel nimmt das Eis auf dem Weg von seinem Ursprungsort Skandinavien eine Fülle von Gesteinsmaterial auf und transportiert es bis nach Nordrhein-Westfalen. Dabei macht es keinen Unterschied, ob es sich um mikroskopisch kleine Partikel oder um hausgroße Blöcke handelt. Das Eis transportiert alle Korngrößen ohne Ausnahme. Gletschereis ist also nie sauber, sondern enthält fast immer eine Fülle von Verunreinigungen, insbesondere aber Gesteinsschutt. Beginnt das Eis zu schmelzen, so setzen sich im Laufe der Zeit alle transportierten Gesteinspartikel, unabhängig von ihren Korngrößen, auf dem Untergrund ab und zurück bleibt ein Gemisch sämtlicher transportierter Korngrößen. Dieses Korngemisch, Grundmoräne genannt, zeigt keinerlei Strukturen, da es bei seiner Ablagerung keine gerichtete Strömung gab. In ihm finden sich zudem Gesteine, die heute nur in Skandinavien, nicht aber in Nordrhein-Westfalen vorkommen – die so genannten Findlinge oder erratischen (verirrten) Blöcke (Abb. 15).

Beim Vorstoß eines solch riesigen Eiskörpers taut dieser durch die Sonneneinstrahlung an seiner Oberfläche. Dort entstehen regelrechte kleine Flussläufe, die dann plötzlich in Gletscherspalten verschwinden. In vielen Fällen gelangen sie bis zur Basis des Gletschers. Sie strömen nun in Richtung Eisrand. Bei einem vorstoßenden Gletscher können sie jedoch nicht bis zum Eisrand gelangen, weil dieser am Untergrund festgefroren ist. Ursache dafür ist die geringe Eisdicke am Rand des Eises. Im Inneren ist das Eis so dick, dass an der Eisbasis durch den Druck des überlagernden Eises der Schmelzpunkt erreicht wird. Dieser Effekt tritt auch beim Formen eines Schneeballs auf. Das von der Oberfläche des Eises stammende Wasser kann also an der Eisbasis fließen, weil dort vielfach der Schmelzpunkt überschritten wird. Aufgrund des Höhenunterschiedes zwischen Eisoberfläche und -basis steht dieses Wasser unter einem enormen hydrostatischen Druck. Daher kann es sehr tief in den Untergrund einschneiden. In der Norddeutschen Tiefebene gibt es bis zu 400 m tiefe Rinnen. Ähnliche Rinnen, wenn auch nicht so tief, gibt es im westlichen Münsterland und im nördlichen Rheinland.

Abb. 15 Findling bei Sonsbeck/Kreis Wesel.

Am Eisrand

Der Rand einer vorstoßenden Eismasse ist in halbkreis-
förmige Gletscherloben gegliedert. Trifft das vorstoßende
Inlandeis auf dickere Lockergesteinsmassen, wie beispielsweise am Niederrhein, so werden diese, ähnlich wie dies
bei einer Planierraupe geschieht, zu Hügeln zusammengeschoben. Diese Hügel zeichnen die Form des vorstoßenden Eises nach. Auch sie sind halbkreisförmig nach Süden
vorgestülpt. Man bezeichnet diese Hügel als Stauchmoränen (s. Beitrag des Verfassers in diesem Band). Ursprünglich horizontal geschichtete Flussablagerungen des Rheins
wurden darin zusammengepresst und sind heute vielfach
um 45° und mehr gegenüber der Horizontalen geneigt
(Abb. 16). Entlang oftmals scharfer Bruchflächen wurden
die Gesteinspakete übereinander geschoben. Tonschichten
wurden durch den enormen Druck regelrecht zerquetscht.

Vor dem Eis

Beginnt das Inlandeis abzuschmelzen, können die
Schmelzwässer nun auch bis direkt zum Eisrand vordringen. Sie waschen den Gesteinsschutt aus dem Eis heraus und führen ihn mit. Am Rande des Eises treten
die Schmelzwässer aus großen Gletschertoren aus dem
Eis heraus und bilden vor diesen Toren aus dem Gesteinsschutt große Schwemmfächer (Abb. 17). Da die
Schmelzwässer eine bestimmte Strömungsgeschwindigkeit haben, wird der Schutt – nach Korngrößen klassiert –
vor dem Rand des Inlandeises abgelagert. Zahllose, nur
wenige Dezimeter tiefe Stromrinnen überziehen die
Schwemmfächer, die sich im Laufe der Zeit immer weiter
ausdehnen. Vielfach verschmelzen sogar die Schwemmfächer verschiedener Gletschertore miteinander. Auf diese
Weise entstehen große Verebnungsflächen. In Eisrandnähe
bestehen sie wegen der dort hohen Strömungsgeschwin-
digkeiten aus sehr grobem Material. Mit zunehmender
Entfernung vom Eis nimmt die Strömungsgeschwindigkeit
der Schmelzwässer ab und die dort abgelagerten Körner
werden dadurch auch immer kleiner.

Bei seinem Vorstoß hat das Inlandeis die halbkreisförmigen Stauchmoränen aufgepresst. Bei diesem Vorgang
entstand innerhalb des halbkreisförmigen Stauchmoränen-
bogens ein tiefes Becken. Schmolz das Inlandeis weiter, so
sammelten sich die Schmelzwässer zunächst in diesen
tiefen Becken. Es entstanden Seen, die so genannten Zungenbeckenseen. Im Sommer gab es naturgemäß relativ viel
Schmelzwasser, die Strömungsgeschwindigkeit erhöhte
sich und am Boden des Beckens setzte sich eine Sand-

schicht ab. Im Winter bildete sich dagegen aufgrund geringer Schmelzwässer und Strömungsgeschwindigkeit auf dem Boden eine Tonschicht. Ein Jahr ist also in den Zungenbeckenseen durch eine Sand- und eine Tonschicht repräsentiert. Eine solche Abfolge nennt man Warve. Durch Auszählen solcher Warvenserien ist man in der Lage, exakt zu rekonstruieren, wie lange ein Zungenbeckensee existierte.

⇧ Abb. 16 Heyberg bei Kleve. Verstellte Flussablagerungen in einer Stauchmoräne.

⇩ Abb. 17 Verwildertes Flusssystem (Ellesmere Island).

Flüsse als Landschaftsbildner

Während einer Eiszeit war das Erscheinungsbild der Flüsse anders als heute, wo sie oft als träge Ströme in Mäanderschleifen das Land durchziehen. Die eiszeitlichen Klimaverhältnisse sorgten für ein anderes Abflussverhalten. So war z. B. die Niederrheinische Bucht eine von zahllosen flachen Stromrinnen durchzogene Schotterebene. Die Stromrinnen führten aber nur Wasser während der eiszeitlichen Frühsommer: Enorme braune Wassermassen schossen dabei zu Tal und setzten weitere Kiese und Sande auf der gesamten Schotterfläche ab. Diese während der Frühsommer pro Sekunde zu Tal gehenden Wassermassen waren zehnmal größer als heute.

Während des restlichen Jahres lagen die Flächen trocken. Mensch und Tier konnten nun diese weiten Schotterfluren durchqueren. Häufig war dies aber wohl nicht möglich, weil es lang anhaltende und sehr intensive Staubstürme gab. Man darf sich die Verhältnisse so vorstellen wie heute in der Sahara. Bei einem Staubsturm lag die Sichtweite oft nur bei wenigen Metern.

Stürme wirken ausgleichend

Insbesondere am Rand großer Inlandeismassen herrschten große Luftdruckunterschiede. Dort trafen die kalten über dem Eis liegenden Luftmassen auf die relativ warmen Luftmassen des Vorlandes. Daher kam es gerade in diesen Gebieten zu verheerenden Staubstürmen. Je nach Windgeschwindigkeit wurden Sande, so genannte Flugsande, oder viel feineres Material, der Löss, abgelagert. Das Material dieser Windablagerungen entstammte wohl überwiegend den weiten Schotterfluren der großen Flusssysteme. Die Flugsandkörner werden während eines Sturmes springend und hüpfend an der Erdoberfläche verlagert. Treffen sie auf Hindernisse, können sich Dünen verschiedenster Form entwickeln. Löss wird schwebend oft über Tausende von Kilometern transportiert. Lassen die Windgeschwindigkeiten eines Sturmes nach, so überdecken die Staubpartikel die gesamte vom Sturm betroffene Erdoberfläche. Dabei sammelt sich das Material in Vertiefungen an. Dies führt dazu, dass eine vor dem Sturm relativ hügelige Erdoberfläche immer mehr eingeebnet wird.

Sibirischer Dauerfrost in Nordrhein-Westfalen

Es gibt Beweise dafür, dass in Nordrhein-Westfalen einmal Klimaverhältnisse wie im heutigen Sibirien geherrscht haben. In der sibirischen Tundra gibt es heute Dauerfrost. Der Erdboden ist dort bis in mehr als 1 400 m Tiefe ständig gefroren. Nur im Sommer taut er in den obersten Metern auf. Dauerfrostböden gab es während des Eiszeitalters (Quartär) mehrmals auch in Nordrhein-Westfalen. Welche Auswirkungen hat solch ein Dauerfrost auf den Untergrund? Woran kann man erkennen, dass es in einer bestimmten Region einmal Dauerfrost gegeben hat?

Dort, wo Kiesgruben einen Blick in den Untergrund erlauben, lassen sich nahe der Erdoberfläche oft unregel-

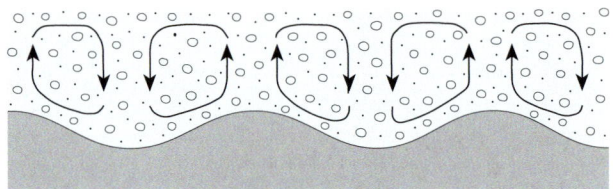

Konvektionszellen im Dauerfrostboden

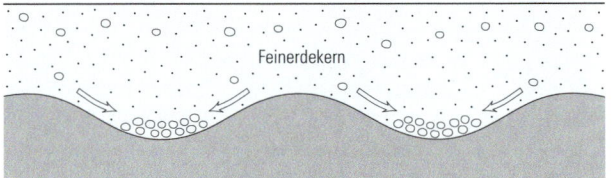

Entstehung von Feinerdekernen

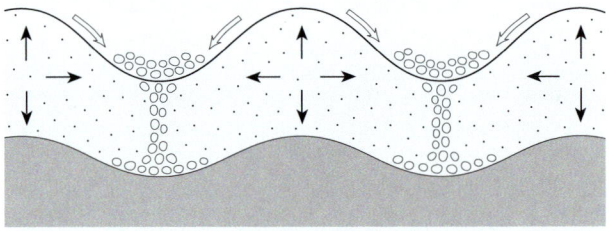

Einregelung der Steine senkrecht zum größten Druck

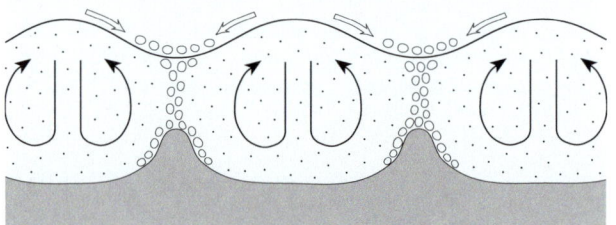

Aufwölbung der Feinerdekerne

Abb. 18   Die Entwicklung von Konvektionszellen und Feinerdekernen in Dauerfrostböden.

mäßig miteinander verknetete Schluff-, Sand- und Kies-schichten, so genannte Würgeböden, und keilartige, mit feinkörnigerem Material verfüllte Strukturen in den Kiesen, so genannte Eiskeile, beobachten. Sie bezeugen ehemals arktische Klimaverhältnisse.

Dauerfrostboden oder Permafrost breitet sich in den Regionen der Erde aus, in denen die Jahresdurchschnitts-temperaturen der Luft unter $-4\,°C$ oder darunter liegen. Bei solchen Temperaturen gefriert das Wasser im Boden. Eis besitzt gegenüber Wasser ein um $9\,\%$ größeres Volu-men. Gefriert das Bodenwasser, kann das Bodenvolumen bis zu $80\,\%$ zunehmen. Es kommt dann zu so genannter Frosthebung. Dabei bilden sich Eiskristalle, in der Regel senkrecht zur Abkühlungsfläche, die meist identisch mit der Geländeoberfläche ist. Eine solche Bodeneisbildung läuft bevorzugt in feinkörnigen Sedimenten ab. Die Frost-aufbrüche, die man in Straßen nach strengem Frost findet, sind auf solche Vorgänge zurückzuführen. Kiesige Böden werden unter Frosteinwirkung lediglich zu einer eis-zementierten Masse.

Taut ein Dauerfrostboden im Sommer oberflächlich auf, so entsteht ein wassergesättigter Auftauboden. Durch den ständigen Wechsel von Gefrieren und Auftauen in den wassergesättigten oberen Bodenschichten entstehen cha-rakteristische Frostmusterböden. Dabei handelt es sich um eigenartig strukturierte Böden, erkennbar an ihren natür-lichen geometrischen Formen wie Kreise, Streifen und Vielecke. Es gibt viele Theorien, die die Entstehung solcher Strukturböden zu erklären versuchen. Eine Theorie geht davon aus, dass diese Böden durch so genannte Konvek-tionsvorgänge entstehen: Wird eine Flüssigkeit von unten erwärmt, so dehnt sie sich aus und nimmt eine geringe Dichte an. Sie bekommt Auftrieb und steigt nach oben. Eine kältere Flüssigkeit ist dichter und sinkt infolgedessen ab. Es entsteht eine Zirkulation mit Konvektionszellen, die fast immer in einem landgeordneten Muster auftreten (Abb. 18). Derartige Muster werden bei den Würgeböden beobachtet.

Im Dauerfrostboden setzt die Konvektion ein, sobald der Boden auftaut. Wasser mit einer Temperatur von $+4\,°C$ ist dichter als Wasser, das nur eine Temperatur von $0\,°C$ hat. Wärmeres Wasser sinkt infolgedessen ab, kälteres Wasser steigt dagegen auf. Das aus dem Auftaubereich des Bodens absinkende wärmere Wasser schmilzt die Ober-fläche des gefrorenen Bodens im Untergrund an. Dort, wo kälteres Wasser aufsteigt, wird der Schmelzvorgang verzö-gert. Auf diese Weise entsteht eine wellige Oberfläche des gefrorenen Unterbodens. Steine aus dem wassergesättig-ten Auftauboden gleiten der Schwerkraft folgend in die so entstandenen Vertiefungen. Es entstehen Bereiche, die nur wenig grobes Material enthalten, so genannte Feinerde-kerne. Beim Wiedergefrieren des Auftaubodens werden feine und grobe Bestandteile gleichmäßig durch den Frost angehoben. Taut der Boden im nächsten Sommer auf, rutschen die feinen Bestandteile in die Hohlräume, die sich unter den gröberen Komponenten durch das Schmel-zen des Eises auftun, und verhindern, dass die groben Komponenten weiter absinken. Auf diese Weise gelangen gröbere Gesteinskomponenten schneller an die Ober-fläche. Dieser Vorgang wird als Frosthub bezeichnet.

Die Feinerdekerne enthalten mehr Wasser als die grob-körnigeren Randbereiche. Infolgedessen dehnen sich die Feinerdekerne stärker aus. Der zunehmende Druck im Feinerdekern wirkt allseitig und führt dazu, dass die ein-zelnen Komponenten der randlichen Steinansammlungen senkrecht zum größten Druck eingeregelt werden. Die noch im Feinerdekern verbliebenen Steine werden durch Frosthub allmählich an die Oberfläche transportiert. Dort angelangt, bildet sich bei Frost Eis unter den groben Komponenten. Schmilzt dieses Eis, so gleiten auch diese Steine dem Gefälle folgend in die Senken am Rand der Feinerdekerne.

Sind die Feinerdekerne weitgehend ausgebildet, beginnt sich die Richtung der anfangs beschriebenen Kon-vektion umzukehren. Die Feinerdekerne erheben sich über die Geländeoberfläche und erhalten daher deutlich mehr Sonnenstrahlung als die tiefer gelegenen Steinan-sammlungen. Aufgrund der feineren Körnung schmilzt das Eis dort außerdem früher als im Schatten der gröberen Steine. Dort, wo die Feinerdekerne liegen, entsteht etwas wärmeres und dichteres Wasser, welches nun absinkt. Daher kommt es an der Basis der Feinerdekerne zu einem intensiven Aufschmelzen. Der Untergrund im Bereich der Feinerdekerne wird dadurch mehr und mehr eingetieft und es entstehen taschenartige Gebilde, die mit feinkörnigem Material gefüllt sind (Abb. 19).

Eiskeile in Kiesgruben – oder korrekter gesagt fossile Eiskeile bzw. Eiskeilpseudomorphosen – können uns noch mehr über die damaligen Klimaverhältnisse erzählen. Eiskeilpseudomorphosen sind nichts anderes als Eiskeile, die nach dem Abtauen der Eisfüllung mit Bodenmaterial gefüllt wurden. Grundvoraussetzung für die Eiskeilbildung sind Jahresdurchschnittstemperaturen von weniger als −6 °C. Es muss aber zudem noch eine weitere Voraus-setzung erfüllt sein, nämlich, dass es sehr rasch zu Tempe-raturerniedrigungen unter −15 °C kommt. Ist dies der Fall, entstehen im Boden Risse. Solche thermischen Kontrak-tionsrisse sind fast immer netzartig miteinander verknüpft. Taut der Boden im Sommer auf, dringt Wasser in die Frost-risse ein. Kommt es erneut zu einem Temperatursturz,

Abb. 19 Wemb bei Kleve. Kryoturbationen an der Oberfläche hauptterrassenzeitlicher Ablagerungen.

gefriert das Wasser. Eis hat, wie erwähnt, ein größeres Volumen als Wasser und übt daher einen kräftigen Druck auf die Seitenwände des Risses aus mit der Folge, dass die Schichten an den Rändern des Eiskeiles nach oben gebogen werden. Im nächsten Winter reißt im alten Eiskeil ein neuer Riss auf, in den im Sommer erneut Wasser eindringt, das wiederum gefriert und den Eiskeil erweitert (Abb. 20). Auf diese Weise wächst der Keil in die Breite. Es entsteht ein senkrecht lamellierter Eiskeil.

Die größten Eiskeile bilden sich in feinkörnigen Sedimenten. Ihre Pseudomorphosen sind jedoch meist schlecht erhalten, weil feinkörnige Ablagerungen beim Auftauen zum Fließen neigen. Dies ist der Grund, warum Eiskeilpseudomorphosen sehr viel häufiger in Kiesen und Sanden beobachtet werden. Eiskeile werden in der Regel nur wenige Meter tief: Die derzeitigen Maximalwerte liegen bei 30 m. An der Oberfläche sind sie meist nur wenige Meter breit; ausschließlich in Sibirien wurden auch schon 50 m breite Keile registriert.

In Abhängigkeit von ihrer Entstehungsweise unterscheidet man epigenetische und syngenetische Eiskeile. Epigenetische Eiskeile sind jünger als die Sedimente, in denen sie vorkommen, und bilden sich unter stabilen Oberflächen. Wenn das Eis geschmolzen ist, füllt sich der dadurch entstandene Hohlraum mit jüngerem Sediment. Syngenetische Eiskeile entstehen, wenn es zu einem wiederholten Auftreten von Frostspalten an ein und derselben Stelle kommt. Ein Eiskeil ist und bleibt eine Schwächezone. Ohne aufzutauen, wird er von einer weiteren Sedimentschicht überdeckt, bleibt also während der nachfolgenden Sedimentation erhalten. Beim nächsten Frost reißt in den Schichten über dem bereits existierenden, nun begrabenen Eiskeil erneut eine Spalte auf, in der wiederum ein Eiskeil entsteht. Nach dem Abschmelzen der Eiskeile sinken die oberen Bodenschichten nach und füllen die Hohlräume.

epigenetischer Eiskeil

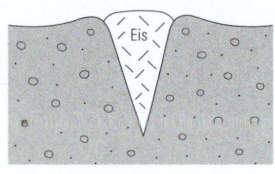
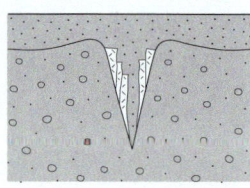

Frostspalte

Aufbiegen der Schichten durch die Eisfüllung

Sedimentfüllung nach dem Abschmelzen des Eises

syngenetischer Eiskeil

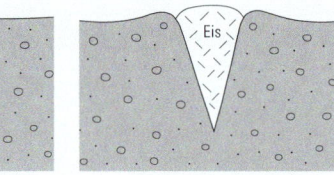
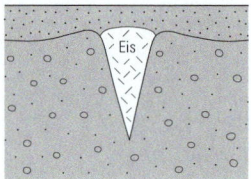

Frostspalte

Aufbiegen der Schichten durch die Eisfüllung

Überdecken des Eiskeils mit Sediment

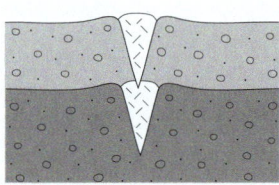
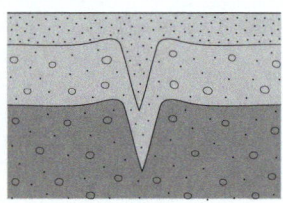

Erneute Eiskeilbildung über älterem Eiskeil

Sedimentfüllung nach dem Abschmelzen der Eiskeile

Findet man also – wie es am Niederrhein der Fall ist – eine Vielzahl fossiler Eiskeile oder Eiskeilpseudomorphosen, so ist dies ein sicheres Indiz dafür, dass hier einmal Dauerfrost geherrscht hat. Außerdem weiß man, dass es zu Temperaturstürzen unter −15 °C gekommen sein muss. Sibirischen Dauerfrost in Nordrhein-Westfalen hat es also tatsächlich mehrfach gegeben. Zum letzten Mal war dies vor etwa 20 000 Jahren der Fall.

Abb. 20   Die Entstehung epigenetischer und syngenetischer Eiskeile.

Literatur

J. Klostermann, Das Quartär der Niederrheinischen Bucht (1992).

Ders., Erläuterungen zu Blatt C 4302 Bocholt. Geologische Karte Nordrhein-Westfalen 1:100 000 (1998).

Ders., Das Klima im Eiszeitalter (1999).

Josef Klostermann

Stauchmoränen am Niederrhein

Die Landschaft des nördlichen Niederrheins wird insbesondere von auffallend halbkreisförmigen Höhenrücken geprägt. Wie und warum sind diese Höhenrücken entstanden? Wo bilden sich noch heute ähnliche Strukturen? Betrachtet man die Gletscherzungen, beispielsweise in Spitzbergen oder Grönland, so findet man vollkommen identische Landschaftsformen. Sie entstehen dort, wo die Gletscherzungen der großen Eismassen ins eisfreie Vorland fließen. Vor der Stirn dieser Gletscherzungen werden die Ablagerungen des Vorlandes zu Stauchmoränen zusammengeschoben, die den halbkreisförmigen Höhenzügen des Niederrheins in jeder Einzelheit gleichen (Abb. 21).

Das Eis des Gletschers dehnt sich nicht wie eine Flüssigkeit aus, sondern zeigt ein eher plastisches Fließverhalten; man stelle sich zum Vergleich einen Grießbrei vor. Im Entstehungs- oder Nährgebiet eines Gletschers wird immer mehr Schnee angehäuft. Dadurch nimmt das Gewicht, das auf dem Untergrund lastet, zu, was eine weitere Ausdehnung des Eises zur Folge hat. Grießbrei, welchem man in der Mitte immer wieder neuen Grießbrei zuführt, verhält sich vollkommen identisch. Seine Ränder sind zungenförmig vorgewölbt. Und genau dieses Phänomen lässt

Abb. 21 Spitzbergen (Norwegen). Gletscherstirn mit Stauchmoräne.

sich auch am Eisrand eines Gletschers beobachten. Der Untergrund, über den das Eis vordringt, ist meist hart gefroren. Dennoch kommt es aufgrund des Druckes an der Basis des Eises immer wieder zu Aufschmelzvorgängen und die zum Teil weichen Schichten können nun zu so genannten Stauchmoränenrücken zusammengeschoben werden. Zum Vergleich: Ähnliches passiert, wenn Sand von einer Planierraupe zu einem Berg aufgehäuft wird. Offenbar sind also die halbkreisförmigen Höhenrücken des Niederrheins auf vorstoßende Gletscherzungen zurückzuführen.

Es bleiben zwei Fragen zu beantworten. Warum konnten sich Eismassen bilden, die bis zum Niederrhein vorstießen, und wann geschah dies? Seit rund 2,6 Mio. Jahren lebt die Menschheit in einem so genannten Eiszeitalter. Eiszeitalter sind durch extreme klimatische Wechsel zwischen Kalt- und Warmzeiten charakterisiert. Wie sahen die Verhältnisse während der letzten Kaltzeiten aus? Auch zu diesen Zeiten transportierte der Golfstrom große Mengen warmen Wassers weit nach Norden. Durch die extrem kalte Luft in diesen hohen Breiten verdunstet sehr viel Ozeanwasser und fällt als Schnee auf die dortigen Inseln und Kontinente. Es werden so große Mengen von Schnee angehäuft, dass sie selbst im Sommer nicht abschmelzen. Der Schnee wird immer dicker. Durch den zunehmenden Druck bildet sich schließlich Gletschereis. So konnten die Eismassen während der Kaltzeiten beispielsweise in Skandinavien 3 000 m mächtig werden.

Um die Schneemassen „produzieren" zu können, aus denen das Gletschereis entstand, mussten große Mengen von Ozeanwasser verdunsten. Damals, als sich das Inlandeis von Skandinavien bis zum Niederrhein ausdehnte, waren 44 Mio. km^2 der Erde mit Eis bedeckt. Heutzutage sind es lediglich 16 Mio. km^2. In diesen Eismassen war so viel Wasser gebunden, dass der Meeresspiegel um 100 bis 150 m absank. Weite Teile der Nord- und Ostsee lagen trocken, bevor das Eis über die Nordsee hinweg nach Süden vorstieß. Der Rhein mündete mitten in der heutigen Nordsee in die Themse. Als das Eis sich dann immer weiter ausdehnte, versperrte es allen von Süden kommenden Flüssen den Weg. Sie wurden nach Westen zum Atlantik hin abgelenkt. So mündeten schließlich Ems, Weser und Elbe dort in den Rhein, wo heute Bocholt liegt.

Der Rhein sah damals jedoch völlig anders aus als der heutige Strom. Ein breit ausladendes, verwildertes Flusssystem erfüllte fast die gesamte Niederrheinische Bucht. Zahllose flache, oft nur wenige Meter tiefe Stromrinnen durchzogen das Niederrheingebiet. Das Wasser dieser Stromrinnen erwärmte den Untergrund – wenn auch nur geringfügig. Immerhin reichte diese Wärmemenge aus, um die breiige Konsistenz der Kiese, Sande und Tone des Niederrheins zu bewahren. Die Inlandeismassen – im Münsterland noch 300 m hoch – erreichten das Niederrheingebiet mit seinem damals oberflächennah aufgeweichten Untergrund. Das Eis war am Ostrand der Niederrheinischen Bucht noch etwa 150 m hoch und übte dadurch einen erheblichen Druck auf den Untergrund aus mit der Folge, dass das Eis die aufgeweichten Lockergesteine des Untergrunds vor seiner Stirn zu Hügeln auftürmte. Die halbkreisförmigen Gletscherzungen schoben die Kiese, Sande und Tone zu ebenso halbkreisförmig ausgebildeten Höhenzügen zusammen. So entstanden jene Hügelketten südwestlich und westlich von Kleve. Schaut man vom Heyberg aus von Westen über Süden nach Osten, so kann man die halbkreisförmig angeordneten Hügel gut erkennen. Da sie vom Eis aufgestaucht wurden, werden sie auch Stauchmoränen genannt. Die Wirkung des Eisdruckes lässt sich in Kiesgruben studieren, die in den Stauchmoränen angelegt wurden. Ehemals horizontal gelagerte Kies-, Sand- und Tonschichten wurden durch den Druck des vorstoßenden Gletschers zerschert, zerquetscht und steil aufgerichtet (Abb. 22).

Und woher weiß man, wann das Inlandeis den Niederrhein erreicht hat? Die Flussablagerungen des Rheins werden in Haupt-, Mittel- und Niederterrassen untergliedert. Die ältesten Flussterrassen, die Hauptterrassen, liegen im Normalfall am höchsten, die jüngsten eiszeitlichen Terrassen, die Niederterrassen, am tiefsten. Sedimente der Mittelterrassen verzahnen sich mit den Stauchmoränen. Sie sind folglich zur gleichen Zeit entstanden. Es gilt also zunächst, das Alter der Mittelterrassen zu bestimmen.

Es gibt verschiedene Datierungsmethoden. Zunächst zur Altersbestimmung mittels Paläomagnetik. Das Magnetfeld unserer Erde kehrt sich in unregelmäßigen Abständen vollständig um. Das bedeutet, dass der jetzige magnetische Nordpol in der Vergangenheit auch einmal der magnetische Südpol war und umgekehrt. In feinkörnigen Sedimenten sind die alten Magnetfeldrichtungen unserer Erde gespeichert. Kleinste magnetische Partikel sind noch heute so ausgerichtet wie das Erdmagnetfeld zur Zeit ihrer Ablagerung. Die letzte Umpolung des Erdmagnetfeldes erfolgte vor 790 000 Jahren. Seitdem ist das Magnetfeld der Erde so ausgerichtet wie heute noch. Diese letzte Umkehrung des Magnetfeldes wurde am Niederrhein am Ende der Hauptterrassen-Zeit nachgewiesen. Die Mittelterrassen sind also jünger als 790 000 Jahre.

Dies ist allerdings noch eine sehr grobe Datierung. Versuchen wir, den Zeitraum weiter einzugrenzen. Die Niederterrassen sind in die Mittelterrassen eingetieft. Zu ihrer Ablagerungszeit hat der Rhein auch die Stauchmorä-

nenzüge angeschnitten. Die Stauchmoränen müssen also älter als die Niederterrassen sein. An der Basis der Niederterrassen findet sich an einigen Stellen ein Torfpaket, das mit Hilfe des Zerfalls darin enthaltener radioaktiver Elemente auf 120 000 Jahre vor heute datiert werden kann. Damit ist nachgewiesen, dass das Eis den Niederrhein zwischen 120 000 und 790 000 Jahren vor heute erreicht hat.

Der intensive Vulkanismus in der Eifel ermöglicht nun noch präzisere Angaben über den Eisvorstoß zum Niederrhein. Die Vulkanausbrüche lassen sich nämlich ebenfalls durch die Messung radioaktiver Elemente recht genau zeitlich einordnen; sie datieren den Höhepunkt vulkanischer Aktivität auf 300 000 Jahre vor heute. Am nördlichen Niederrhein gibt es einen Terrassenkörper des Rheins (Mittlere Mittelterrasse), der einen extrem hohen Anteil vulkanischer Minerale dieser Ausbrüche enthält. Dieser Terrassenkörper ist sicher älter als die Stauchmoränen. Das bedeutet, dass das Inlandeis zwischen 120 000 und 300 000 Jahren vor heute – wahrscheinlich vor rund 200 000 Jahren – bis zum Niederrhein vorgedrungen war und dort die Stauchmoränen aufgepresst hatte.

Abb. 22 Heyberg bei Kleve. Blick auf eine Stauchmoräne.

Literatur

J. Klostermann, Erläuterungen zu Blatt C 4302 Bocholt. Geologische Karte Nordrhein-Westfalen 1:100 000 (1998).

Eckhard Speetzen

Findlinge in Nordrhein-Westfalen

Geschiebe und Findlinge – Zeugen der Eiszeit

Große Gesteinsblöcke gehören zum typischen Bild der norddeutschen Landschaft. Sie wurden wegen ihrer im Vergleich zu den einheimischen Gesteinen häufig andersartigen Zusammensetzung, ihres Auftretens innerhalb junger, noch unverfestigter Ablagerungen und ihres zunächst unbekannten Ursprungs als „erratische (verirrte) Blöcke" oder eben als Findlinge bezeichnet. Seit dem 19. Jh. weiß man, dass diese Blöcke Relikte der Eiszeiten sind und zugleich die markantesten Zeugen für eine ehemalige Vergletscherung Norddeutschlands darstellen.

Abb. 23 Lage und Gewicht der großen Findlinge in Nordrhein-Westfalen.

Die Findlinge in unserer Landschaft stammen überwiegend aus dem skandinavischen Raum. Es handelt sich meistens um Granite, die besonders in Mittel- und Südschweden eine große Verbreitung aufweisen. Die mit dem

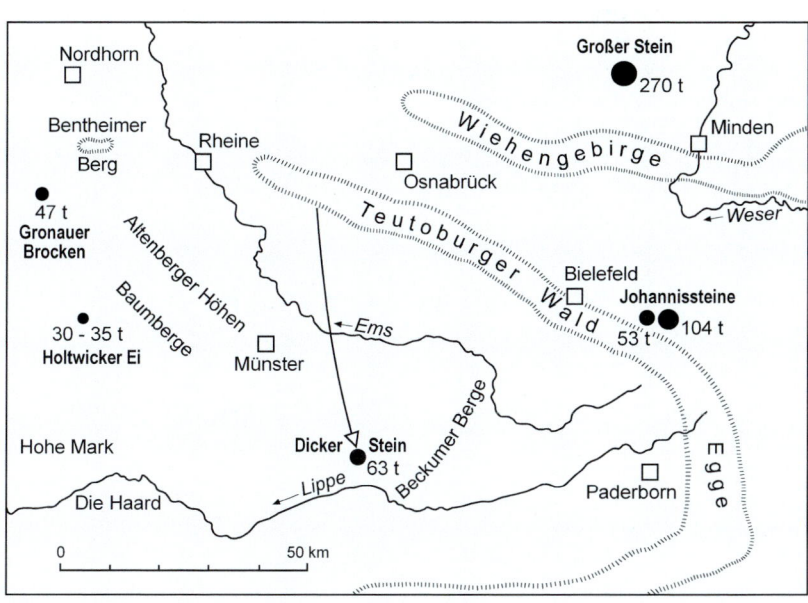

Eis angereisten beziehungsweise vom Eis „geschobenen" Steine werden auch als Geschiebe bezeichnet. Ihre Verteilung und Größenanordnung geben wertvolle Hinweise auf die Ausdehnung und die regionalen Vorstoßrichtungen der Eismassen. Große Gesteinsblöcke sind in der heutigen Landschaft allerdings nur noch relativ selten anzutreffen. Schon in der Jungsteinzeit hat der Mensch die natürliche Verteilung der Findlinge durch die Errichtung von Großsteingräbern verändert. Im Mittelalter dienten die steinernen Zeugen der Eiszeit als Baumaterial für die Fundamente und Mauern der Kirchen und festen Häuser. Mit Beginn des Straßenbaus im 18. Jh., vor allem aber mit der Anlage durchgehend befestigter Straßen in der ersten Hälfte des 20. Jhs., wurden zahlreiche Findlinge gesprengt und die Bruchstücke zu Packlage und Pflastersteinen zerschlagen. Eine weitere Dezimierung erfolgte in den 50er und 60er Jahren des 20. Jhs., als man im Rahmen von Flurbereinigungsmaßnahmen viele der in den landwirtschaftlichen Flächen vorhandenen Findlinge beseitigte. Allerdings stecken auch heute noch Findlinge in der Erde, so dass immer wieder Neufunde gemacht werden, die zu einer Rekonstruktion des natürlichen Verteilungsmusters beitragen.

Die noch in der Landschaft verbliebenen Findlinge sind als schützenswerte Naturdenkmale anzusehen. Große Steine sollte man möglichst an oder in der Nähe ihrer natürlichen Lagerstätte belassen, wie zum Beispiel die im Folgenden beschriebenen Findlinge (Abb. 23). Bei kleineren Blöcken hingegen, die manchmal „über Nacht" verschwinden und somit in der freien Landschaft gefährdet sind, ist es angebracht, sie mit Hinweisen auf ihren Fundort in öffentlichen Anlagen, Findlingsgärten oder auch in Freilichtmuseen und Museumshöfen aufzustellen.

Geschichte und Beschreibung ausgewählter Beispiele

Der Große Stein von Rahden-Tonnenheide, Kreis Minden-Lübbecke

Anfahrt

Von Tonnenheide (3 km östlich von Rahden) nach Osten in Richtung Diepenau, nach 2 km halb links abbiegen (Schild „Großer Stein"), nach 1 km liegt rechts in der Bauernschaft Hahnenkamp eine Grünfläche mit dem Großen Stein.

*Abb. 24 Der Gro-
ße Stein in der zu
Rahden-Tonnenhei-
de/Kreis Minden-
Lübbecke gehören-
den Bauernschaft
Hahnenkamp.*

Der Findling von Tonnenheide (Abb. 24) führt mit seinen heutigen Ausmaßen von etwa 9 m x 6 m x 3 m seinen bezeichnenden Namen zu Recht – anders als ein Stein bei Schermbeck im südwestlichen Münsterland, der nur eine Größe von etwa 1,60 m x 1 m x 0,50 m erreicht, dennoch dieselbe Bezeichnung trägt und sogar dem Weg, der an ihm vorbeiführt, zu dem Namen „Zum großen Stein" verhalf.

Mit dem wirklich Großen Stein verbindet sich eine spannende Geschichte, nicht nur was seine Reise im Inlandeis von Skandinavien bis nach Tonnenheide im nördlichen Vorland des Wiehengebirges betrifft, die schon im Drenthe-Stadium der Saale-Zeit erfolgte und vor etwa 200 000 Jahren beendet war. Danach gab es eine längere vermutlich bis zum Ende des 19. Jhs. dauernde Ruhepause. Zu dieser Zeit wurde der Stein, der nur geringfügig aus der Erde ragte, teilweise freigelegt, um größere Stücke zur Herstellung von Bausteinen abzusprengen. Etwa 20 Fuder sind für den Bau einer Mühle, vermutlich der Kamp-Mühle in Wehe, abtransportiert worden.

Im Jahr 1915 wurde der Stein auf Initiative des Hauptlehrers Sturhan erneut und jetzt gänzlich freigelegt und genau vermessen (Abb. 25). In der Schulchronik von Tonnenheide gibt es darüber einen von Sturhan verfassten Bericht:

Auf dem Hofe des Kolons Klasing Nr. 9 zu Hahnenkamp liegt ein gewaltiger Granitblock, der sich leider nur wenig über den Boden erhebt. Herr Prof. Dr. Wegener (Anm.: Gemeint ist Prof. Dr. Theodor Wegner, von 1910 bis 1934 Professor für Geologie und Paläontologie an der Universität Münster)*, der ihn vor einigen Jahren besuchte*

und 7 m Länge und 5 m Breite feststellte, nennt ihn in seinem Buche „Geologie Westfalens" (Anm.: 1. Auflage 1913) den größten nordischen Findling Deutschlands. Im Sommer dieses Jahres ließen einige Rahdener Herren und der Schreiber dieser Zeilen den Stein bloßlegen. Da stellten sich denn ganz andere Maße dem staunenden Betrachter dar, nämlich: Länge 10 m, Breite 7 m und Höhe 3 m. Umfang 27 m, Gewicht etwa 5 000 Zentner. Nachdem der Herr Regierungspräsident durch Herrn Prof. Langewiesche in Bünde auf den Stein aufmerksam gemacht war, kamen bald mehrere Herren der Königl. Regierung, ihn zu besichtigen und seine Hebungsmöglichkeit festzustellen. Im November erschien auch im Auftrag der Behörde der Geologe Herr Dr. Klohse aus Halle a. d. Saale. Dieser bezeichnete den Stein als den größten Findling westlich der Oder. Ein noch größerer Granitblock mit einem Umfang von 43 m liegt nach seinen Angaben auf dem Kirchhofe des Dorfes Klein-Tychow in Hinterpommern. – Es ist nun geplant, den gewaltigen Stein zu heben und auf einen in der Nähe liegenden freien Platz zu schaffen.

Der erste Plan zur Hebung des Steins musste allerdings wegen der nicht ausreichenden technischen Möglichkeiten aufgegeben werden. Der Findling wurde daraufhin wieder mit Erde bedeckt, nur eine Kuppe blieb noch sichtbar. Erst gut 50 Jahre später gab es erneut Überlegungen zur Bergung des Steins, die wegen der erheblichen techni-

Abb. 25 Rahden-Tonnenheide/Kreis Minden-Lübbecke. Freilegung des Großen Steins im Jahr 1915.

Abb. 26 Rahden-Tonnenheide/Kreis Minden-Lübbecke. Bergung des Großen Steins im Jahr 1981.

schen und finanziellen Probleme allerdings erst nach langjährigen Planungen zum Erfolg führten. Am 30. August 1981 war es endlich soweit. Mit einem 180-t-Raupenkran und einem 140-t-Autokran der Bremerhavener Firma Kronschnabel wurde der Findling gehoben (Abb. 26) und vom Hof Klasing, Tonnenheide 9, zu seinem neuen Lagerplatz transportiert.

Der Große Stein besteht aus einem hellen beziehungsweise schwarzweißen mittel- bis grobkörnigen Biotitgranit. Das Gestein weist eine geringfügige kataklastische Überprägung auf, das heißt, dass einige Minerale unter Druckeinwirkung zerbrochen sind. Derartige Gesteine kommen in Schweden an verschiedenen Stellen vor, so zum Beispiel in den südschwedischen Landschaften Blekinge und Småland sowie im mittelschwedischen Uppland. Da sich diese Granite nur schlecht unterscheiden lassen, ist bei dem Findling von Tonnenheide eine Zuordnung schwierig und nicht eindeutig. So wurde er unter anderem als Grauer Växiö-Granit aus Småland und als Uppsala-Granit aus dem Uppland angesprochen. Es dürfte sich tatsächlich um ein Gestein aus dem mittelschwedischen Uppland handeln, allerdings wohl nicht um Uppsala-Granit, sondern eher um Sala-Granit. Diese Gesteine sind vor etwa 1,8 Mrd. Jahren entstanden. Der Reiseweg des Granitblocks vom schwedischen Uppland bis in das nördliche Vorland des Wiehengebirges beträgt etwa 1 000 km.

Nach einer überschlägigen Berechnung beläuft sich das Gewicht des Findlings auf 270 bis 290 t. Unter Berücksichtigung der abgesprengten Teile dürfte das ursprüngliche

Gewicht des Steins bei etwa 300 bis 310 t gelegen haben. Damit ist der Große Stein von Tonnenheide mit weitem Abstand der größte Findling Nordrhein-Westfalens.

Daten des Findlings

Ort:	Rahden-Tonnenheide
Lage:	TK 25 3518 Diepenau R 34 79860
	H 58 10050
Gestein:	Biotitgranit (vermutlich Sala-Granit)
Alter:	1,8 Mrd. Jahre
Herkunft:	Mittelschweden (Uppland)
Transportweg:	ca. 1 000 km
Abmessungen:	8,95 m x 6,15 m x 3,10 m
Umfang:	26,20 m
Volumen:	100–110 m^3
Gewicht:	ca. 270 t (ursprünglich 300 t)

Die Johannissteine bei Lage, Kreis Lippe

Anfahrt

Von Lage auf der B 239 nach Südosten in Richtung Detmold, am Ortsende rechts in die Straße „An den Johannissteinen" (Sackgasse!), am Ende weiter durch ein Wäldchen zu den etwa 100 m entfernten Johannissteinen.

Am Südrand von Lage, westlich der B 239, gibt es zwei Findlinge, die einträchtig nebeneinander liegen (Abb. 27). Die Blöcke werden Großer und Kleiner Johannisstein genannt. Man könnte die Steine aber auch als Großer und Kleiner Bruder bezeichnen, denn sie bestehen aus dem gleichen Gestein und haben ihren Weg aus der Kälte in den wärmeren Süden damals – vor etwa 200 000 Jahren – gemeinsam angetreten. Die Johannissteine sind weiter nach Süden vorgedrungen als der Große Stein von Tonnenheide. Sie wurden vermutlich von dem so genannten Porta-Gletscher, einer Eismasse, die über die Porta Westfalica in das Weserbergland eindrang, bis in das nordöstliche Vorland des Teutoburger Waldes verfrachtet.

Der Große Johannisstein besteht aus einem hellen mittel- bis grobkörnigen Biotitgranit mit leichter Kataklase. Die gerundeten Formen und die rinnenartige Eintiefung

Abb. 27 Die Johannissteine bei Lage/Kreis Lippe.

Abb. 28 Lage/ Kreis Lippe. Großer Johannisstein (vorne) mit rinnenartiger Eintiefung und Bruchflächen von der Steingewinnung im 19. Jh.

der Oberfläche (Abb. 28) lassen vermuten, dass dieser Block an seinem Ursprungsort lange Zeit der Wirkung fließenden Wassers ausgesetzt und ehemals Bestandteil eines Flussbetts war. Der Kleine Johannisstein weist eine vergleichbare Zusammensetzung auf. Bei beiden Findlingen handelt es sich sehr wahrscheinlich um einen Granit aus Småland in Südschweden, die Steine hätten somit einen Weg von ungefähr 700 km zurückgelegt. Das Alter dieser Granite beträgt etwa 1,5 Mrd. Jahre.

Die erste schriftliche Kunde über die Johannissteine dürfte wohl die Erwähnung im Fürstlich Lippischen Intelli-

genzblatt vom 3. Februar 1816 sein. Dort heißt es auf
Seite 38:

*In der Nähe von Detmold findet man an allen Landstra-
ßen mehrere bedeutende Granitblöcke. Die größten aber
… liegen ganz nahe beysammen am Fußwege von Detmold nach Lage, nicht weit von dem Meyerhofe Ottenhau-
sen, in der Feldmark des Fleckens Lage. Der Vorderste
ruhet in einem schmalen, mit Buschwerk bewachsenen,
Grunde. Er ist 22 Fuß lang, 19 Fuß breit und 11 Fuß über
der Erde hoch … Daß derselbe einst noch größer war,
bezeugen mehrere, davon losgesprengte und dabey noch
liegende, Stücke. Viele andere, welche kleiner ausfielen,
mögen weggeführt seyn. Mehrere noch sehr sichtbare
Spuhren vergeblicher Versuche, diesen ungeheuern Stein
ganz zu zerstücken, sind noch davon wahrzunehmen. Der
andere, dem Anschein nach etwas kleinere, lehnt sich
samt dem daran stoßenden Felde auf jenen.*

Die besondere Lage der Steine beziehungsweise ihre
senkrecht zueinander verlaufenden, möglicherweise von
Menschenhand ausgerichteten Längsachsen und zahlreiche Funde von Artefakten in der Umgebung geben zu der
Vermutung Anlass, dass die Johannissteine auch eine kul-
tische Bedeutung gehabt haben.

An beiden Steinen sind Bohrlöcher und Bruchflächen
zu erkennen, die auf die bereits 1816 erwähnten Spreng-
arbeiten zur Gewinnung von Baumaterial hinweisen.
Nach diesen Arbeiten wurden die Steine wohl auf natürliche Weise durch abrinnendes Niederschlagswasser wieder etwas mit Bodenmaterial zugespült und vermutlich
erst 1931 im Zusammenhang mit der Unterschutzstellung
erneut freigelegt, denn vor dieser Zeit wies die Höhe des
großen Steins über der Erde etwa 1,80 m auf, heute beträgt
sie ungefähr 2,20 m.

Daten der Findlinge

Ort:	Lage
Lage:	TK 25 4810 Lage R 34 87000
	H 57 60720
Gestein:	Biotitgranit
	(vermutlich Småland-Granit)
Alter:	1,4–1,5 Mrd. Jahre
Herkunft:	Südschweden (Småland)
Transportweg:	ca. 700 km
Abmessungen:	6,10 m x 5,30 m x 2,20 m/
	6,05 m x 2,55 m x 2,25 m
Umfang:	19,75 m/14,65 m
Volumen:	39 m³/20 m³
Gewicht:	104 t/53 t

Der Dicke Stein in Ahlen, Kreis Warendorf

> ### Anfahrt
>
> In Ahlen auf der Hammer Straße nach Süden in Richtung Hamm, 800 m hinter der Brücke über die Eisenbahn links in die Straße „Im Hövenerort", nach 1,3 km (an der zweiten Kreuzung) nach links in die Dolberger Straße, nach 700 m liegt rechts unter Bäumen der Dicke Stein.

Aus Ahlen stammen gleich zwei wichtige Zeugen der Eiszeit, einmal das 1910 aus der Tongrube der ehemaligen Stanz- und Emaillierwerke der Gebrüder Seiler geborgene, nahezu vollständige Skelett eines Mammuts (*Mammonteus primigenius* BLUMENBACH) und der 1911 in der Lehmgrube der ehemaligen Ziegelei Rötering entdeckte große Findling. Das Mammutskelett kann im Geologisch-Paläontologischen Museum der Universität Münster besichtigt werden und der als „Dicker Stein" bezeichnete Findling steht am Südrand der Stadt Ahlen in der Gabelung von Dolberger und Guissener Straße, etwa 600 m nordwestlich seines Fundortes (Abb. 29).

Über die Bergung des Findlings aus der zwischen Dolberger und Guissener Straße gelegenen Grube gibt es einen Bericht des Rektors Walter Breucking, der im Ahlener Heimatbuch von 1929 veröffentlicht wurde:

Im Jahr 1911 freigelegt, schaffte man ihn von der Fundstelle nach der Dolberger Straße, wo er auf der vorderen Ecke des von der Stadt gekauften Brüggemann'schen Grundstücks Aufstellung fand. Bei dem gewaltigen

Abb. 29 Der Dicke Stein in Ahlen/Kreis Warendorf.

Gewicht gestalteten sich Hebung und Transport des Blockes sehr schwierig. Alle anfänglich angewandten Hebewerkzeuge zeigten sich als unzureichend. Erst als die Zeche Westfalen zwei hydraulische Hebevorrichtungen mit einer Tragkraft von 90 Tonnen zur Verfügung stellte, gelang die Fortschaffung auf einem besonders konstruierten Schlitten. Vorher benutzte dünne Baumstämme waren wie Rohr von der Wucht des Steines geknickt worden. Die Bewegung des Schlittens erfolgte auf Rollen mittels eines Haspels, langsam und mühselig. Zum Glück herrschte um die Zeit starkes Frostwetter, so dass der Boden nicht einbrach.

Die Freilegung und Hebung hatte vom 16. bis 19., die Fortschaffung vom 26. bis 31. Januar gedauert. Zehn Arbeiter waren dabei tätig gewesen. Viele Bürger der Stadt hatten sich täglich als neugierige Zuschauer eingefunden, um Zeugen des interessanten Transports zu sein. Anfangs bestand die Absicht, den Stein auf der Kampenwiese in dem geplanten „Kaiser-Wilhelm-Park" (Anm.: heute Stadtpark vor dem Krankenhaus) aufzustellen. Das scheiterte jedoch an der Unmöglichkeit des Transports über die Wersebrücke, die nicht die nötige Tragfähigkeit besaß. Im Jahre 1916 schaffte man den Stein deshalb in die jetzige Lage.

Der Findling von Ahlen trägt einen Namen, der sehr gut zu seiner etwas gedrungenen Form passt. Dieser Stein nimmt aus zwei Gründen eine besondere Stellung unter den Findlingen Nordrhein-Westfalens ein: Zum Ersten ist er der größte Findling in der Westfälischen Bucht und zum Zweiten besteht er nicht aus Granit oder Gneis wie die meisten seiner Gefährten. Es handelt sich vielmehr um einen fein- bis mittelkörnigen Sandstein mit einem warmen bräunlich gelben Farbton. Der Block ist sehr kompakt ausgebildet. Er weist eine nur schwach ausgeprägte Schichtung auf und wird stellenweise von geraden Kluftflächen begrenzt.

Sandsteinblöcke in der Art des Dicken Steins findet man nur innerhalb der Westfälischen Tieflandsbucht. Geht man nach Norden oder Nordosten über ihren Rand hinaus, trifft man solche Steine nicht mehr an. Sie kommen also gar nicht aus dem Norden, ihr Ursprung ist vielmehr in der nördlichen und nordöstlichen Umrandung der Westfälischen Bucht beziehungsweise in den Sandstein-Schichten der Unterkreide des Teutoburger Waldes und des Bentheimer Höhenzuges zu suchen. Hier kommen relativ dickbankige bis massige Sandsteine vor, die stellenweise in exponierten Klippen oder Kammlagen auftreten. Korngrößenvergleiche zwischen dem Findling und den anstehenden Gesteinen machen es wahrscheinlich, dass der Sandstein-Findling von Ahlen aus dem nordwestlichen Teutoburger Wald stammt (s. Abb. 23). Beim Überfahren des Bergrückens durch das Inlandeis der Saale-Kaltzeit wurden hier große Brocken gelöst und über 50 km nach Süden in die Westfälische Tieflandsbucht bis nach Ahlen und auch bis in das 20 km westlich gelegene Capelle verfrachtet, wo ein zweiter sehr ähnlicher Sandsteinblock mit einem Gewicht von etwa 12 bis 13 t liegt. Mit einem Alter von ca. 135 Mio. Jahren sind diese Steine im Vergleich zu den Findlingen aus Skandinavien als Jünglinge zu bezeichnen.

Daten des Findlings

Ort:	Ahlen
Lage:	TK 25 4213 Ahlen R 34 24050
	H 57 35400
Gestein:	Quarzsandstein
	(Bocketal-Sandstein)
Alter:	135 Mio. Jahre
Herkunft:	nordwestlicher Teutoburger Wald
Transportweg:	ca. 50 km
Abmessungen:	5,00 m x 3,40 m x 2,40 m
Umfang:	13,80 m
Volumen:	29 m³
Gewicht:	63 t

Das Holtwicker Ei in Coesfeld-Holtwick, Kreis Coesfeld

Anfahrt

Von der Ortsmitte Holtwick (7 km nördlich von Coesfeld) auf der Legdener Straße (B 474) nach Norden in Richtung Legden, nach etwa 500 m rechts in den Prozessionsweg (Schild „Holtwicker Ei"), nach 60 m links in die Ketteler Straße, nach weiteren 60 m im Straßenknick Eingang zu einer kleinen Parkanlage mit dem Holtwicker Ei.

Man kann von Glück sagen, dass der Findling vom Holtwick nicht auch Teufelsstein genannt wurde wie so viele seiner Genossen in Norddeutschland, obwohl auch er angeblich mit dem Teufel zu tun hatte! „Holt wiek oder ik smiet", soll dieser gerufen haben, als er mit einem riesigen Block im Anflug war, um eine im Bau befindliche Kirche zu zerstören und damit den Einzug des Christentums in das westliche Münsterland zu verhindern. Es ist ihm aber nicht gelungen, ein Eichenwald war im Weg. Da er diesen Wald mit dem schweren Stein nicht mehr überfliegen konnte, versuchte er mit letzter Kraft, den Block zu werfen. Aber zu kurz, zwischen Wald und Kirche schlug der Stein in den Boden und dort liegt er heute noch. Der Ort aber, in dem die Kirche gebaut wurde, heißt Holtwick. Allerdings hat sich die Landschaft mittlerweile stark verändert; wo sich früher Wald und Wiesen ausbreiteten, befindet sich heute ein Wohngebiet.

Eine frühe schriftliche Erwähnung dieses Steins gibt es im zweiten Band der 1884 erschienenen Erläuterungen zur Geologischen Karte der Rheinprovinz und der Provinz Westfalen. Dort heißt es:

In s.w. Richtung … liegt nahe an der Strasse von Ahaus nach Coesfeld und n. von Holtwick in ganz ebener Gegend 97 m ü. d. M. ein grosser Granitblock, der in der Gegend als „Holtwicker Ei" bekannt ist, eine senkrechte Höhe von 4,7 m besitzt, von der 3/5 im Boden versenkt ist. Das Gewicht desselben wird auf 15 tons geschätzt. Der Besitzer Graf Droste-Vischering hat denselben bisher der Gegend als eine der grössten Merkwürdigkeiten erhalten, da er sonst beim Bau der Strasse als Beschüttungsmaterial verwendet worden wäre.

Abb. 30   Das Holtwicker Ei in Coesfeld-Holtwick/Kreis Coesfeld.

Der Stein trägt den sehr eigentümlichen Namen „Holtwicker Ei". Es gehört allerdings schon eine gehörige Portion Phantasie dazu, in diesem Stein eine Ähnlichkeit mit einem Ei zu erkennen. Aus nahezu allen Perspektiven zeigt er eine sehr unregelmäßige Gestalt. Bei der Namensgebung hat man vielleicht an das berühmte Kuckucksei gedacht, da man früher nicht wusste, woher dieser granitische Fremdling stammt und wer den Block an diesem Ort abgelegt hat. Heute wissen wir, wer es war – nicht der Teufel, sondern das Inlandeis, das im Drenthe-Stadium, das heißt in der mittleren Saale-Zeit, von Norden kommend in das Münsterland eindrang und bis an den Südrand der Westfälischen Bucht vorstieß.

Der Findling liegt im nördlichen Teil des Ortes zwischen Ketteler Straße und Kardinal-Galen-Straße inmitten einer kleinen Parkanlage (Abb. 30). Es handelt sich um einen rötlichen mittel- bis grobkörnigen Granit mit bis zu 2 cm großen Kalifeldspäten, hellen Quarzen und Biotit. Das Gestein wurde zunächst als Filipstad-Granit angesprochen, nach einer neueren Bestimmung dürfte es sich aber eher um einen Småland-Granit beziehungsweise um eine Abart des Roten Växiö-Granits aus Südschweden handeln. Das Alter des Gesteins beträgt etwa 1,5 Mrd. Jahre, der Transportweg des Blockes beläuft sich auf ungefähr 700 km.

Das Holtwicker Ei entzieht sich wegen der unregelmäßigen Form und des noch im Boden verborgenen Anteils einer genauen Berechnung. Das auf der im Park stehenden Erläuterungstafel angegebene Gewicht von 15 bis 20 t ist sicherlich zu niedrig, es dürfte eher bei 30 bis 35 t liegen. Der Findling, der sehr wahrscheinlich noch an seinem ursprünglichen Platz liegt, war im 19. Jh. auch unter den Namen „Bonenjägerstein" bekannt.

Daten des Findlings	
Ort:	Holtwick
Lage:	TK 25 3908 Ahaus R 25 77500
	H 57 64750
Gestein:	Granit
	(vermutlich Småland-Granit)
Alter:	1,4–1,5 Mrd. Jahre
Herkunft:	Südschweden (Småland)
Transportweg:	ca. 700 km
Abmessungen:	3,00 m x 3,00 m x 2,40 m
Umfang:	10,10 m
Volumen:	ca. 11 m^3
Gewicht:	ca. 30 t

Der Dicke Brocken von Gronau, Kreis Borken

Anfahrt

Über die B 54 bis Abfahrt Gronau/Epe, nach Norden in Richtung Gronau (B 474 – Eper Straße), nach etwa 1,2 km rechts in die Laubstiege, nach 850 m an der Kreuzung mit dem Friedensweg liegt links vor dem Hallenbad der Gronauer Brocken.

Im südöstlichen Bereich der Stadt Gronau liegt auf dem Platz vor dem Hallenbad an der Ecke Friedensweg/Laubstiege ein großer unregelmäßig geformter Findling granitischer Zusammensetzung, der den bezeichnenden Namen „Dicker Brocken" oder auch „Gronauer Brocken" trägt. Der Stein wurde am 3. Mai 1993 am Südrand der Stadt östlich der Alstätter Straße bei der Aushebung einer Baugrube für ein Wohnhaus auf dem ehemaligen Lewingskamp etwa 1,50 m unter der Geländeoberfläche entdeckt. Er steckte ca. 0,50 bis 1 m in der Grundmoräne beziehungsweise im Geschiebelehm der Saale-Kaltzeit und war im oberen Teil durch Talsande und Flugsande der Weichsel-Kaltzeit verdeckt.

Abb. 31 Gronau/ Kreis Borken. Der Gronauer Brocken mit Abbruchstelle des kleinen Brockens.

Für den Bauherrn Josef Tenberge ergaben sich zwei Alternativen, entweder den Stein ruhen zu lassen und dafür einen kleineren Keller in Kauf zu nehmen oder aber den Block mit erheblichem Kostenaufwand zu heben. Dieses „schwerwiegende" Problem löste sich allerdings schon bald auf eine erfreuliche Art und Weise. Wegen der besonderen Bedeutung des Findlings, der von seiner Größe das berühmte, nur 23 km entfernte und damit fast benachbarte Holtwicker Ei deutlich übertrifft, schalteten sich auch Verwaltung und Rat der Stadt Gronau ein. Man entschied sich sehr schnell, den Stein auf Kosten der Stadt zu bergen und auf einem öffentlichen Platz aufzustellen. Daraufhin wurde der Block am 12. Mai 1993 vollständig freigelegt, mit Hilfe eines 100-t-Krans in einem Netz aus Stahltrossen gehoben und ungefähr 1,5 km weiter östlich an seinen neuen Standort vor dem Hallenbad gebracht. Die Kosten für die gesamte Aktion beliefen sich auf annähernd 13 000 DM.

Die winklige Form des Steins, die sehr stark von einem Ellipsoid abweicht, lässt eine genaue Berechnung des Volumens und einhergehend damit des Gewichts nicht zu. Das Volumen wurde deshalb über das am Kran gemessene Gewicht von 47 t errechnet. In der Baugrube fand sich noch ein kleiner ca. 3 t schwerer Findling des gleichen Gesteins. Aus der Form ist zu erkennen, dass es sich dabei um ein Teilstück des großen Findlings handelt. Beide Teile sind vermutlich bereits kurz nach ihrer Ablagerung durch Frostsprengung an einer Kluft voneinander getrennt worden. Für den ursprünglichen Block ergibt sich somit ein Gewicht von etwa 50 t. Die Trennfläche befindet sich heute an der Südwestecke des Findlings (Abb. 31).

Aufgrund besonderer Merkmale auf der Oberfläche des Gronauer Brockens lässt sich seine jüngere Geschichte nahezu lückenlos rekonstruieren. Der Findling zeigt auf seiner Westseite geglättete beziehungsweise abgeschliffene Flächen, die beim Schrammen des vom Eis bewegten Blocks über festen Untergrund entstanden sind und als Gletscherschliff bezeichnet werden. Auf der Südseite weist der Stein stellenweise eine glänzende Oberfläche auf. Diese Erscheinung ist auf die polierende Wirkung von Sanden zurückzuführen, die besonders während der Kaltzeiten vom Wind in den bodennahen Luftschichten mitgeführt werden. Diese Flugsande wirkten wie ein Sandstrahlgebläse auf den nach dem Abschmelzen des Inlandeises freiliegenden oberen Teil des Steins. Im ausgehenden Eiszeitalter wurde der Findling von Talsanden – überwiegend fluviatil transportierte Sande im vorzeitlichen Tal der Dinkel – und von jüngeren Flugsanden zugedeckt. Im jüngsten Abschnitt des Quartärs, dem Holozän, stellte sich mit dem Abtauen der Frostböden wieder Grundwasser ein. Der

Dicke Brocken lag mit seiner Kuppe gerade im natürlichen jahreszeitlichen Schwankungsbereich des Grundwasserspiegels. Dies wird durch die äußerliche braune Färbung im oberen Bereich des Steins angezeigt, die durch Oxidation von Eisenverbindungen in der zeitweilig durchlüfteten Bodenzone beziehungsweise durch die dabei gebildeten Eisenhydroxide hervorgerufen wurde.

Der Dicke Brocken wird von etlichen Scherklüften durchzogen, die bereichsweise mit Quarz „verheilt" sind. An einigen Stellen schneiden sich die Klüfte rechtwinklig und bilden ein orthogonales Scherkluftsystem, das auf eine erhebliche Druckbeanspruchung des ursprünglichen Granitkörpers hindeutet. Das helle Gestein besteht aus weißen und leicht grünlichen Feldspäten, grauen zerbrochenen (kataklastischen) Quarzkörnern und schlierig angeordneten Biotit-Amphibol-Aggregaten, die auch kleine Granate führen. Außerdem treten hellgraue feinkörnige Einschlüsse von Dezimetergröße auf. Das Gestein kann je nach Betrachtungsweise noch als ein deformierter, schwach geregelter und rekristallisierter mittel- bis grobkörniger Granit (Gneisgranit) oder bereits als ein Orthogneis granitischer Zusammensetzung (Granitgneis) angesprochen werden. Es könnte sich um einen ehemaligen Uppland-Granit handeln, der eine auch durch die Granate angezeigte Umwandlung zu einem Gneis erfahren hat. Derartige Gesteine lassen sich nur unter Vorbehalt einem spezifischen Vorkommen zuordnen.

Daten des Findlings

Ort:	Gronau
Lage:	TK 25 3708 Gronau R 25 71125
	H 57 86225
Gestein:	Gneisgranit
	bzw. granitischer Gneis
Alter:	1,8 Mrd. Jahre (?)
Herkunft:	Mittelschweden (?)
Transportweg:	ca. 1 000 km
Abmessungen:	3,60 m x 3,55 m x 3,00 m
Umfang:	11,35 m
Volumen:	18 m^3
Gewicht:	47 t

Literatur

E. Speetzen, Findlinge in Nordrhein-Westfalen und angrenzenden Gebieten. Geologischer Dienst Nordrhein-Westfalen (1998).

Wighart von Koenigswald und Thomas Litt

Die Entwicklung von Tier- und Pflanzenwelt im Rheingebiet während des Eiszeitalters

Von Jahrzehnt zu Jahrzehnt können wir den zunehmenden Einfluss des Menschen in der Landschaft beobachten. Das gilt nicht nur für die städtischen Gebiete, sondern auch für den ländlichen Raum, der immer intensiver als Erholungsraum genutzt wird. Schwer fällt es, sich das Rheinland ohne Verkehr, vielleicht sogar ganz ohne Menschen vorzustellen. Versuchten wir es, dann kommen Bilder einer paradiesischen, durch nichts gestörten Natur, die im ewigen Rhythmus der Jahre unverändert bleibt. – Und dieses schöne Bild ist falsch, denn die Natur hat sich stets, auch ohne das Zutun der Menschen, ganz erheblich verändert. Gerade in den letzten 2 Mio. Jahren wechselten die ökologischen Bedingungen mehrfach grundlegend. Zeitweise bedeckten saftige Laubwälder das Land fast vollständig, so wie es auch jetzt wohl ohne den Einfluss des Menschen hier aussähe, zeitweise war es aber auch nur eine krautreiche Steppe. Der tief gefrorene Boden ließ dann keinen Baumwuchs aufkommen. Diese großen Unterschiede werden aber erst sichtbar, wenn man längere Zeiträume betrachtet.

Jungtertiär und Altpleistozän (5–1 Mio. Jahre vor heute)

Im Tertiär (etwa von 65–2 Mio. Jahren) waren zumindest im älteren Abschnitt die Polkappen noch nicht vereist und damit das Klimagefälle zwischen den äquatorialen Breiten und dem hohen Norden noch viel geringer.

Vor 25 Mio. Jahren, als sich das vulkanische Siebengebirge bildete, herrschte noch ein paratropisches Klima, das Krokodilen erlaubte, Flüsse und Seen zu besiedeln. Auch die Bildung der mächtigen Braunkohleflöze in der Niederrheinischen Bucht vor 17 bis 10 Mio. Jahren ist nach Beurteilung der belegten Pflanzenarten nur bei einem feuchtwarmen Klima denkbar. Die zunehmende Verschlechterung des Klimas lässt sich am Verschwinden anspruchsvoller Pflanzen ablesen. Etwa vor 5 Mio. Jahren verschwanden die Palmen sowie zahlreiche immergrüne Gehölze wie Lorbeer, und vor 2 Mio. Jahren, also an der Wende vom Tertiär zum Pleistozän, lagen die Jahresmitteltemperaturen nur noch 3 bis 4 °C über den heutigen.

Die jungtertiäre Vegetationsentwicklung war also gekennzeichnet durch eine zunehmende Bedeutung der sommergrünen Gehölze, die im Pliozän (ca. 5–2 Mio. Jahre vor heute) endgültig in Mitteleuropa die Vorherrschaft gewannen. Diese Falllaubwälder der temperaten Zone besaßen eine große Vielfalt an Arten (Diversität), die wir anhand von paläobotanischem Material aus den Braunkohletagebauen der Niederrheinischen Bucht rekonstruieren können. Sie umfassten zum einen Gattungen, die auch heute noch in Europa heimisch sind (Ahorn, Birke, Buche, Eiche, Erle, Hainbuche, Hasel, Linde, Pappel, Ulme), zum anderen aber viele Sippen, die nur noch in Ostasien und Nordamerika vorkommen (zum Beispiel Amberbaum, Götterbaum, Magnolie, Mammutbaum). Im Gegensatz zu Nordamerika und Ostasien hat sich in Europa diese außergewöhnlich artenreiche Gehölzflora der sommergrünen Mischwälder nicht erhalten, denn durch das Eiszeitalter mit seinen zahlreichen Kalt- und Warmzeiten war dieser Raum ungleich stärker von einer Florenverarmung durch Aussterben vieler Sippen betroffen. Unsere Gehölzflora umfasst also nur noch die Gattungen, die es seit dem Tertiär geschafft haben, auch während der Kaltzeiten in wärmeren Refugien Südeuropas zu überdauern.

Unter den großen Säugetieren kamen vor rund 2 Mio. Jahren Waldnashörner (Abb. 32) und sogar Tapire vor, deren nächste Verwandte heute nur in Gebieten mit einem tropisch-subtropischen Klima leben. Echte Elefanten gab es zu dieser Zeit noch keine, aber Elefantenverwandte mit niederkronigen Backenzähnen und langen geraden Stoßzähnen. Im Rheingebiet hat das Grenzgebiet zu den Niederlanden bei Tegelen wichtige Zeugnisse aus dieser Zeit geliefert.

Im darauf folgenden Altpleistozän, das etwa bis vor 800 000 Jahren dauerte, nahm die Eisbedeckung der Arktis zu und damit verstärkten sich die klimatischen Schwankungen. Es gab jedoch noch keine Anzeichen für große Vergletscherungen, die von Skandinavien auf Mitteleuropa übergriffen. In den kühleren Phasen lichteten sich auch im Rheingebiet die Wälder, während in den wärmeren der Laubwald dominierte. Die anspruchsvollen Gehölze, die im Jungtertiär noch zum Bestand der Flora gehörten, waren nunmehr bereits verschwunden. Aus dieser wechselvollen Zeit gibt es im Rheingebiet kaum Zeugnisse. Entweder sind die Ablagerungen dieser Zeit in der Niederrheinischen Bucht nur ganz gering mächtig und daher schwer zu datieren oder sie sind wie im Oberrheingraben tektonisch tief versenkt und daher nicht so leicht zugänglich.

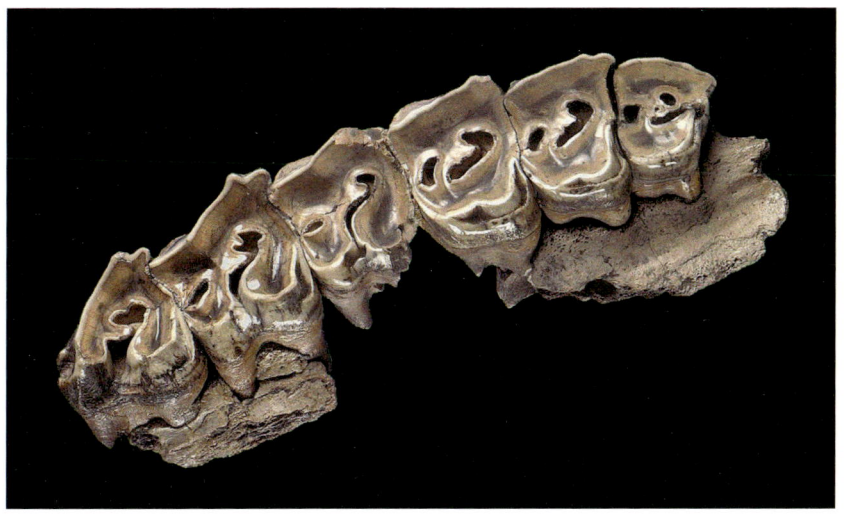

Abb. 32 Brüggen/Kreis Viersen. Oberkiefer von Stephanorhinus etruscus, einem laubfressenden Nashorn aus dem Altpleistozän.

Das Mittelpleistozän
(790 000 – 127 000 Jahre vor heute)

Die Grenze zwischen Alt- und Mittelpleistozän wird markiert durch die letzte Umpolung des Erdmagnetfeldes vor rund 790 000 Jahren. Messen lässt sich die Ausrichtung des magnetischen Feldes vergangener Zeiten zum Beispiel in vulkanischen Gesteinen, in denen sich die magnetischen Minerale bei Abkühlung entsprechend ausgerichtet haben. Gleiches gilt für manche Sedimente: Auch hier ist der Paläomagnetismus der Ablagerungszeit fixiert. Auf diese Weise lässt sich nun – zumindest da, wo sich die Feldrichtung erhalten hat – die Grenze zwischen Alt- und Mittelpleistozän bestimmen. Diese paläomagnetische Umkehrung erfolgte, als die Hauptterrasse des Rheins, die heute etwa 150 m über dem Fluss liegt, abgelagert wurde.

Im Mittelpleistozän setzten sich die klimatischen Schwankungen mit einem Zyklus von etwa 100 000 Jahren mit zunehmender Intensität fort. Die wärmeliebenden Gehölzarten wie zum Beispiel die Flügelnuss *(Pterocarya)* oder Lilienschopf *(Eucomia)* verschwanden nun ebenfalls aus Europa. Auch bei den Säugetieren nahm die Diversität ab, aber die hohe Beweglichkeit der Tiere bewirkte mehrfach einen relativ schnellen Faunenaustausch. In den kalten Phasen wanderten angepasste Tierarten aus den Steppen im Nordosten und Osten ein. Diese Faunenvergesellschaftung wird als Mammutfauna bezeichnet, zu der neben dem Steppenelefanten oder später dem namengebenden Mammut auch regelmäßig das Rentier gehört. Während der wärmeren Phasen breitete sich die Waldelefantenfauna vom Mittelmeergebiet her in das Rheingebiet aus. Sie war durch Reh und Wildschwein gekennzeichnet, enthielt gelegentlich aber auch klimatisch sehr anspruchsvolle Formen wie das Flusspferd.

In den Neckarsanden von Mauer bei Heidelberg, dem Fundort des bislang noch ältesten Menschenrestes in Mitteleuropa, fand sich eine reiche Tierwelt aus einer warmen Phase. Neben dem Waldelefanten und dem Waldnashorn kamen Hirsch, Reh und Wildschwein sowie Pferd und Waldbison vor, dazu Raubtiere wie Luchs, ursprüngliche Löwen und Bären sowie eine große Säbelzahnkatze. Hier wurden sogar Zähne vom Flusspferd gefunden, dessen Vorkommen zumindest auf sehr milde Winter zu dieser Zeit schließen lässt. Der Lebensraum der Tierwelt von Mauer war sicher ein Laubwald.

Andere Fundorte in der Rheinregion, die etwa in den gleichen Zeithorizont datieren (um 650 000 Jahre vor heute), sind das Seebecken von Kärlich im Neuwieder Becken und die Mainsande von Mosbach im Stadtgebiet von Wiesbaden. Mosbach zeigt auch teilweise den Einfluss kälterer Phasen, in denen die ersten nordischen Tiere, darunter das Rentier, auftauchen.

Verschiedene Gründe sprechen dafür, dass diese Faunen älter sind als der erste große Eisvorstoß der skandinavischen Gletscher. Die Elster-Kaltzeit erreichte zwar das Rheingebiet nicht, drang aber weiter im Osten bis zu den Mittelgebirgen vor, etwa bis zum Elbsandsteingebirge. Zur gleichen Zeit dürften sich in den Alpen auch große Gletscher gebildet haben, die nur die obersten Bergspitzen freiließen und sich zum Teil weit in das Vorland ausbreiteten.

Auf diesen sehr markanten ersten Vorstoß der Gletscher während des Elster-Glazials folgte wieder eine Warmzeit, aus der zum Beispiel in Bilzingsleben bei Kindelbrück in Thüringen eine reiche Tier- und Pflanzenwelt in einem Quelltravertin überliefert ist. Es ist wieder die typische interglaziale Waldelefantenfauna mit Waldnashorn, Reh und Wildschwein.

Aus dem Rheingebiet fehlen aber bislang bedeutende Funde aus dieser Zeit zwischen dem Elster- und dem Saale-Glazial. Während der mehrteiligen Saale-Eiszeit drangen die Gletscher erneut nach Mitteleuropa vor und kamen diesmal sogar bis in das Rheingebiet. Das Ausmaß eines dieser Eisvorstöße lässt sich heute noch in Westfalen an den mehr oder weniger großen Felsblöcken aus Granit oder Gneis nachvollziehen. Der Gletscher brachte diese so genannten Findlinge zum großen Teil aus Skandinavien mit. Die Stirn dieses Gletschers stauchte bei Krefeld den Untergrund zu gut sichtbaren Moränenzügen auf.

Die Kaltzeiten oder Glaziale umfassten aber nicht nur die relativ kurzen Phasen maximaler Gletscherausbreitung, sondern auch die viel längeren Phasen des Aufbaus und Abschmelzens des Eises. Während dieser Zeit breitete sich in Mitteleuropa die Mammutsteppe aus. Es war eine krautreiche Steppe mit ganz geringem oder fehlendem Baumwuchs. Immerhin bot sie hinreichend Nahrung für eine artenreiche Tierwelt. Anstelle des für das Jungpleistozän typischen Mammuts begegnen wir in dieser Zeit zunächst noch dem Steppenelefant. Charakteristische Formen dieser Fauna waren Wollnashorn, Pferd, Bison, Rentier und Rothirsch, manchmal auch Moschusochse, während die warmzeitlichen Formen, etwa Reh und Wildschwein, fehlten.

Die Kalt- und Warmzeiten scheinen sich in diesen weit zurückliegenden Epochen beinahe schematisch abgewechselt zu haben. Aus den jüngeren Perioden aber wissen wir, dass gerade während der Kaltzeiten viele kleinere Klimaschwankungen vorkamen, die zum Teil auch die Zusammensetzung von Fauna und Flora kurzfristig verändern konnten.

Im Mittelrheintal formten diese mittelpleistozänen Klimaschwankungen eine vielgliederige Terrassentreppe, denn der Rhein schnitt sich immer tiefer in die Landschaft ein, während sich das Rheinische Schiefergebirge gleichzeitig heraushob. Dabei wurde deutlich mehr Gestein abgetragen als abgelagert, was auch erklärt, weshalb nur wenige Zeugnisse der mittelpleistozänen Flora und Fauna erhalten geblieben sind. Zwei Ausnahmen sollen aber ausdrücklich erwähnt werden. Während einer der warmen Phasen vor etwa 250 000 Jahren, also zeitlich zwischen den großen Vereisungen des Elster- und des späten Saale-Glazials, gab es bei Mechernich-Eiserfey eine große Karstquelle, die ein sehr kalkiges Wasser lieferte. Aus der üppigen Vegetation, die vom Kalksinter umkrustet wurde, baute sich der große Travertinfelsen des Kartsteins auf. In den später ausgewaschenen Höhlen sind wichtige Zeugnisse aus dem Jungpleistozän erhalten geblieben.

Ebenfalls in einer warmen Phase, die auf 214 000 Jahre vor heute datiert wurde, brachen in der Osteifel, im Neuwieder Becken, mehrere Vulkane aus, die Schlackenkegel aufbauten und schnell wieder erkalteten. An mehreren Stellen wurde unter der Schlacke eine Blätterflora entdeckt. Die genannten Schlackenkegel aus dem Neuwieder Becken erlauben zudem einen guten Einblick in die Tierwelt der folgenden Kaltzeit. Die Kratermulden der kleinen Vulkankegel boten Jägern einen guten Jagdplatz, und zusammen mit den Steingeräten fand sich hier die typische Fauna der Mammutsteppe mit Mammut, Wollnashorn, Pferd, Bison, Riesenhirsch, Rentier, Rothirsch und Löwe. Zu dieser Zeit hatte das Mammut den Steppenelefanten bereits abgelöst. Den sehr großen Nahrungsbedarf deckten diese teils imposanten Pflanzenfresser durch Gräser, Beifuß und Gänsefußgewächse, die ihnen die kaltzeitliche Lösssteppe bot. Faunenbelege aus dem Mittelpleistozän sind in den Höhlen des Sauerlandes kaum zu finden. Nur der Schädel eines Waldnashorns aus der Dechenhöhle (s. Abb. 42) kann einer warmen Phase im jüngeren Mittelpleistozän zugeordnet werden.

Das letzte Interglazial
(127 000–110 000 Jahre vor heute)

Die Zeit zwischen 127 000 und 110 000 Jahren vor heute kennzeichnet eine deutliche Erwärmung; wir sprechen dabei vom letzten Interglazial. Der Klimawechsel veränderte erneut die Lebensbedingungen der saalezeitlichen Mammutsteppe. Vom Mittelmeerraum breitete sich eine Laubwaldvegetation aus, und zwar in einer sehr charakteristischen Abfolge der Baumarten (Abb. 33), wie an zahlreichen pollenanalytischen Daten abzulesen ist. Nach einer anfänglichen Birken-Kiefern-Zeit wandern Ulme und Eiche als erste wärmeliebende Gehölze aus Südeuropa ein. Es folgen Esche und Hasel, wobei Letztere sich zeitweise massenhaft ausbreitet. Nach der Einwanderung von Erle, Eibe und Linde entwickeln sich dichte und dunkle Hainbuchenwälder mit Fichte. Die Tanne gelangt relativ spät in das nordmitteleuropäische Tiefland. Am Ende der Eem-Warmzeit breiten sich erneut Birken-Kiefernwälder aus. Die Waldgeschichte setzt also mit einer borealen Vegetation ein, verläuft über warm-temperate Laubwälder und kühlgemäßigte Laubmischwälder bis hin zu einer abschließenden borealen Phase, worauf dann die letzte Eiszeit beginnt. Leider ist der Austausch der einzelnen Tierarten im Fundmaterial nicht so detailliert dokumentiert, grundsätzlich aber lässt sich eine Ausbreitung der warmzeitlichen Waldelefantenfauna bei zunehmender Verdrängung der zuvor lebenden Mammutfauna beobachten. Im Rheingebiet ist die nördliche Oberrheinebene ein wichtiges Fundgebiet. Unter den oberen Sanden, die der Rhein im letzten Glazial ablagerte und die daher eine reiche kaltzeitliche Fauna enthalten, wurden Sande angetroffen, in denen dicke Eichenstämme steckten. Diese Laubhölzer belegen warmzeitliche Verhältnisse zur Zeit der Ablagerung der unteren Sande. Die Schwimmbagger förderten aus diesen unteren Sanden fast alle Arten der warmzeitlichen Fauna zutage (Abb. 34). Neben Resten vom Waldelefanten, vom Waldnashorn und einem sehr großen Auerochsen fanden sich viele Knochen und Zähne vom Flusspferd. Als große Besonderheit wurden Schädelteile eines großen Rindes gefunden, dessen Hörner oben abgeflacht sind. Es handelt

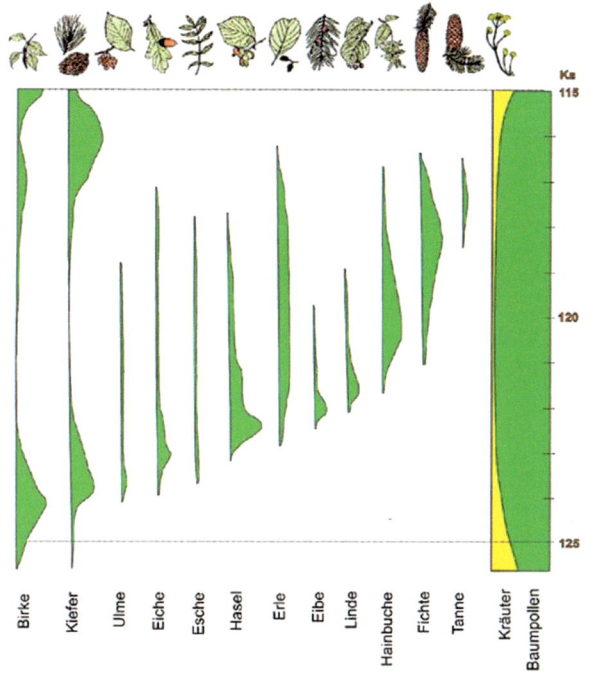

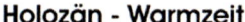

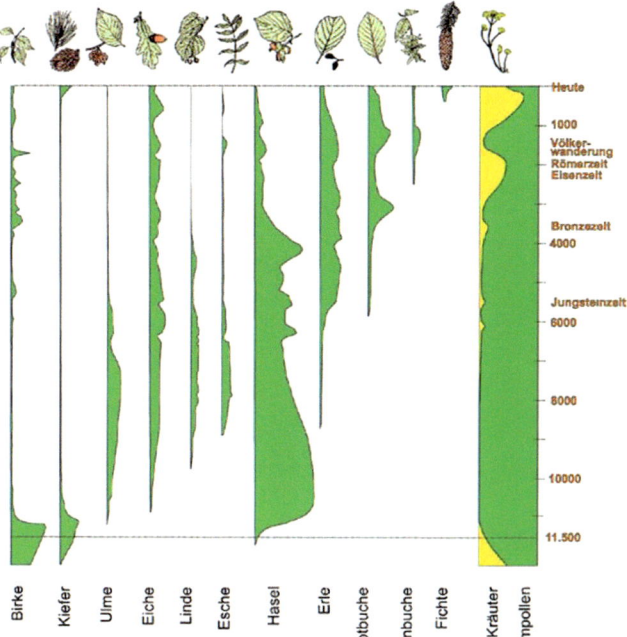

Abb. 33 Die Pollendiagramme zeigen die Wiederbewaldung im letzten Interglazial und im Holozän.

75

sich um den Wasserbüffel, der inzwischen mit rund zehn Individuen belegt ist.

Am Niederrhein waren die Ablagerungsbedingungen nicht so günstig, aber in der Gegend von Xanten wurden Zähne vom Waldelefanten und Waldnashorn, ja sogar ein Eckzahn vom Flusspferd gefunden. Auch aus den Niederlanden gibt es Nachweise für Flusspferd und Wasserbüffel. Es sieht wie ein Widerspruch aus, wenn einerseits anhand der Baumpollen ein Eichenmischwald ohne klimatisch besonders anspruchsvolle Pflanzen rekonstruiert wird und andererseits das Flusspferd im Rheinland gelebt haben soll. Man darf aber die Klimabedingungen, unter denen heute das Flusspferd in Afrika lebt, nicht auf Europa übertragen. Beim näheren Hinsehen stellt sich heraus, dass das Flusspferd keine tropischen Temperaturen braucht, sondern lediglich frostfreie oder zumindest frostarme Winter, in denen das Wasser der Seen und Flüsse nicht zufriert. Leichter Kälte und vor allem kaltem Wind können die Tiere dadurch entgehen, indem sie sich ins Wasser legen. Der Wasserbüffel stellte etwa die gleichen klimatischen

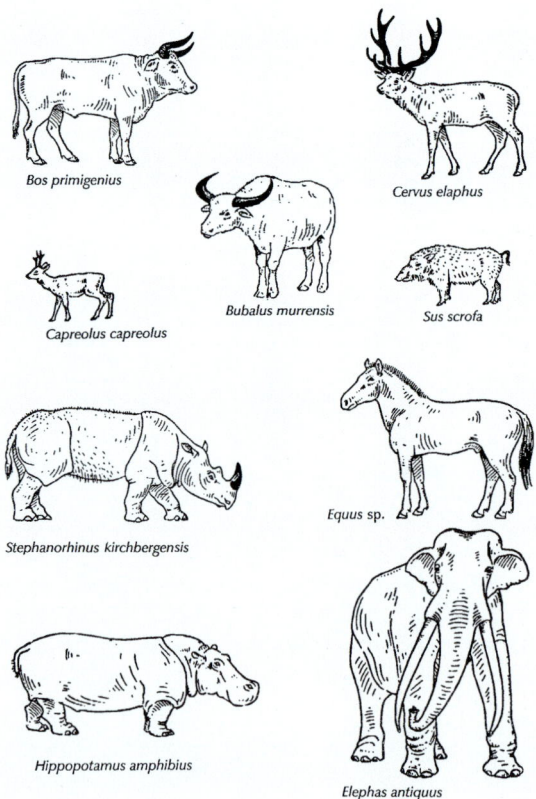

Abb. 34 Großsäuger aus dem letzten Interglazial.

76

Ansprüche. Milde Winter sind im Rheingebiet durch einen starken maritimen Einfluss vom Atlantik her möglich. Da die Jahresmitteltemperaturen nach der Vegetation zu urteilen – auch zu den optimalen Phasen der letzten Warmzeit – aber nur geringfügig höher lagen als heute, müssen die Sommer eher kühl (und regnerisch) gewesen sein. Dieser hohe atlantische Einfluss ist allerdings nur im Rheingebiet und weiter westlich zu spüren. In den großen Flüssen weiter im Osten, Weser, Elbe oder gar Oder, wurden keine Flusspferdereste mehr gefunden.

Ablagerungen aus dem letzten Interglazial sind im Gegensatz zu denen der letzten Kaltzeit in den Höhlen nur ausnahmsweise und in ganz geringen Mengen erhalten.

Das letzte Glazial
(110 000 – 12 000 Jahre vor heute)

Der Beginn des Weichsel-Glazials ist durch mehrfachen Wechsel von kalten und gemäßigten Klimabedingungen gekennzeichnet. Weil die Datierungen mit der ^{14}C-Methode nicht so weit zurückreichen, lassen sich die einzelnen Schwankungen schwer unterscheiden. Nach der derzeitigen Kenntnis gab es in diesem Abschnitt sehr kontinentale Phasen, in denen ein hüpfender Nager aus den südrussischen Steppen, der so genannte Pferdespringer, gleichzeitig mit dem Stachelschwein einwanderte. Beide sind gute Leitfossilien. In besonders kalten/trockenen Phasen dürfte auch der Moschusochse vorgekommen sein. Ansonsten ist für das frühe und mittlere Weichsel-Glazial die artenreiche Fauna der Mammutsteppe charakteristisch. Der Boden blieb das ganze Jahr über tief gefroren und taute nur oberflächlich auf, weswegen keine Bäume gedeihen konnten. Die Jahresmitteltemperatur muss demnach unter 0 °C gelegen haben; es war also im Mittel mindestens 10 °C kälter als heute.

Für die Tierwelt dieser Zeit sind im Rheingebiet drei Fundstellentypen besonders wichtig: die Flussablagerungen, die Lösse und die Höhlen.

Während der letzten Kaltzeit wurde im Rheintal und in den Nebentälern die Niederterrasse abgelagert, die heute einige Meter über dem Fluss liegt und deswegen für die Landwirtschaft, aber auch für Siedlungen eine große Rolle spielt. Wenn die Sande der Terrasse hinreichend Kalk enthalten und dadurch die sauren Wässer, die aus dem Boden durchsickern, neutralisiert werden, bleiben die eingebetteten Knochen und Zähne eiszeitlicher Tiere erhalten. Da an vielen Stellen die Sande und Kiese dieser Terrasse ausgebaggert werden, finden sich – je nach der Abbaumethode – auch mehr oder weniger häufig die Reste der eiszeitlichen Tiere. Auch beim maschinellen Abbau sind die Backenzähne des Mammuts oft gut erhalten, weil sie sehr widerstandsfähig sind (Abb. 35). Ebenso bleiben Bruchstücke von Stoßzähnen und Langknochen regelmäßig im Sieb der Schotterwerke hängen. Dagegen werden die sehr leicht gebauten Schädel der Elefanten fast immer zerdrückt. Der maschinelle Abbau bewirkt demzufolge eine Selektion des Fundgutes: Nur besonders massive Knochen, etwa der massive Schädel vom Moschusochsen (Abb. 36) oder Steppenbison, werden der Wissenschaft zugänglich. Ein so delikater Fund wie der Schädel eines Riesenhirsches mit fast vollständigem Geweih konnte nur beim Abbau mit der Hand, wie er vor mehr als 100 Jahren üblich war, geborgen werden (s. Abb. 127). Mit einiger Geduld lassen sich Belege für die Vielfalt der großen eiszeitlichen Tiere, Wollnashorn, Pferd, Steppenbison, Riesenhirsch, Rothirsch, Rentier und gelegentlich auch den Moschusochsen, in der Niederterrasse finden. Entsprechend dem natürlichen Vorkommen sind die Raubtiere, Löwe und Hyäne, viel seltener als die Pflanzenfresser. Die kleineren Arten werden meist übersehen.

Beim Ausbaggern des Rhein-Herne-Kanals wurden besonders viele Funde gemacht, die heute weitgehend im Museum Quadrat in Bottrop aufbewahrt und – zum Teil – auch ausgestellt sind.

Abb. 35 Backenzähne vom Mammut aus der Emscher.

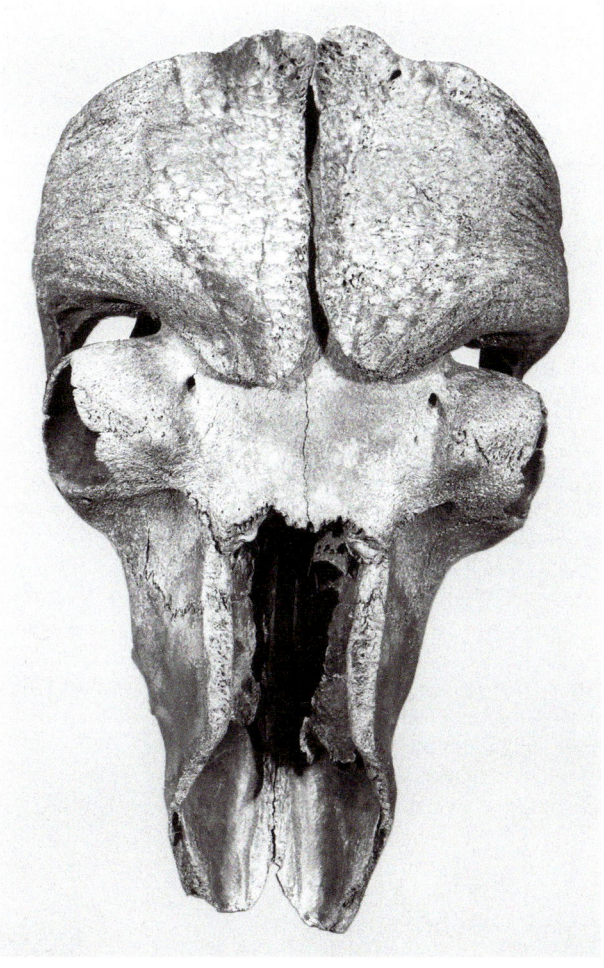

Abb. 36   Bottrop. Schädel eines Moschusochsen.

Wie sind aber die Knochen in die Sande der Terrassen gelangt? Sie stammen weitgehend von Tieren, die entweder bei Hochwässern in der breiten Talaue ertrunken oder aus anderen Gründen in der Talaue gestorben sind. Viele Tiere suchen die Nähe zum Wasser, wenn sie schwach werden oder krank sind. Und genau dort werden die Pflanzenfresser auch häufig zur Beute von Raubtieren. Alle Reste dieser Tiere nimmt der Fluss bei Hochwasser auf und lagert sie dort ab, wo die Strömungsgeschwindigkeit etwas nachlässt. Daher kommt es an bestimmten Stellen zu einer Anreicherung.

Ein ganz anderer Fundstellentyp ist der gelbbraune Löss. Er wurde in der Kaltzeit vom Wind verblasen und besonders im Windschatten der Hügel abgelagert. Da unverwitterter Löss kalkhaltig ist, begünstigt er die Knochenerhaltung. Der Wissenschaft kommt nun der

Umstand zugute, dass Löss für die Ziegelherstellung ein wichtiges Rohmaterial ist und häufig abgebaut wurde, dadurch also viele Funde preisgab. Hier können auch Reste kleinerer Tiere gefunden werden, denn Eulen speien an ihren Schlafplätzen regelmäßig Gewölle aus. Wenn man an solchen Plätzen größere Mengen vom Löss durch ein feines Sieb wäscht, kann man die Knochen und Zähne der kleinen Tiere, zum Beispiel der arktischen Lemminge, finden.

Der dritte Fundstellentyp für die Tierwelt des Jungpleistozäns sind die Höhlen. Manche Höhlen haben Tausende von Knochen geliefert. Auf ganz verschiedene Weise können die Knochen in die Höhlen gelangt sein. Einige Tiere bevorzugen diese Plätze wegen ihres sehr gleichmäßigen Klimas zum Winterschlaf, wie etwa die Fledermäuse. Im Pleistozän hat auch der große Höhlenbär die Stationen zu diesem Zweck regelmäßig aufgesucht. Die dortigen Knochenfunde dieser pflanzenfressenden Bären stammen von den wenigen Tieren, die den Winterschlaf nicht überlebt haben, entweder weil sie sehr alt waren oder weil sie sich im Herbst keine hinreichenden Nahrungsreserven anfressen konnten. Wenn nur alle paar Jahre ein Bär in einer Höhle verendete, sammelten sich über einige Jahrtausende große Mengen von Knochen an. In den Höhlen des Sauerlandes fanden sich so viele Bären, dass die Stadt Menden sogar eine Münze mit einem Höhlenbärenskelett prägte (Abb. 37).

Findet man darüber hinaus Knochen anderer Tiere, so ist davon auszugehen, dass sie hineingeschleppt wurden, in erster Linie vermutlich durch die Höhlenhyäne. Sie nutzte die Höhlen, um ihre Jungtiere aufzuziehen, und brachte deshalb Kadaver und Knochen aller möglichen Tiere hierher, wo sie zernagt wurden. So erklären sich auch die Spuren der kräftigen Schneide- und Eckzähne, die sich an den Funden oft beobachten lassen. Die Höhlenhyänen waren nicht sehr wählerisch, sogar Abwurfstangen von großen Hirschen finden sich regelmäßig in den Hyänenhorsten. Dank dieses Verhaltens ist es möglich, durch Auswertung von Höhlenfaunen einen guten Überblick über die einst im Umland vorhandenen Tierarten zu gewinnen. Auch Kleinsäuger sind in den Höhlen überliefert, weil Eulen, die die Eingänge der Höhlen als Schlafplätze nutzten, die Knochen ihrer Beutetiere dort in Form ihrer Gewölle angehäuft haben.

Und letztlich darf der Mensch nicht vergessen werden, der hier seinen „Küchenabfall" liegen gelassen hat. Schnittspuren der Steingeräte sind das wichtigste Kennzeichen, um diese Knochen aus seiner Jagdbeute zu identifizieren. Aber dennoch ist es meist sehr schwer festzustellen, wer die Knochen in die Höhle gebracht hat. Ein gutes

Abb. 37 Menden/Märkischer Kreis. Münze mit einem Höhlenbärenskelett.

Beispiel dafür ist die Füllung der Kartsteinhöhle bei Eiserfey. Hier wurden, wie bei vielen der frühen Grabungen, die Knochen ganz verschiedener Herkunft vermischt.

Der Neandertaler verschwand etwa zwischen 40 000 und 35 000 Jahren vor heute und der anatomisch moderne Mensch wanderte nach Mitteleuropa ein. Zu dieser Zeit lässt sich in der Tierwelt keine klimabedingte Umschichtung erkennen. Auch die Jäger des Aurignacien und des Gravettien bejagten die Tiere der Mammutsteppe.

Die artenreiche Mammutfauna dürfte bis zur maximalen Ausbreitung der Gletscher vor etwa 20 000 bis 18 000 Jahren im Rheingebiet existiert haben. Dem Zeitabschnitt, in dem die Gletscher des Weichsel-Glazials bis Hamburg und Berlin vordrangen, lassen sich kaum Funde zuweisen. Möglicherweise war die Kältesteppe zwischen den skandinavischen und den alpinen Gletschern zu unwirtlich, als dass größere Tiere hier überhaupt leben konnten.

Mit dem Rückgang der Gletscher drang die kaltzeitliche Tierwelt wieder vor. Im Rheingebiet gibt es bislang keine Hinweise auf Höhlenbär und Höhlenhyäne zu dieser Zeit. Auch vom Mammut und Wollnashorn sind keine überzeugenden Reste überliefert. Dennoch sind sie im Rheinland auch in dieser Zeit vorgekommen, denn die Magdalénien-Jäger von Gönnersdorf bei Neuwied haben beide Tiere so treffend auf Schiefertafeln geritzt, dass sie diese Tiere gut gekannt haben müssen. Deswegen ist anzunehmen, dass beide Arten zwar vorkamen, aber sehr selten waren. Das Hauptjagdwild dieser Jäger waren nach Auswertung ihres

„Küchenabfalls" Pferd und Rentier, dazu Eisfuchs und Schneehuhn. Andere Fundstellen dieser Zeit haben Reste vom Moschusochsen und der Saigaantilope geliefert, die bezeugen, dass es nicht nur sehr kalt, sondern vor allem trocken war.

Die Erwärmung, mit der das letzte Glazial in die geologische Gegenwart, das Holozän, überging, erfolgte nicht kontinuierlich, sondern war von Kälterückschlägen charakterisiert. Das lässt sich besonders deutlich an den Pollenprofilen aus den Eifelmaaren zeigen (Abb. 38), die durch Jahresschichtenzählungen die Genauigkeit einer kalendarischen Chronologie aufweisen.

Der Beginn der spätglazialen Erwärmung liegt bei ca. 14 450 Jahren vor heute. Die Vegetation reagierte durch Ausbreitung von Sträuchern wie Weiden, Wacholder, Zwergbirken, aber auch ersten Baumbirken. Der Anteil von Heliophyten (Licht-/Sonnenpflanzen) unter den Kräutern blieb noch recht hoch. Die zunehmende Tendenz der Bewaldung durch Birken wurde immer wieder durch abrupte Rückschläge unterbrochen (zum Beispiel während der so genannten Ältesten Tundrenzeit). Erst nach 13 350 Jahren vor heute begannen sich Kiefern in der Region auszubreiten, wobei aber nach wie vor die Baumbirken (nach Großrestuntersuchungen vor allem *Betula pubescens*) dominierten. Um 12 880 Jahren vor heute erfolgte der Ausbruch des Laacher-See-Vulkans, der in der Osteifel und im Rheingebiet katastrophale Folgen auf die Geo-Biosphäre hatte. In der Westeifel ist jedoch die Vulkanasche nur wenige Zentimeter dick, und nach den pollenanalytischen Daten muss die Auswirkung dieser Eruption dort eher gering gewesen sein. Etwa 200 Jahre nach dem Vulkanausbruch kam es klimabedingt zu einem Zusammenbruch der borealen Birken-Kiefernwälder. Eine subarktische Steppentundra mit Beifuß, Gräsern, einigen Sträuchern und nur vereinzelt Baumbirken prägte die Landschaft. Die Warvenzählungen ergaben, dass diese Kältephase knapp 1 100 Jahre dauerte (so genannte Jüngere Dryaszeit). Ab ca. 11 590 Jahren vor heute kam es dann zur endgültigen Erwärmung und Bewaldung der Nacheiszeit (Beginn des Holozäns).

Der Ausbruch des Laacher-See-Vulkans zeigt einen sehr interessanten Moment im Faunenaustausch. Unter der Asche des gewaltigen Vulkanausbruches vor fast 13 000 Jahren sind schon einige Arten vertreten, die einen Waldbestand erwarten lassen, wie Elch, Reh und Biber. Daneben sind aber gleichfalls Arten bezeugt, die heute nur im Hochgebirge vorkommen, wie Steinbock, Gämse und Murmeltier. Ergänzt wird die Fauna durch Wolf, Bär, Rotfuchs, Rothirsch und Pferd (Das Pferd wird oft als kaltzeitlich angesprochen, weil es als Wildform im Holozän weitgehend fehlt, aber in früheren Warmzeiten lebte es regelmäßig im Rheingebiet.). Die meisten Tierreste wurden bei der Ausgrabung von steinzeitlichen Lagerplätzen der frühen Menschen gefunden, die unmittelbar unter der Asche lagen und so ausgezeichnet konserviert worden waren. Von einigen Tieren, wie Bär, Pferd, Reh und Auerhahn, haben sich sogar ihre Trittspuren auf einer Aschelage der Eruption des Laacher Sees erhalten.

Obwohl es im Alleröd schon einige warmzeitliche Tierarten gab, konnte sich die warmzeitliche Tierwelt des Holozäns im Rheingebiet noch nicht durchsetzen. Während des folgenden Kälterückschlages in der Jüngeren Dryaszeit kamen Rentier und der nordische Lemming noch einmal kurzfristig ins Rheinland, was sich besonders eindrucksvoll im Fundspektrum des Kartsteins widerspiegelt.

Die echte warmzeitliche Tierwelt des frühen Holozäns ist dann zum Beispiel in Bedburg überliefert. Dort wurden unter anderem Wildschwein, Reh, Auerochse, aber auch das Pferd von den Jägern des Mesolithikums erlegt. In dieser Fundstelle ist darüber hinaus der Haushund belegt, der nach bisherigem Kenntnisstand vor etwa 15 000 Jahren vom Menschen domestiziert wurde. Er ist deutlich kleiner als die Wildform, der Wolf, aus dem er hervorgegangen ist.

Gegenüber den früheren Interglazialen fehlen in der holozänen Fauna einige große Pflanzenfresser, wie Wald-

Abb. 38 Die Entwicklung der Flora im Weichsel-Spätglazial der Eifel.

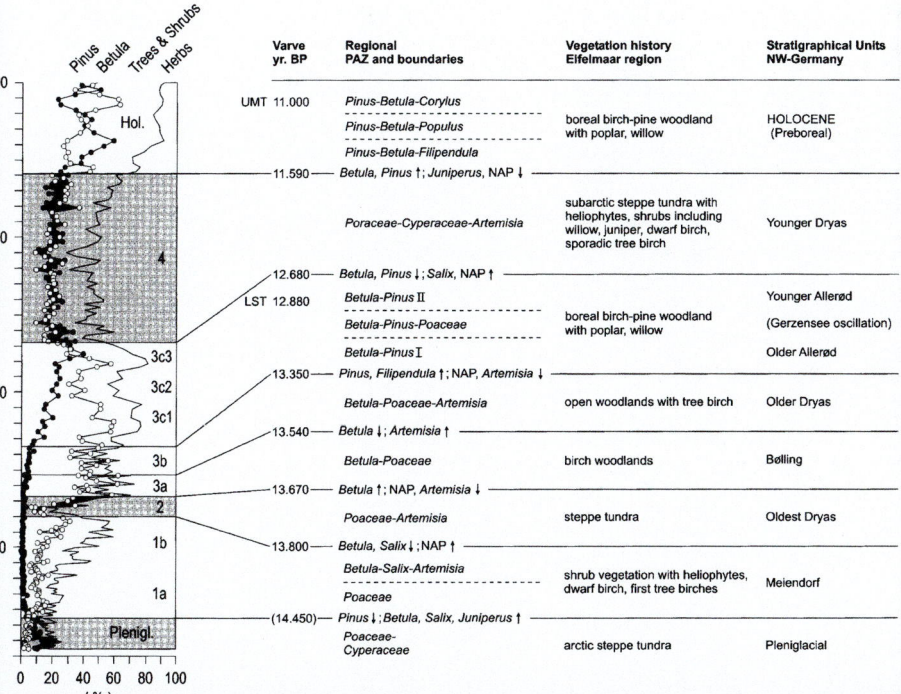

elefant und Waldnashorn. Diese Arten sind während der letzten Kaltzeit ausgestorben. Der Damhirsch konnte sich nur im östlichen Mittelmeerraum halten, sich von dort aber nicht mehr nach Mitteleuropa ausbreiten. Er wurde erst in historischer Zeit von den Kreuzrittern wieder nach Mitteleuropa eingeführt.

Zu den auffälligen Pflanzenfressern der altholozänen Fauna im Rheingebiet gehörten neben Reh, Rothirsch und Wildschwein auch Elch, Auerochse und Waldbison. Die letzten drei genannten großen Pflanzenfresser wurden seit dem Neolithikum mehr und mehr verdrängt, weil der Mensch im Zuge des Ackerbaus die großen Wälder zunehmend rodete und immer stärker zerstückelte. Die Raubtiere, Braunbär und Wolf, verschwanden als Erbfeind der Bauern im Rheinland erst als Feuerwaffen eingesetzt wurden.

Literatur

M. Baales, Umwelt und Jagdökonomie der Ahrensburger Rentierjäger im Mittelgebirge. Monographien des Römisch-Germanischen Zentralmuseums Mainz 38 (1996).

C. v. d. Bogaard u. a., Quartärgeologisch-tephrostratigraphische Neuaufnahme und Interpretation des Pleistozänprofils Kärlich. Eiszeitalter und Gegenwart 39, 1989, 62–86.

G. Bosinski u. a. (Hrsg.), The Palaeolithic and Mesolithic of the Rhineland, in: W. Schirmer (Hrsg.), Quaternary fieldtrips in Central Europe 15, Vol. 2, 14. INQUA-Kongress Berlin (1995) 829–999.

W. von Koenigswald, Lebendige Eiszeit. Klima und Tierwelt im Wandel (2002).

Ders. – W. Meyer (Hrsg.), Erdgeschichte im Rheinland. Fossilien und Gesteine aus 400 Millionen Jahren (1994).

T. Litt, Klimaentwicklung in Europa während der letzten Warmzeit (126 000–115 000 Jahre vor heute), in: Deutscher Wetterdienst (Hrsg.), Klimastatusbericht 2003 (2004) 25–34.

D. Mania, Auf den Spuren des Urmenschen. Die Funde aus der Steinrinne von Bilzingsleben (1990).

M. Street, Jäger und Schamanen. Bedburg-Königshoven. Ein Wohnplatz am Niederrhein vor 10 000 Jahren (1989).

W. E. Westerhoff u. a., The lower Pleistocene fluviatil (clay) deposits in the Maalebeek pit near Tegelen, The Netherlands, in: Th. van Kolfschoten – P. L. Gibbard (Hrsg.), The dawn of the Quaternary. Nederlands Instituut voor Toegepaste Geowetenschappen TNO 60 (1998) 35–69.

Klaus-Peter Lanser

Einführung in die Paläontologie von Westfalen-Lippe

Reste der eiszeitlichen Tier- und Pflanzenwelt finden sich praktisch überall in den Sandebenen, Flusstälern und Höhlen Westfalens. Die Gründe dafür liegen auf der Hand: Die eiszeitlichen Funde entstanden in allerjüngster geologischer Vergangenheit und die Sedimentschichten, die sie enthalten, stehen in weiter Ausdehnung mehr oder weniger dicht an der Oberfläche an. Der bekannteste und auch bedeutendste Fund aus solch einer sehr oberflächennahen Lagerstätte in Westfalen ist ohne Zweifel das Mammut von Ahlen, das einzige vollständige Mammutskelett in Nordrhein-Westfalen, dessen Knochen zu einem einzigen Tier gehören. Im Jahre 1910 entdeckte man es in der Tongrube der Stanz- und Emaillierwerke der Gebrüder Seiler in Ahlen unter einer Sand- und Tonbedeckung von lediglich 1,50 bis 2 m. Die Bergung des Elefanten erfolgte durch den Privatdozenten und späteren Professor Theodor Wegner und seit dieser Zeit ist das Skelett die Hauptattraktion des Geologisch-Paläontologischen Museums der Universität Münster an der Pferdegasse 3. Aber nicht nur Skelette von Mammuts fanden sich in den oberflächennahen Sandschichten Westfalens. Bekannt geworden sind auch die Funde von Auerochsenskeletten, sowohl von Füchttorf im Jahre 1844 als auch im wenige Kilometer entfernten Sassenberg im Jahre 1986, dort in torfigen Sanden, in 2 m Tiefe am Ufer der Hessel, einem Nebenfluss der Ems (Abb. 39).

Häufiger traten die Relikte des Eiszeitalters in Form der Überreste der damaligen Tierwelt in den Ablagerungen der Flüsse wie Emscher, Lippe, Ems und Weser auf. Bei den zahlreichen Kanalbaumaßnahmen, Tiefentsandungen und anderen weitgreifenden Erdbewegungen, die im Laufe von über 100 Jahren hier durchgeführt wurden, trat eine unglaubliche Fülle an eiszeitlichen Fossilien zutage, die heute die Sammlungen der Museen in den jeweiligen Regionen füllen. Nach den Berichten der älteren Autoren konzentrierten sich die Funde hier in den kiesigen, teilweise geröllführenden Schichten mit einer Mächtigkeit von wenigen Dezimetern bis zu mehreren Metern an der Basis der eiszeitlichen Sedimentabfolgen aus Kiesen, Sanden, Tonen und Torfen, die in der Literatur als Knochenkiese bezeichnet werden. Reste von Mammut, Wollhaarigem Nashorn, Riesenhirsch, Wisent, Ur und Moschusochse fanden sich in sehr großer Zahl, daneben auch manchmal menschliche Artefakte, wie zum Beispiel das 1911 entdeckte Herner Faustkeilinventar, das sich heute im Ruhrlandmuseum in Essen befindet. Diese Steinartefakte lagen in Tonhorizonten, die randlich durch den Knochenkies erodiert waren. Recht selten wurden Reste von Raubtieren wie Wolf, Löwe oder Bär entdeckt, ganz im Gegensatz zu den sehr viel zahlreicheren Funden an Raubtierresten aus den Höhlen Westfalens.

Spätere Untersuchungen, in Form von Bohrungen, durch das Ruhrlandmuseum Essen zeigten im Jahre 1981 beim Abbruch der Schleuse III des Rhein-Herne-Kanals in Essen-Dellwig, dass hier an der Basis der eiszeitlichen Abfolge, wie in Herne, auch Ton auftrat, der von einem kiesigen Sediment, offensichtlich dem Knochenkies, randlich erodiert worden war. Die Beobachtung der Baggerarbeiten ergab in diesen Randbereichen ein sporadisches Auftreten von Steinartefakten – eine bemerkenswerte Parallele zu den Beobachtungen, die seinerzeit an der Fundstelle des Herner Faustkeilinventars gemacht worden waren. Der Knochenkies führte an der Schleuse Dellwig neben zahlreichen nordischen Geschieben Feuersteine, Quarze, Quarzite, Kieselschiefer und Sandsteine. Das vertretene Spektrum zeigte eine Mischung von Gesteinen aus

Abb. 39 Sassenberg/Kreis Warendorf. Das rekonstruierte Ur-Skelett (Bos primigenius) aus der Talaue der Hessel bei Sassenberg; geborgen wurden die Knochen 1986 bei einer Grabung des Westfälischen Museums für Naturkunde, Münster.

*Abb. 40 Stucken-busch/Kreis Reck-linghausen.
Bergung eines Mammutoberarm-knochens bei einer Grabung des West-fälischen Museums für Naturkunde, Münster, 1986.*

dem Einzugsbereich der Emscher und dem Material aus der Grundmoräne des nordischen Inlandeises der vorletz-ten (Saale-)Eiszeit. Über den Tonen und den kiesigen Schichten an der Basis lagerten schluffige Feinsande mit humosen und tonigen Lagen. Diese entsprechen den Schneckensanden, die von früheren Bearbeitern immer wieder erwähnt worden waren. Darüber folgten braun-gelbe Sande, die im westlichen Bereich der Schleuse eine deutliche Schotterlage an der Basis aufwiesen. Diese San-de werden in der Literatur als kreuzgeschichtete Talsande bezeichnet. In allen diesen Schichten fanden sich Reste eiszeitlicher Tiere, wie Mammut und Nashorn, die zumeist so gut erhalten waren, dass eine längere Umlagerung wohl ausgeschlossen werden kann (Abb. 40). Überprägt wurden diese eiszeitlichen Sedimente von einem nacheiszeit-lichen Grobsand mit Torflagen, der bereits Knochen von Haustieren, wie Schwein und Rind, führte und damit min-destens ein neolithisches Alter hat.

Eine Besonderheit stellt der Fund von Fährten eiszeit-licher Tiere in der Baustelle der Kläranlage in Bottrop-Wel-heim dar. Hier entdeckte man 1992 in einer Lehmschicht, oberhalb der Knochenkiese und der nachfolgenden Schneckensande, zahlreiche Fährten von Ren, Rind, Pferd, Löwe und Wolf, die aufgrund von Thermolumineszenz-Datierungen des Auelehms ein Alter von ca. 35 000 Jahren haben. Abgüsse der Fährten befinden sich heute im Qua-drat in Bottrop.

Eindeutige Vertreter der Tierwelt der Warmzeiten des Eiszeitalters, wie Waldelefant und Waldnashorn, die in der benachbarten Niederrheinischen Bucht an einigen Stellen, wenn auch nur selten, so doch nachweisbar sind, treten in den Ablagerungen der Flüsse im benachbarten Westfalen aber so gut wie nie auf. Lediglich in einer Sandgrube bei Warendorf – es handelt sich um die Fundstelle eines Schädelbruchstückes eines Neandertalers – fand sich neben Resten von Mammut, Wollnashorn, Riesenhirsch, Moschusochse und Löwe ein Bruchstück eines Unterkieferbackenzahnes von einem Waldnashorn. Ein einzelner Backenzahn eines Waldelefanten stammt aus einer Kiesgrube bei Paderborn. Häufiger fanden sich dagegen Nachweise des Waldnashorns in zwei Höhlen im Sauerland. Reste davon wurden im näheren Bereich der Wilhelmshöhle bei Heggen im Sauerland in den 70er Jahren des 19. Jhs. entdeckt und im Jahre 1905 beschrieben. Sie

Abb. 41 Dechenhöhle/Märkischer Kreis. Lackfilm (Höhe: 1,75 m) aus jenem Abschnitt im Eingangsbereich der Höhle, in dem bereits 1911 gegraben worden war; erstellt 1988 vom Westfälischen Museum für Naturkunde, Münster.

befinden sich heute in der Sammlung des Museums auf Burg Altena. Etwas später, im Jahre 1911, wurde das Waldnashorn bei Grabungen im Eingangsbereich der Dechenhöhle, gemeinsam mit Knochen von Ren, Rind, Pferd, Löwe und Wolf, entdeckt (Abb. 41). 1994 konnte durch das Westfälische Museum für Naturkunde in ca. 20 m Luftlinie von der Fundstelle aus dem Jahre 1911 ein fast kompletter Schädel geborgen werden (Abb. 42) – ein sehr außergewöhnlicher Fund, da von diesem seltenen Nashorn nur sehr wenige Schädelfunde überliefert sind, ganz im Gegensatz zum wesentlich häufigeren Wollhaarigen Nashorn. Die durchgeführten Altersdatierungen brachten Hinweise auf die vorletzte (Holstein-)Warmzeit. Der Schädel ist heute im Besitz des Museums an der Dechenhöhle. Da dies ein Museum in nicht öffentlicher Trägerschaft ist, wurde der Schädel als bewegliches Bodendenkmal in die Denkmalliste eingetragen.

Unterscheiden sich die Funde aus Westfalen und des Rheinlandes bzw. der Niederrheinischen Bucht in der Häufigkeit der Führung von Fossilien der Tiere der Warmzeiten des Eiszeitalters, so unterscheiden sie sich ebenso in der Führung von Tieren des arktischen Klimakreises. Reste des Moschusochsen und des Rentiers sind recht häufig in den Ablagerungen der Weser, der Lippe, der Emscher und des zentralen Münsterlandes vertreten. Die Museen in Corvey und Minden zum Beispiel verfügen über ganze Schädelserien von Moschusochsen, in den jüngeren Rheinschottern der Terrassen des linken Niederrheins dagegen zählen sie entweder zu den großen Raritäten oder blieben bislang trotz jahrelanger Geländeuntersuchungen aus.

Abb. 42 Dechenhöhle/Märkischer Kreis. Schädel eines Waldnashorns (Dicerorhinus kirchbergensis), geborgen 1994 bei einer Grabung des Westfälischen Museums für Naturkunde, Münster.

Kennzeichnend für die westfälischen Höhlen, die fast ausschließlich im Verbreitungsbereich des Massenkalkes aus der Zeit des Mittel- bis Oberdevons (vor ca. 370 Mio. Jahren) liegen, sind die zahlreichen Reste von eiszeitlichen Raubtieren, wie Höhlenbären, Hyänen und Löwen (Abb. 43). In den meisten Höhlen fanden sich Knochen des Höhlenbären; andere Stationen müssen, wenigstens zeitweise, regelrechte Hyänenhorste gewesen sein. Reste des Löwen und auch von mittelgroßen Pantherkatzen ergänzen das Fundspektrum.

Wenn man die Berichte aus dem 19. Jh. über westfälische Höhlen durchsieht, so stößt man auf zahlreiche Hinweise auf Höhlen, die einstmals eine reiche Fossilführung aufwiesen. Manche sind inzwischen zerstört, wie zum Beispiel die Grürmannshöhle in der Kalksteingruppe Pater und Nonne, östlich von Letmathe. Diese bedeutende paläontologische und prähistorische Fundstätte wurde bereits in der ersten Hälfte des 19. Jhs. vollständig ausgeräumt und lieferte große Mengen eiszeitlicher Fossilien, die heute verschollen sind.

Andere, wie zum Beispiel die größte Hallenhöhle des Sauerlandes und zugleich die bedeutendste Kulturhöhle, die Balver Höhle, wurden bereits zu Beginn des 19. Jhs. systematisch ausgeräumt, um die phosphathaltigen Höhlensedimente als Dünger für die Felder zu verwenden. Die Knochen wurden nur teilweise aufgesammelt und meist unter der Hand weitergegeben, die Steinwerkzeuge des eiszeitlichen Menschen lange Zeit als solche nicht erkannt und weggeworfen. In zahlreichen Museen befinden sich heute Sammlungsbestände aus der Balver Höhle (Abb. 44). Von den ehemals vorhandenen Kulturschichten

Abb. 43 Steinbruch Risse, Warstein/Hochsauerlandkreis. Grabung des Westfälischen Museums für Naturkunde, Münster, an der gesprengten Bärenhöhle im Bereich der Hohen Lieth 1987.

Zweiter Milchbackenzahn
Das Mammut starb zwischen

r
ten Lebensjahr.

2

Abb. 44 Balver Höhle/Märkischer Kreis. Milchbacken-zähne vom Mammutkälbchen (Mammuthus primigenius) aus dem Höhlensediment; Präsentation im Westfälischen Museum für Archäologie in Herne.

sind nur stellenweise noch ungestörte Reste in der Höhle erhalten geblieben.

In der ca. 250 m entfernten, auf der anderen Seite der Hönne gelegenen ehemaligen Keppler-Höhle, führte der damalige Leiter des Mendener Museums kurz vor ihrer Zerstörung im Jahre 1925 Bergungen durch. So entstand die sehr umfangreiche eiszeitliche Sammlung des Museums in Menden, die vor allem durch ihre Artenvielfalt beeindruckt. Neben zahlreichen Resten von Höhlenbären sind Löwe, Hyäne, Wolf und Pflanzenfresser wie beispielsweise Wisent, Rothirsch, Rentier und Pferd belegt. Die Mehrzahl der Funde ist aus Platzgründen nicht im Museum ausgestellt und wird im Magazin aufbewahrt.

Diese Aufzählung von zerstörten oder ausgeräumten Höhlen im Sauerland lässt sich leider mühelos fortsetzen. In Anbetracht der großen Verluste an fossiler Substanz erscheint es vordringlich, das noch Erhaltene zu bewahren, das heißt, die Höhlen müssen besser gegen unbefugtes Eindringen und Schatzgräberei geschützt werden – sicherlich kein leichtes Unterfangen wie die Vergangenheit gezeigt hat. Zudem sollten die teilweise beträchtlichen Sammlungsbestände der Museen wissenschaftlichen Bearbeitungen zugänglich gemacht werden – es wäre eine Chance, diese einmaligen Schätze „zum Reden" zu bringen.

Literatur

W. O. Dietrich, Fossile Löwen im europäischen und afrikanischen Pleistozän. Paläontologische Abhandlungen A, III, 2, 1968, 323–366.

T. Edinger, Über jungdiluviale Säugetiere aus dem Emschergebiet. Paläontologische Zeitschrift 13, 1931, 119–133.

K.-P. Lanser, Die Krefelder Terrasse und ihr Liegendes im Bereich Krefeld. Dissertation Universität Köln (1983).

Ders., Der Schädel eines dicerorhinen Nashorns aus der Dechenhöhle bei Iserlohn-Letmathe. Geologie und Paläontologie in Westfalen 47, 1997, 53–78.

H. Schroeder, Rhinoceros Mercki Jäger von Heggen im Sauerlande. Jahrbuch der Preussisch Geologischen Landesanstalt 26, 1905, 212–239.

Ders., Über Rhinoceros mercki und seine nord- und mitteldeutschen Fundstellen. Abhandlungen der Preussisch Geologischen Landesanstalt N. F. 124 (1930).

Th. Wegner, Geologie Westfalens und der angrenzenden Gebiete (1926).

Jürgen Richter

Das Paläolithikum in Nordrhein-Westfalen

Die möglicherweise ältesten Artefakte in Nordrhein-Westfalen, aus dem Kartstein-Travertin, könnten 300 000 Jahre alt sein, und der älteste, hinreichend sicher datierte Siedlungsplatz, Rheindahlen, ist 200 000 Jahre alt. Nordrhein-Westfalen wurde also erst sehr spät, zwischen 300 000 und 200 000 Jahren vor heute, zum Handlungsort der Menschheitsgeschichte. Die zwei oder drei Jahrhunderttausende, die das Paläolithikum in unserem Land umfasst, sind zudem noch sehr lückenhaft erforscht. Aus der vorletzten Kaltzeit, der letzten Warmzeit und dem Beginn der letzten Kaltzeit (insgesamt der Zeitraum von 170 000 bis 60 000 vor heute) gibt es keine sicheren Nachrichten. Erst das späteste Mittelpaläolithikum (60 000–40 000 vor heute) ist mit mehreren Fundplätzen gut vertreten, darunter dem berühmten Neandertal-Fundort selbst. Aus der Zeit des frühen Jungpaläolithikums kennen wir nur zwei und aus dem mittleren Jungpaläolithikum kaum einen sicheren Fundort. Danach, während des Maximums der letzten Kaltzeit (28 000–18 000 vor heute) blieb Nordrhein-Westfalen wohl 10 000 Jahre siedlungsleer, wie ein großer Teil Mitteleuropas ebenso. Das späte Jungpaläolithikum ist mit einigen Magdalénien- und vielen Azilien- und Ahrensburger Fundplätzen dann am zahlreichsten vertreten, und so scheint es, dass Nordrhein-Westfalen seit immerhin 15 000 Jahren ununterbrochen besiedelt ist. Wird es irgendwann wieder unbewohnbar sein, wie so oft während des Alt- und Mittelpaläolithikums und während des frühen Jungpaläolithikums? Fast scheint es so …

Das Altpaläolithikum (2,5 Mio.–300 000 Jahre vor heute)

Die frühesten Vertreter der Gattung Mensch und die ältesten Werkzeuge der Menschheitsgeschichte wurden in Ostafrika gefunden und sind etwa 2,5 Mio. Jahre alt. Die Gattung Mensch entstand im Osten Afrikas und hat sich von dort über das übrige Afrika und nach Eurasien ausgebreitet.

Die älteste Anwesenheit des Menschen in Eurasien ist im südlichen Kaukasusvorland, am Fundplatz Dmanisi in

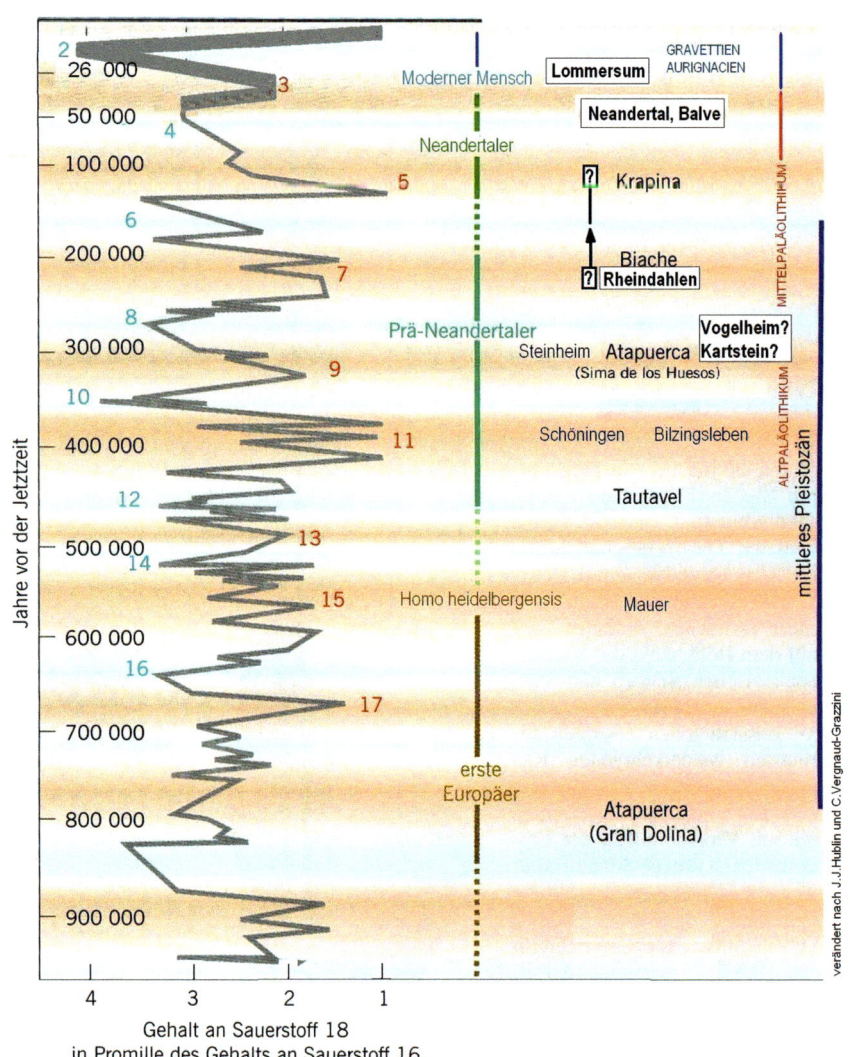

Georgien, nachgewiesen. Die Hominiden der Art *Homo ergaster*, die Faunenreste und Steinwerkzeuge dürften dort kaum weniger als 1,8 Mio. Jahre alt sein. Im östlichen Teil Asiens belegen Funde, dass der Mensch diese Region vor mindestens 1 Mio. Jahren erreichte. Seine Ausbreitung erfolgte demnach von Nordostafrika über den Vorderen Orient und den Kaukasus zunächst nach Asien.

Der älteste Menschenfund in Europa dagegen stammt von der Iberischen Halbinsel und dürfte „nur" etwa 780 000 Jahre alt sein. Er wird der Art *Homo antecessor* zugerechnet und stammt aus der Gran Dolina von Atapuerca (Abb. 45).

Abb. 45 Zeittafel des Eiszeitalters mit Kaltzeiten (türkisfarbene Ziffern) und Warmzeiten (rote Ziffern), wie sie im Klimakalender der Tiefseebohrkerne nachgewiesen sind.

In Mitteleuropa, nördlich der großen Gebirgszüge der Alpen und der Pyrenäen, markiert der Menschenfund aus den unteren Sanden von Mauer bei Heidelberg den frühesten Nachweis der Anwesenheit des Menschen und damit den Beginn der Altsteinzeit (Paläolithikum) in unserer Region. Seine Datierung kann auf die Zeit der Tiefseesta-

Abb. 46 Hochdahl/Kreis Mettmann. Faustkeil aus Quarzit (Länge: 19 cm); mit seiner sinusförmigen Arbeitskante ist er vielleicht einer der ältesten Faustkeile in Nordrhein-Westfalen. Das Stück ist im Rheinischen LandesMuseum Bonn ausgestellt.

dien 13 oder 15 eingegrenzt werden und liegt damit zwischen 700 000 und 500 000 Jahren. Im Mittelrheingebiet ist das etwa in die gleiche Zeit datierte (wohl in das Tiefseestadium 14, um 600 000 vor heute) Kärlich G mit seinen 14 Steinartefakten das älteste gesicherte Artefaktinventar.

Für diesen ältesten Abschnitt des Paläolithikums, für das frühe Altpaläolithikum also, fehlt im Gebiet von Nordrhein-Westfalen jeglicher Beleg für die Anwesenheit des frühen Menschen. Vermeintliche Steinwerkzeuge, die aus dieser Zeit stammen sollten, haben sich inzwischen als Pseudoartefakte erwiesen oder blieben in ihrem Artefaktcharakter zumindest unklar.

Auch aus der Zeit um 400 000 Jahre vor heute, dem späten Altpaläolithikum, aus der uns die Menschenfunde von Bilzingsleben/Sachsen-Anhalt und die weltweit ältesten Holzspeere von Schöningen/Niedersachsen überliefert sind (Tiefseestadium 11), fehlt in Nordrhein-Westfalen noch der zuverlässige Beweis einer Besiedlung durch den frühen Menschen. Doch es gibt einen ersten, unsicheren Hinweis für dieselbe oder die nächstjüngere Warmzeit (Tiefseestadium 9, um 300 000 vor heute): Vielleicht gehören die Artefaktfunde aus dem Kartstein-Travertin in diesen Zeitabschnitt. Wenn sie wirklich so alt sind wie angenommen wird, wären sie die ältesten Artefakte in Nordrhein-Westfalen.

Auch die 1928 von H. Reim ausgegrabenen Fundstücke aus Hochdahl, ein großer Faustkeil (Abb. 46), ein einfacher Abschlag und ein Cleaver-ähnliches Artefakt, sind Kandidaten für diesen Zeitabschnitt, in dem die mittelpaläolithische Levalloismethode noch unbekannt war.

Abgesehen von den unsicheren Vorkommen am Kartstein und aus Hochdahl scheint das Altpaläolithikum in der Besiedlungsgeschichte von Nordrhein-Westfalen vollständig zu fehlen.

Frühes Mittelpaläolithikum (300 000 – 125 000 vor heute)

Mit dem Beginn des Mittelpaläolithikums treten standardisierte Techniken zur Steinwerkzeugherstellung nach festen Rezepturen auf, deren berühmteste nach einem Fundort bei Paris „Levallois"-Konzept genannt wird. Die Werkzeuge selbst zeigen ebenfalls eine Anzahl standardisierter immer wiederkehrender Formen. Eine Merkwürdigkeit des Mittelpaläolithikums besteht darin, dass alle wesentlichen Techniken und Formen schon ganz am Anfang erfunden wurden, um zu späteren Zeiten an verschiedenen Orten wieder zu verschwinden und erneut aufzutauchen, wie eine technische Bibliothek, die bei der Firmengründung angeschafft wurde und von der immer einmal wieder der eine oder andere Band benutzt wurde.

Um 300 000 vor heute, also in den Beginn des Mittel-paläolithikums, datiert wohl eine einzelne steinerne Klinge, die E. Kahrs 1927 in Essen-Vogelheim in einer Schicht unterhalb der Grundmoräne fand (s. Abb. 70, Abb. 71). Weil die Grundmoräne zur Zeit des größten Vor-stoßes des nordischen Inlandeises, zu Beginn der Saale-Vereisung etwa 300 000 Jahre vor heute, abgelagert wur-de, muss diese Klinge mindestens so alt oder älter als 300 000 Jahre sein. Allerdings wurden die Fundverhält-nisse nicht detailliert dokumentiert und auch eine Ausgra-bung hat nie stattgefunden.

Wenn Nordrhein-Westfalen wirklich schon um 300 000 vor heute von Menschen aufgesucht wurde, dann handel-te es sich um Zeitgenossen der so genannten Frau von Steinheim (Steinheim a. d. Murr/Baden-Württemberg), also des späten *Homo heidelbergensis*, am Übergang zur Linie des Prä-Neandertalers.

Der erste zweifelsfreie Beleg für die Besiedlung des Gebietes von Nordrhein-Westfalen durch den Menschen sind sicherlich die zahlreichen Artefaktfunde aus Mön-chengladbach-Rheindahlen. Hier wurde durch moderne Ausgrabungen innerhalb einer detailliert dokumentierten und analysierten Lössstratigraphie eine Serie von aufeinan-der folgenden Lagerplätzen nachgewiesen. Die ältesten, sehr spärlichen Funde in Rheindahlen (Fundschichten B4, B5, C1 und D1) datieren mindestens in eine Zeit vor oder zu Beginn der vorletzten Warmzeit um 200 000 vor heute. Die Fundschicht B3 bildet mit mehreren Zehntausenden Fundstücken den ältesten sicheren Nachweis einer in situ erhaltenen Siedlungsfläche des prähistorischen Menschen in Nordrhein-Westfalen. Sie gehört entweder in die vor-letzte Kaltzeit, zwischen 200 000 und 125 000 vor heute, oder in die vorletzte Warmzeit um 230 000 bis 210 000 vor heute.

Mit ihren sehr sorgfältig hergestellten Schabern und Spitzschabern ähnelt das Inventar B3 sehr dem benachbar-ten, vielleicht zeitgleichen Fundplatz von Maastricht-Bel-vedere (Tiefseestadium 7). Die Menschen dieser Zeit ste-hen am Übergang der *Homo-heidelbergensis*-Linie zu den archaischen Sapiensformen oder den Neandertalern. Man benennt sie daher als Prä-Neandertaler. Beispiele sind die Funde von Biache/Frankreich (s. Abb. 45) und Weimar-Ehringsdorf/Thüringen.

In der nach oben folgenden Fundschicht B2 von Rhein-dahlen fand sich der bekannte, schöne Micoquekeil mit seiner wechselseitig-gleichgerichteten oder auch beid-flächig plankonvexen Überarbeitung. Trotz der Namens-verwandtschaft sind Micoquekeile nicht auf das Micoquien (eine kulturelle Einheit des späten Mittelpaläolithikums) beschränkt, sondern sie kommen auch im frühen Mittelpaläolithikum vor.

Darüber liegt die Fundschicht B1, die wegen ihrer besonderen Technologie bekannt geworden ist, ja sogar namengebend für eine eigene kulturelle Einheit, den so genannten Inventartyp Rheindahlen, sein soll. Die Besonderheit dieser Fundschicht liegt in der Herstellung lang gestreckter Klingen, die im Mittelpaläolithikum sehr viel seltener vorkommt als die Abschlagproduktion. Man hat oft versucht, die mittelpaläolithischen Klingenindustrien als fortschrittliche, also späte Elemente zu interpretieren oder doch wenigstens als chronologisch besonders kennzeichnende Industrien, die auf einen engen Zeithorizont um 100 000 vor heute beschränkt wären. Allerdings ließ sich dies nicht aufrechterhalten, weil verschiedene Klingenkonzepte im gesamten Mittelpaläolithikum vorkommen. Die Fundschicht B1 gehört nach ihrer stratigraphischen Position entweder an den Beginn der letzten Kaltzeit, um 100 000, oder sie ist doppelt so alt und gehört in einen jüngeren Abschnitt der gleichen Warmzeit wie die Fundschicht B3. Die oberen Fundschichten, A1, A2 und A3, stellen keine geschlossenen Fundkomplexe dar, sie sind offenbar überwiegend verlagert und lassen sich daher keinem Zeithorizont zuweisen.

Die beiden Datierungsalternativen, die für die Interpretation der beiden Hauptfundschichten B1 und B3 diskutiert werden, ergeben sich dadurch, dass zwei verschiedene geochronologische Modelle für die Datierung von Rheindahlen existieren. Das erste, traditionelle Modell nimmt an, dass in Rheindahlen insgesamt vier Bodenkomplexe vorliegen, die unsere jetzige, die letzte, die vorletzte und die vorvorletzte Warmzeit dokumentieren, wobei die vorhandenen Bodenhorizonte von oben nach unten abgezählt werden. Voraussetzung für eine solche Datierung nach der „Abzählmethode" wäre, dass das Profil den Klimaverlauf der letzten 200 000 oder 300 000 Jahre vollständig wiedergibt und jeder Warmzeit wirklich genau ein Bodenhorizont entspräche. Beides bestreiten die Befürworter des zweiten, neueren Modells: Dieses nimmt an, dass der obere Teil der Abfolge weitgehend unvollständig ist und die unteren drei Bodenkomplexe inklusive aller Fundschichten und Zwischenlagen zusammen in eine einzige, nämlich die vorletzte Warmzeit gehören.

Hätte man die Artefakte von Rheindahlen nicht in planmäßiger Ausgrabung und im stratigraphischen Kontext zutage gefördert, dann hätte man sie lediglich allgemein, also ohne genauere Eingrenzung, in das Mittelpaläolithikum datieren können. Alle technologischen und formenkundlichen Merkmale der Rheindahlener Artefakte können, wie datierte Vergleichsfunde aus ganz Europa zeigen, im gesamten Mittelpaläolithikum vorkommen, also im gesamten Zeitraum zwischen 300 000 und 35 000 vor heute. Der archäologische Vergleich kann also zur Datierung der Fundschichten nicht viel beitragen, und deshalb ist es so wichtig, wie die von den Geowissenschaftlern geführte Diskussion um die beiden Datierungsmodelle für Rheindahlen ausgeht.

Gleich welchem Datierungsmodell man den Vorzug geben möchte: Für den Zeitraum zwischen 230 000 und 125 000 vor heute, also für die vorletzte Warmzeit und die anschließende, vorletzte Kaltzeit, nehmen die Funde von Rheindahlen in Nordrhein-Westfalen eine einzigartige Stellung ein, wenn nur einigermaßen sicher datierte und zuverlässig dokumentierte Vorkommen betrachtet werden.

Legt man einen weniger strengen Maßstab an, dann kommen für den gesamten Zeitraum des frühen Mittelpaläolithikums vor allem jene Fundplätze hinzu, an denen regelmäßig gearbeitete Faustkeile nachgewiesen sind, wie sie im französischen Acheuléen supérieur in dieser Zeit besonders häufig vorkommen. Das wären vielleicht einige Funde von Ratingen und Troisdorf-Ravensberg. Weitere Kandidaten sind die beiden Faustkeile von Erkrath, der Faustkeil von Elmpt, jener von Erkelenz, ein Teil der Oberflächenfunde von Körrenzig und eine ganze Reihe von Faustkeilfunden aus Westfalen. Doch sind diese Vorkommen undatiert und entweder Einzelfunde oder in ihrer Zusammengehörigkeit unsichere Fundserien.

Nimmt man alle sicheren und unsicheren Funde aus dem frühen Mittelpaläolithikum zusammen, so muss man annehmen, dass Nordrhein-Westfalen immer wieder für lange Zeiträume, insbesondere während der Kaltzeiten, unbesiedelbar war. Die Gattung Mensch hatte wohl im Mittelmeergebiet und in Südwestfrankreich jahrtausendelang überdauert und sich nur (in Zeiten des Populationswachstums) gelegentlich bis in unsere Breiten herausgewagt, vielleicht auch nur für kurze Perioden von jeweils wenigen Jahrhunderten. Menschenleere Landschaften waren die Regel, die Anwesenheit von Menschen bildete die seltene Ausnahme.

Spätes Mittelpaläolithikum (125 000–35 000 vor heute)

Das späte Mittelpaläolithikum ist die Zeit der Neandertaler. Die ältesten Vertreter dieser Art im engeren Sinne (die Grenzziehung zwischen frühen und typischen Neandertalern wird von verschiedenen Forschern unterschiedlich vorgenommen) stammen aus der Fundstelle

Krapina in Kroatien und datieren in den Beginn der letzten Warmzeit.

Die Neandertaler dieser letzten Warmzeit (125 000– 115 000 vor heute) und die Überreste ihrer Aktivitäten kennen wir vor allem von Freilandfundstellen im Travertin und in Beckenfüllungen, weniger häufig aus Höhlen. Ihre Umwelt war geprägt von einem dem heutigen ähnlichen Klima und einer Waldlandschaft mit klimatisch anspruchs-voller Fauna, wie Auerochse, Reh, Rothirsch und Wild-schwein. Dazu kamen Waldelefant und Waldnashorn. Die waldbewohnenden Tiere lebten relativ standorttreu als Einzelgänger oder in kleinen weit verstreuten Herden. So dürften auch die Menschen in kleinen weit verstreuten Gruppen gelebt haben, die innerhalb relativ kleiner Terri-torien hoch mobil waren.

Leider gibt es keinen einzigen sicheren Nachweis für die Anwesenheit des Menschen in Nordrhein-Westfalen während der letzten Warmzeit, obwohl es natürlich unwahrscheinlich ist, dass er sich gerade zu dieser klima-günstigen Zeit nicht hier aufgehalten haben sollte.

Vielleicht gehört ein Teil der spärlichen Funde aus dem unteren Fundkomplex der Balver Höhle (Balve I mit den Schichten 6 und 5) hierher. In der Schicht 6, ganz unten in der Abfolge, konnten Pollen von Hasel, Erle und Linde, also die Reste einer warmzeitlichen Waldvegetation nach-gewiesen werden, zusammen mit Resten vom Höhlenbär. Direkt darüber, in Schicht 5, ist aber neben dem Höhlen-bären schon das Wollhaarige Nashorn belegt, das in die kaltzeitliche Steppe gehört und damit in eine Zeit nach 70 000 vor heute. Einige der wenigen Steingeräte aus dem Komplex Balve I könnten also vielleicht aus der letzten Warmzeit stammen, ein größerer Teil dürfte allerdings erheblich jünger sein. Insgesamt wissen wir daher über die Eem-Warmzeit in Nordrhein-Westfalen so gut wie nichts.

Ab 115 000 vor heute kühlte sich das Klima immer wei-ter ab. Die letzte Kaltzeit hatte begonnen. Das Klima wur-de trockener und die langen Winter erlaubten nur kurze Vegetationsperioden. Über lange Zeiträume hinweg war Mitteleuropa kein Lebensraum mehr für den Menschen.

Während des frühen Abschnittes der Weichsel-Kaltzeit kam es jedoch noch zweimal zu lang andauernden Perio-den eines gemäßigten Klimas, den so genannten Früh-weichsel-Interstadialen, in denen sich Nadelwälder in Mitteleuropa ausbreiteten. In diesen beiden großen Inter-stadialen dürfte sich die Neandertaler-Population Mittel-europas, die während der Kälteperioden arg geschrumpft war, jeweils wieder regeneriert haben. Dies zeigen zum Beispiel die Funde aus den unteren Schichten der Sessel-felsgrotte in Neuessing bei Kelheim/Bayern oder der Kul-na-Höhle bei Sloup in Mähren. Am Mittelrhein gibt es aus der frühen Weichsel-Kaltzeit Siedlungsplätze des Neandertalers, so beispielsweise das Lager der Wisentjäger von Wallertheim/Rheinhessen oder jenes in der Kratermulde des Tönchesbergs/Neuwieder Becken; ihre Umgebung prägten allerdings nicht oder nicht nur Nadelwälder, sondern auch Steppenlandschaften (Abb. 47). Wie sich diese mittelrheinischen Steppenvorkommen in die Vegetationsgeschichte des Frühglazials (115 000 – 70 000 vor heute) einfügen, scheint noch unklar.

Zur gleichen Zeit ist im Nahen Osten der anatomisch moderne Mensch, der um 200 000 vor heute in Ostafrika

Abb. 47 Zwei mittelpaläolithische Jäger durchstreifen die Landschaft.

entstanden war, erstmals in Eurasien nachweisbar. Europa blieb jedoch für weitere 60 000 Jahre alleiniger Lebensraum der Neandertaler.

Nordrhein-Westfalen kann bislang zu dieser Problematik nichts beitragen. Aus der Zeit des Weichsel-Frühglazials fehlt jeder datierte Beleg.

Um 71 000 vor heute ereignete sich eine der größten Naturkatastrophen der jüngeren Erdgeschichte. Ein gewaltiger Ausbruch des Toba-Vulkans in Indonesien hat wohl zu einer jahrzehntelangen, hohen Aschekonzentration in der Erdatmosphäre geführt und damit die Klimaverschlechterung während des Frühglazials noch beschleunigt. Zwischen 70 000 und 60 000 vor heute herrschten in Mitteleuropa arktische Klimaverhältnisse. Während jenes ersten Kältemaximums der letzten Kaltzeit dürfte der Mensch in Mitteleuropa ausgestorben sein.

Nach dem ersten Kältemaximum folgte das so genannte Interpleniglazial, die Zeit zwischen 60 000 und 28 000 vor heute, die durch eine ganze Reihe sehr „schnell" (im geologischen Zeitmaßstab „schnell") aufeinander folgender Warm- und Kaltphasen geprägt war. In diesem Zeitraum muss Mitteleuropa mehrfach entvölkert und wieder aufgesucht und besiedelt worden sein. Mindestens fünf Interstadiale sind für diesen Abschnitt nachgewiesen, der in seinem ersten Teil, bis etwa 40 000 vor heute, insgesamt etwas klimagünstiger war als in seinem zweiten (40 000–28 000 vor heute). In diesem zweiten Teil (um 35 000 vor heute) endete das Mittelpaläolithikum und die Neandertaler verschwanden. Seitdem sind sie ausgestorben und die anatomisch modernen Menschen erreichten auf ihrem Ausbreitungsweg, der in Ostafrika begonnen und um 100 000 vor heute Israel berührt hatte, vor mehr als 30 000 Jahren schließlich Europa.

Im letzten Abschnitt des späten Mittelpaläolithikums lassen sich zum ersten Mal in der europäischen Menschheitsgeschichte Serien von Artefakten nachweisen, die einen bestimmten Raum und eine bestimmte Zeit kennzeichnen und damit benachbarte, regional unterschiedliche Traditionszonen anzeigen. Dies sind die Artefakte des MtA (Moustérien de tradition acheuléenne) in Westeuropa und die des mitteleuropäischen Micoquien (auch Keilmessergruppen genannt) in Mitteleuropa. Die Verbreitungsgebiete von MtA und Micoquien überschneiden sich zwar, aber das MtA hat doch einen deutlichen westeuropäischen Schwerpunkt, das Micoquien hingegen einen mittel- und osteuropäischen.

Zu dem Repertoire der Menschen, die wir mit dem mitteleuropäischen Micoquien verbinden, gehört neben den üblichen mittelpaläolithischen kantenretuschierten, an Abschlägen angelegten Werkzeugen eine Reihe flächig formüberarbeiteter Werkzeuge mit plankonvexen Querschnitten. Dazu zählen Keilmesser, Faustkeilblätter, Blattspitzen, blattförmige Schaber, seltener auch Faustkeile und Fäustel. Gut datierte Inventare dieser Art gibt es in Lichtenberg, Salzgitter-Lebenstedt, im G-Komplex der Sesselfelsgrotte und in der Schicht 7a der Kulna-Höhle.

Fundensembles mit Kombinationen der genannten Werkzeugformen sind in Nordrhein-Westfalen recht häufig. Viele ansonsten nicht datierbare Sammel- und Oberflächenfunde in Nordrhein-Westfalen dürften ebenfalls zum Micoquien gehören. Wahrscheinlich stammen mehr als 90 % aller mittelpaläolithischen Funde in Nordrhein-Westfalen aus der Zeit des Interpleniglazials. Neben Siedlungsplätzen, meist in Höhlen und Grotten, und vermutlichen Jagdplätzen, meist Freilandstationen, gibt es auch ausgedehnte Freilandfundstellen, an denen Gesteinsrohmaterial gesammelt und vor Ort verarbeitet wurde, wie zum Beispiel auf dem Ravensberg bei Troisdorf oder auf der Nollheide bei Bielefeld.

In Nordrhein-Westfalen kennen wir darüber hinaus zwei stratifizierte Vorkommen des mitteleuropäischen Micoquien: die Balver Höhle im Sauerland und wohl auch der Kartstein in der Eifel. Beide Vorkommen bedürfen noch einer genaueren Datierung. Die Tierarten, die mit den Artefakten zusammen gefunden wurden, gehören aber der kaltzeitlichen Mammutsteppe an, wie sie in allen fünf größeren Interstadialen des Interpleniglazials belegt ist. Pferd und Ren waren die wichtigsten Jagdtiere, begleitet von Mammut und Wollnashorn.

Berühmtester Fund dieses Zeitabschnittes ist der Neandertaler aus dem Düsseltal selbst, der mittlerweile auf etwa 40 000 vor heute datiert werden konnte. Aus dem Abraum der Grabungen des 19. Jhs. wurde eine ganze Reihe von Micoquien-artigen Werkzeugen geborgen, deren Zugehörigkeit zu den Skelettresten zwar nicht gesichert ist, die Fundstelle des Neandertalers aber dennoch unter die Micoquien-Vorkommen im Rheinland einreiht. Ob auch der Neandertaler von Warendorf in diese Zeit gehört, wissen wir nicht.

Nordrhein-Westfalen liegt zusammen mit dem belgischen Höhlengebiet an der westlichen Peripherie des mitteleuropäischen Micoquien. So ist es nicht weiter erstaunlich, dass in Nordrhein-Westfalen auch vereinzelte Funde aus dem benachbarten, westeuropäischen MtA aufgetreten sind: dreieckige, blattförmige Faustkeile mit schneidender Basispartie aus Ternsche, Haltern und der Barmer Heide. Es mag also in dieser wechselhaften Zeit des spätesten Mittelpaläolithikums Perioden gegeben haben, in denen Nordrhein-Westfalen zur westeuropäischen Traditionszone gehörte. Das späte Mittelpaläolithikum endete in Mitteleuropa am Ende der dritten wärmeren Phase des Interpleniglazials, also um 40 000 vor heute.

Frühes und mittleres Jungpaläolithikum (40 000 – 18 000 vor heute)

Der Übergang vom Mittelpaläolithikum zum Jungpaläolithikum war wohl die größte Umwälzung der gesamten Menschheitsgeschichte. Vielfach wird diese Umwälzung deshalb auch als „Jungpaläolithische Revolution" bezeich-

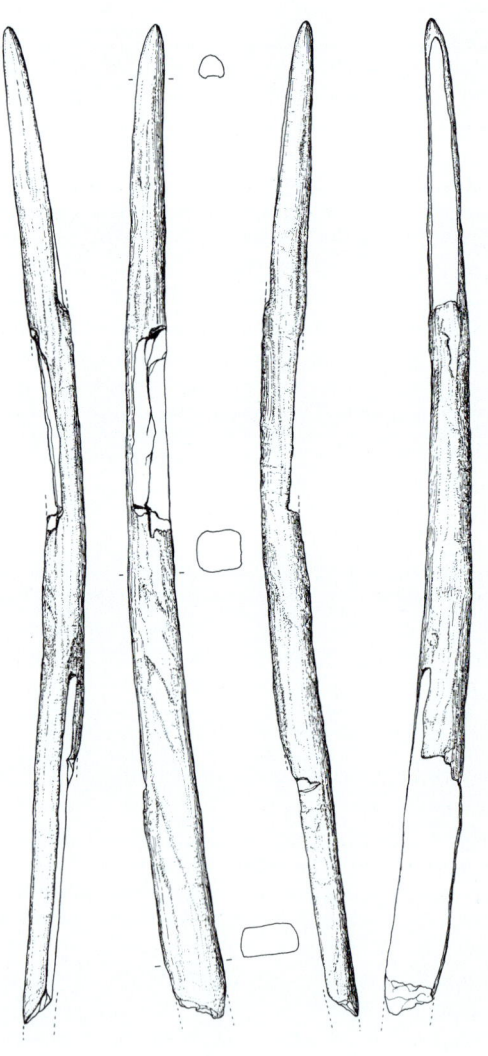

Abb. 48 Datteln/ Kreis Reckling- hausen. Ca. 37 cm lange Elfenbein- spitze aus dem Gravettien (?).

net, wobei allerdings zu bedenken ist, dass es sich in Wirklichkeit um einen jahrtausendelangen Prozess gehandelt haben muss.

An seinem Ende lebte nur noch der anatomisch moderne Mensch in Europa. Er verfügte über eine Steinindustrie, die auf Serien gleichartiger Klingen aufgebaut war, und über eine große Vielfalt von Knochenwerkzeugen. Dazu kamen Schmuckformen und – als größte Neuerungen – die ersten Kunstwerke, die sowohl in der Gestalt von Kleinplastiken als auch in Höhlenmalereien ihren Ausdruck fanden.

Das Jagdwild der frühen Jungpaläolithiker und ihre Lebensumwelt entsprachen weitgehend den Verhältnissen, wie wir sie aus den Lebzeiten der letzten Neandertaler kennen; sie können folglich nicht ursächlich für die radikalen Veränderungen des kulturellen Repertoires sein. Die einfachste Erklärung für die „Jungpaläolithische Revolution" in Europa wäre, dass die ersten modernen Menschen sie mitgebracht oder ausgelöst hätten, als sie über den Nahen Osten nach Europa einwanderten.

Eine Schwierigkeit besteht allerdings darin, dass das Jungpaläolithikum schon bald nach 40 000 vor heute beginnt, die ältesten Funde des anatomisch modernen Menschen in Europa aber erst um 34 000 vor heute (Oase Cave/Rumänien) bzw. 32 000 vor heute (Mladec/Tschechische Republik) datieren. Es fehlen uns also noch Belege für ihre Anwesenheit aus der Zeit zwischen 40 000 und 34 000/32 000 vor heute. Solange sie nicht gefunden sind, kommt auch noch der Neandertaler als Urheber des Jungpaläolithikums in Frage.

Am Beginn des Jungpaläolithikums steht in Mitteleuropa das Aurignacien. Das Aurignacien ist nach dem Fundort Aurignac in Frankreich benannt. Es begann in einer kalten Zeit zwischen zwei gemäßigteren Klimaphasen (nach 40 000 vor heute) und endete in der zweiten dieser beiden Phasen (um 30 000 vor heute). In Nordrhein-Westfalen ist es mit drei Fundpunkten vertreten, nämlich an der Kartsteinhöhle (hier mit einer Knochenspitze), an der Balver Höhle (einige umgelagerte Artefakte) und bei Weilerswist-Lommersum/Kreis Euskirchen mit einem großen, modern gegrabenen Freilandlagerplatz, wo Rentiere und Pferde gejagt wurden.

Im anschließenden mittleren Jungpaläolithikum, in dem die Speerschleuder erfunden wurde, muss das Klima immer rauer und damit die Besiedlung immer dünner geworden sein, bis Mitteleuropa zwischen 28 000 und 18 000 vor heute praktisch siedlungsleer war. Wahrscheinlich gehören einige Einzelfunde aus Bonn und die Elfenbeinspitze von Datteln (Abb. 48) in die Zeit des Gravettien (nach dem Fundort La Gravette in Frankreich), also kurz vor die siedlungsleere Periode.

Rund 10 000 Jahre lang herrschte dann ein lebensfeindliches Klima und das Inlandeis drang von Norden bis in die Gegend von Hamburg vor, während die Alpengletscher von Süden her das Alpenvorland bis etwa auf die Höhe von Rosenheim bei München bedeckten. Im eisfreien Korridor dazwischen dürften zum Teil Dauerfrostböden und Tundren das Überleben für die Menschen unmöglich gemacht haben.

Spätes Jungpaläolithikum (18 000 vor heute – 12 000 v. Chr.)

Vor etwa 18 000 Jahren erwärmte sich das Klima etwas, aber in den folgenden Jahrtausenden kam es immer wieder zu Kälteperioden. So beginnt die menschliche Besied-

Abb. 49   Zeittafel des späten Jungpaläolithikums, Spätpaläolithikums und Mesolithikums.

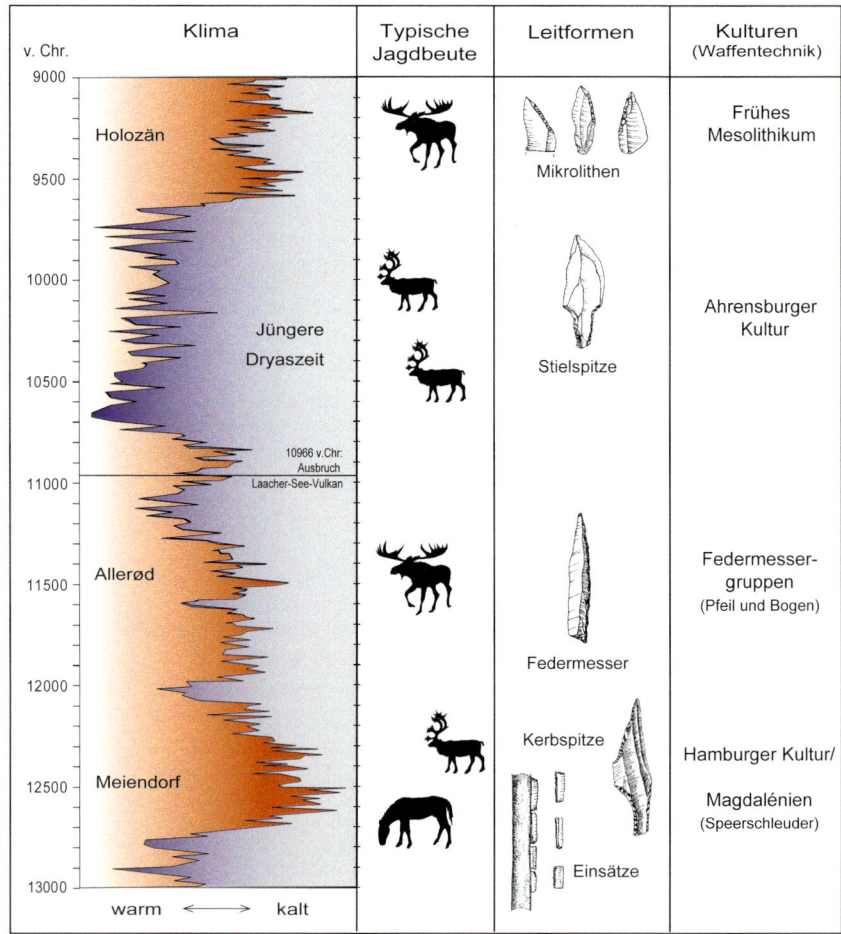

lung in Nordrhein-Westfalen erst um etwa 13 500 v. Chr. mit dem so genannten Magdalénien, das bei uns nur mit seiner jüngeren Phase vertreten ist, während es in Frankreich schon einige Jahrtausende früher begonnen hatte. Es ist deshalb sehr wahrscheinlich, dass das zuvor menschenleere westliche Mitteleuropa von Südwesten her aufgesiedelt wurde. Von nun an gibt es auch in Nordrhein-Westfalen keine Unterbrechung in der Siedlungskontinuität mehr (Abb. 49).

Im Magdalénien erlebte die Kultur der eiszeitlichen Jäger ihren Höhepunkt, jedenfalls aus dem Blickwinkel der Archäologen: Die Menschen des Magdalénien lebten in großen Gruppen, die den Herden eiszeitlicher Steppentiere, vor allem Pferd und Ren, offenbar über Entfernungen von mehreren Hundert Kilometern folgten. Hierbei entstand ein differenziertes Siedlungssystem mit großen Basislagern und kleineren Jagdlagern. Neben den Steingeräten bestimmen die vielfältigen, manchmal reich verzierten Knochenartefakte das Fundspektrum; daneben gibt es Schmuckformen und Kleinkunstwerke in Gestalt gravierter Platten. In Frankreich und Spanien ist dies die Hauptzeit der bemalten und gravierten Höhlenräume.

In Nordrhein-Westfalen tritt das Magdalénien in zwei relativ begrenzten Regionen auf, nämlich im westlichen Niederrheingebiet (Alsdorf, Indetal, Beeck und Kamphausen) und in einigen südwestfälischen Höhlen (Balver Höhle, Feldhofhöhle). Vielleicht hat diese Konzentration mit den etwas intensiveren Forschungsaktivitäten zu tun. Es ist aber auch möglich, dass die niederrheinischen Plätze zu einem Territorium gehörten, das vom Maasgebiet bis zum Neuwieder Becken reichte, und die südwestfälischen Höhlen zu einem Territorium, das sich nach Norden bis zu den Siedlungsplätzen der so genannten Hamburger Kultur erstreckte. Wenn diese Vermutung stimmt, wäre ein großer Teil von Nordrhein-Westfalen eine Art Niemandsland zwischen diesen beiden Territorien gewesen, das nur gelegentlich durchstreift wurde.

Basislager hat es in Nordrhein-Westfalen offenbar nicht gegeben. Alsdorf bei Aachen dürfte ein größeres oder mehrfach aufgesuchtes Jagdlager gewesen sein (Abb. 50), das allerdings erst durch seine Zerstörung in den 1970er Jahren entdeckt und dann nur noch randlich durch eine planmäßige Ausgrabung von H. Löhr untersucht werden konnte. Auch die benachbarten niederrheinischen Plätze könnten kleine Jagdlager gewesen sein, während die ganz geringe Artefaktzahl in den südwestfälischen Höhlen auf kurze, seltene und sporadische Aufenthalte weniger Jäger hinweist. Trotzdem muss es auch hier größere Jagdstationen gegeben haben. Die wenigen Magdalénien-Funde aus der Balver Höhle enthalten auch ein kleines Geröll mit der

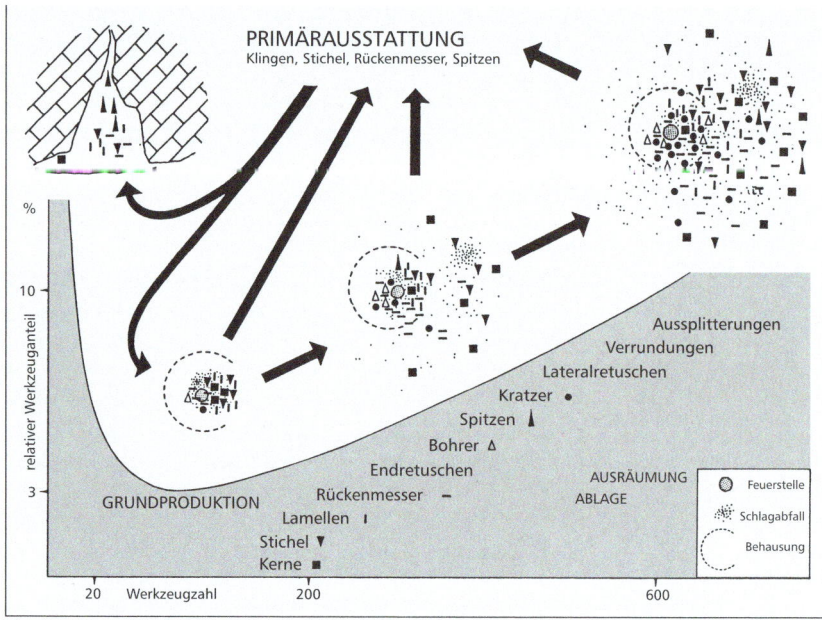

Gravierung eines Pferdekopfes, das einzige jungpaläolithische Kunstwerk in Nordrhein-Westfalen (s. Abb. 143). Leider bestehen – wegen der ungeklärten Umstände bei der Bergung des Stückes – Zweifel an seiner Echtheit.

Älteres Spätpaläolithikum (12 000–10 700 v. Chr.)

Mit dem Magdalénien endete um 12 000 v. Chr. das Jungpaläolithikum; die Steppentiere starben in unserem Gebiet aus und es begann das Spätpaläolithikum. Das ältere Spätpaläolithikum verbinden wir mit dem so genannten Azilien, nach dem Fundort Mas d'Azil/Ariège am Nordrand der Pyrenäen benannt, bzw. den Federmessergruppen, bezeichnet nach einer typischen Waffenspitzenform.

Aus der Zeit um 12 000 v. Chr. sind in Nordrhein-Westfalen nur zwei Fundorte bekannt; diesen kommt allerdings große Bedeutung zu. Genau in diese Übergangszeit gehört eine Doppelbestattung mit Hund von Oberkassel bei Bonn, der ein Knochenstab (oft auch als Kommandostab bezeichnet) und eine Tierskulptur beigegeben waren (s. Abb. 1). War der alte Mann ein Schamane, dem die Frau und der Hund in den Tod folgen mussten?

Der einzige Siedlungsplatz, den wir aus der Zeit dieses Grabes kennen, ist Rietberg bei Gütersloh. Es liegt am Oberlauf der Ems, gerade an der Stelle, an der sich Ems

Abb. 50 Alsdorf/Kreis Aachen. Das Modell einer Besiedlungsentwicklung zeigt, je länger ein Platz genutzt wird, umso mehr unterschiedliche Werkzeuge kommen innerhalb der Artefaktkonzentration hinzu. Das von H. Löhr bei der Bearbeitung des magdalénienzeitlichen Fundplatzes entwickelte Modell ist ein Beispiel für die methodischen Fortschritte der modernen Steinzeitforschung.

und Lippe am nächsten liegen, im Vorfeld des nördlichen Mittelgebirgsrandes. Ausgrabungen konnten hier die Reste einer großen Behausung und, jeweils einige Meter entfernt, einen großen Aktionsplatz, an dem Klingenkerne hergestellt, sowie einen kleineren, an dem Geschosse hergerichtet worden waren, nachweisen. Das Besondere an Rietberg sind die ungewöhnlichen Steinwerkzeuge, darunter „Bipointes" genannte Geschossspitzen, die ihre nächsten zeitgleichen Parallelen im Pariser Becken haben.

Kein einziger Fundplatz lässt sich in die folgenden 500 Jahre einordnen. Zwischen 12 000 und 11 500 v. Chr. klafft in Nordrhein-Westfalen und auch in den benachbarten Regionen eine große Forschungslücke. Das ist bedauerlich, denn gerade in diesem Zeitraum sind die umfangreichen Umstellungen in der Sozialstruktur, der Wirtschaftsweise und im Siedlungsverhalten zu erwarten, die zu den nacheiszeitlichen Jägergesellschaften überleiteten, bei denen statt der Jagd auf die großen Tierherden der kaltzeitlichen Steppe die Pirsch auf im Wald lebendes Standwild den Alltag bestimmte.

Erst in einer Zeit, in der diese Umstellung schon abgeschlossen gewesen sein muss, um 11 500 v. Chr. setzen die archäologischen Quellen wieder ein – und zwar in so großer Zahl wie nie zuvor. Die nun folgenden 500 Jahre der jüngeren Federmessergruppen sind in Nordrhein-Westfalen mit rund 30 Fundplätzen der am besten dokumentierte Zeitraum des Paläolithikums überhaupt – allerdings handelt es sich dabei meist um Oberflächenfundplätze. Die planmäßige Freilegung einer größeren Siedlungsoberfläche gelang bislang nur in Westerkappeln, am Südrand des Teutoburger Waldes (s. Abb. 3). Reste der Jagdbeute fand man bisher nur in wenigen Höhlenfundstellen in der Nordeifel und in Südwestfalen, die allerdings alle in der Frühzeit der Forschung ausgegraben wurden, so dass über die Fundzusammenhänge und Befunde wenig bekannt ist.

Seit der Entvölkerung während des Kältemaximums der letzten Kaltzeit muss die Bevölkerungsgröße nun einen ersten Höhepunkt erreicht haben. Die Menschen lebten im gemäßigten Klima in ausgedehnten Nadelwäldern. Auerochse, Rothirsch, Reh und Wildschwein waren wohl das bevorzugte Jagdwild, daneben müssen Fischfang und das Sammeln von pflanzlicher Nahrung an Bedeutung gewonnen haben. Die Territorien waren vermutlich kleiner als im vorangegangenen Magdalénien. Trotzdem müssen einzelne Personen weit herumgekommen sein und es müssen Kontakte über weite Entfernungen bestanden haben, wie von weither importierte Gesteinsrohmaterialien zeigen. Es ist sehr wahrscheinlich, dass die Menschen nun neben Speer und Speerschleuder auch Pfeil und

Bogen sowie weitere spezielle Jagdwaffen zu ihrer Verfügung hatten.

Die Blütezeit der spätpaläolithischen Waldjäger endete mit einer Naturkatastrophe. Im Frühsommer 10 966 v. Chr. brach der Laacher-See-Vulkan aus. Ungeheure Bimsmassen wurden hierbei in die Luft geschleudert, regneten zu Boden, bedeckten die nähere Umgebung des Vulkans mit einer meterdicken Bimsschicht und bildeten einen nach Süden und Nordosten ausgreifenden Bimsschleier, dessen Ausläufer beispielsweise bis in die Kasseler Gegend und vereinzelt bis nach Südskandinavien nachgewiesen werden konnten (Abb. 51). Das Gebiet von Nordrhein-Westfalen blieb zwar vom Bimsniederschlag verschont, aber die vulkanische Asche, die in der ersten Phase des Vulkanausbruchs in die Atmosphäre gelangt war, muss noch monatelang nachgewirkt haben. Der Rhein war bei Andernach zu einem See aufgestaut worden und war nördlich davon nur noch ein Rinnsal, bis er die natürliche Staumauer aus Bims durchbrach. Es ist davon auszugehen, dass kein Lebewesen im Umkreis von einigen Hundert Kilometern dieser Katastrophe entkommen konnte. Ob es im Gebiet von Nordrhein-Westfalen Überlebende gab, lässt sich aus Mangel an datierten Inventaren und Überresten nicht sagen.

Abb. 51 Als der Laacher-See-Vulkan im Frühjahr 10 966 v. Chr. ausbrach, wurden enorme Bimsmassen in die Luft geschleudert und durch den Wind vor allem Richtung Osten transportiert.

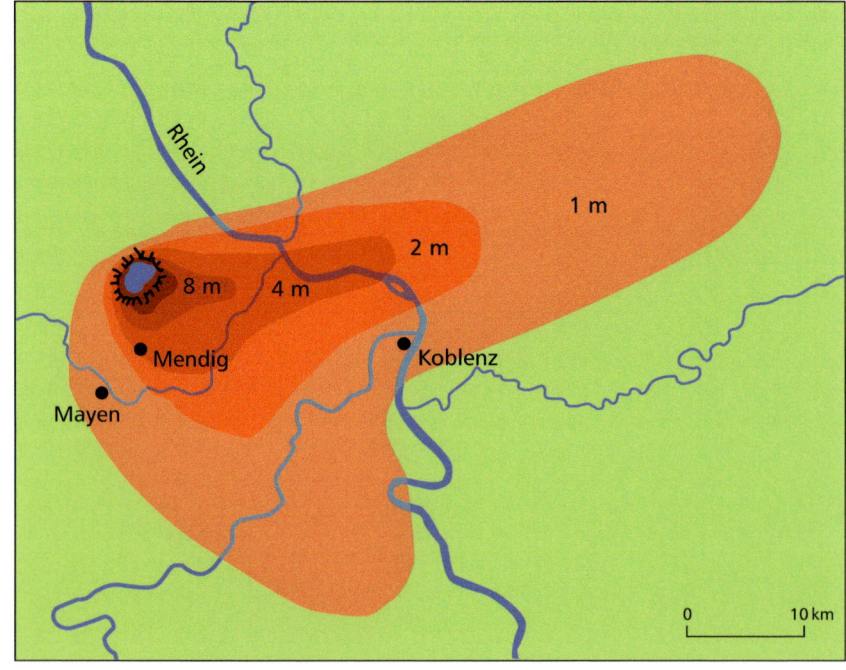

Jüngeres Spätpaläolithikum (10 700 – 9 600 v. Chr.)

Kaum 300 Jahre nach dem großen Vulkanausbruch, um 10 700 v. Chr., ereignete sich eine weitere Naturkatastrophe. War der Laacher-See-Vulkan in unmittelbarer Nachbarschaft ausgebrochen, so lag der Ort des Geschehens nun in großer Entfernung: Vor der nordamerikanischen Westküste und im Nordatlantik hatten sich eiskalte Süßwasserströme ausgebreitet, die durch das Abschmelzen des nordamerikanischen Inlandeises mit großer Geschwindigkeit freigesetzt worden waren. Sie sorgten für eine gut 1 000-jährige Abkühlung des Klimas in der nördlichen Hemisphäre mit einschneidenden Folgen für die Vegetation in Nordwesteuropa.

Die mitteleuropäische Nadelwaldzone schrumpfte auf ihre südliche Hälfte zusammen und der Raum nördlich der Mittelgebirge, die nordeuropäische Tiefebene, wurde in einen Zustand versetzt, wie er eineinhalb Jahrtausende zuvor geherrscht hatte: Offene Tundren- und Steppenlandschaften breiteten sich aus und die Rentiere, die schon längst ausgestorben schienen, wanderten aus ihren Rückzugsgebieten im Norden und Osten Europas wieder zurück bis an den Rand der nördlichen Mittelgebirgszone und sogar ein Stück weiter hinunter in den Süden.

Nordrhein-Westfalen gehörte nun wieder in die Zone der kaltzeitlichen Tundren- und Steppenlandschaft, während Süddeutschland weiter bewaldet blieb. Das Leben der Jägergruppen wurde durch die jahreszeitlichen Wanderungen der Rentierherden bestimmt. Zum Überwintern wanderten sie in die tiefer gelegenen nördlichen Regionen, zum Frühjahr bewegten sie sich nach Süden, um sich während der kurzen warmen Jahreszeit in kleinere Gruppen aufzuteilen, die in den Mittelgebirgen ihre Sommerweiden bezogen. Zum Herbst sammelten sie sich wieder in großen Herden, um ihre nördlichen Wintereinstände aufzusuchen.

Auf diese Wanderungszyklen der Rentiere hatten sich die spätpaläolithischen Rentierjäger einzustellen, die man nach ihren charakteristischen Geschossspitzen unter dem Begriff „Stielspitzengruppen" oder nach einem Fundort bei Hamburg als „Ahrensburger Kultur" zusammenfasst.

Die Verbreitung der Ahrensburger Kultur und damit das Wanderungsgebiet der Rentiere scheinen sich von der Norddeutschen Tiefebene in Nordrhein-Westfalen nach Süden mindestens bis in das Mittelrheingebiet, etwa im Bereich der Ahr, erstreckt zu haben. Die Fundplätze der Ahrensburger Kultur säumen die Mittelgebirgsränder, von der Nordeifel im Westen über den Westrand des Rheinisch-Bergischen Hügellandes bis zum Sauerland im Osten (Abb. 52). Hier boten offenbar Passagen die besten Jagdchancen, wenn die Rentiere zwischen Ebene und Gebirgsregion hin- und herwechselten. Beispiele für solche Jagdstationen sind der Kartstein und der „Hohle Stein" bei Kallenhardt.

Mesolithikum (9 600–5 400 v. Chr.)

Ab 9 600 v. Chr. erwärmte sich das Klima relativ schnell und es entwickelte sich eine ökologische Sukzession, beginnend mit Offenlandschaften, in denen die Hasel eine große Rolle spielte, hin zu immer stärkerer Bewaldung, zunächst mit Nadelhölzern und später mit einem wachsenden Anteil von Laubhölzern bis hin zu den Laubmischwäldern des 6. Jts. v. Chr.

Abb. 52 Fundplätze aus der Zeit des Ausbruches des Laacher-See-Vulkans (Federmessergruppen) und aus der danach folgenden Zeit des Kälterückschlages um 10 800 und 9 600 v. Chr. (Ahrensburger Kultur). Die Rentierjagdlager säumen den Rand der Mittelgebirge.

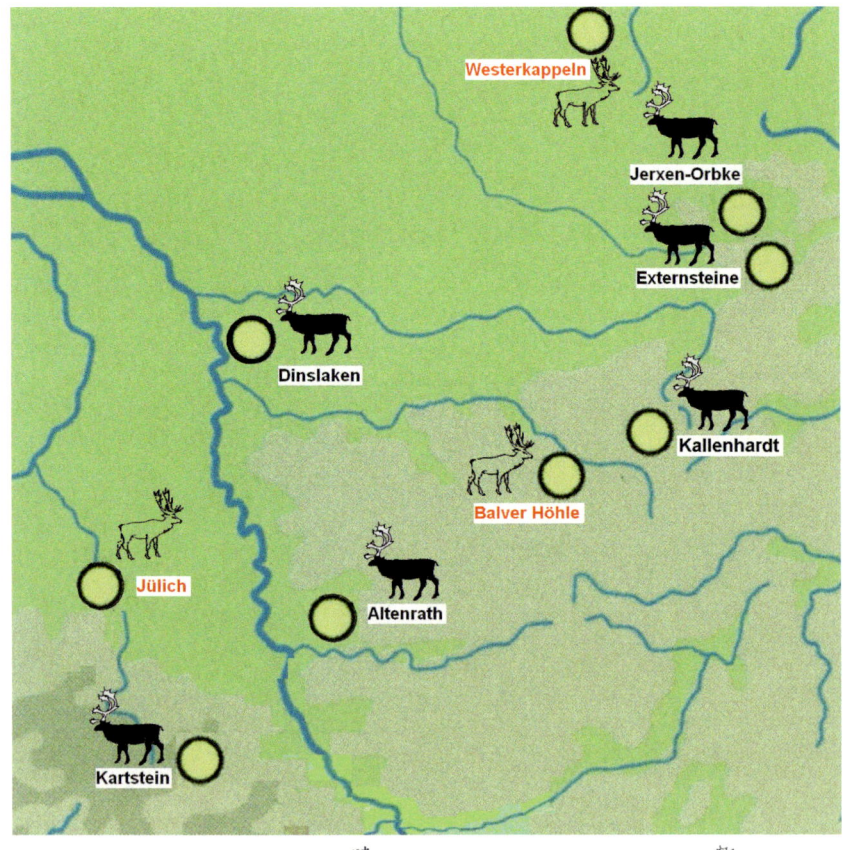

Abb. 53 Bedburg-Königshoven/Erftkreis. Eine der beiden Hirschgeweihmasken, kurz vor ihrer Bergung (oben); so könnte das Leben auf dem Lagerplatz an der Erft zu Beginn der mittleren Steinzeit um 9 500 v. Chr. ausgesehen haben (unten).

Die Rentiere waren verschwunden und es stellte sich wieder die Faunengesellschaft mit Standwildarten (Ur, Rothirsch, Wildschwein, Biber) ein, die schon einmal während des 12. Jts. v. Chr. in Nordrhein-Westfalen existiert hatte. Die Menschen lebten in kleineren mobilen Gruppen und nicht mehr in so großen Territorien wie zuvor. Mit wachsender Bewaldung verminderte sich das Angebot an bodennaher Vegetation, so dass die Populationsdichte der Huftiere schrumpfte. Den Menschen wurde dadurch eine wichtige proteinhaltige Nahrungsquelle entzogen. Sie erweiterten deshalb ihr Nahrungsspektrum um kohlenhydratreiche Pflanzen und deckten ihren Eiweißbedarf zusätzlich durch Fischfang und, an den Küsten, durch das Sammeln von Muscheln.

Die typischen Steinwerkzeuge des Mesolithikums sind die geometrischen Mikrolithen, kleine sorgfältig retuschierte, immer wiederkehrende Formen von dreieckigem und trapezförmigem Umriss. Die große Zahl der Mikrolithen erklärt sich durch die nun bevorzugte Nutzung von Kompositgeräten, also Waffen und Werkzeugen, die aus unterschiedlichen Materialien zusammengesetzt waren und deren Spitzen, Schneiden oder Arbeitskanten durch eingesetzte Mikrolithen gebildet wurden.

Über die Siedlungsweise des Mesolithikums in Nordrhein-Westfalen ist nur wenig bekannt, weil fast nur Steinartefakte aus Aufsammlungen vorliegen. Lediglich ein Siedlungsplatz datiert bisher ganz in den Beginn des Mesolithikums. Es handelt sich um ein größeres, von M. Street ausgegrabenes Siedlungsareal in Bedburg-Königshoven (Abb. 53), mit hervorragenden Erhaltungsbedingungen für die Faunen- und Florenreste. Berühmt wurde dieser Fundplatz durch die beiden Hirschgeweihmasken, einem Kopfschmuck prähistorischer Schamanen.

Aus den späteren Perioden des Mesolithikums stammen einige kleine, von S. K. Arora ausgegrabene Lager- oder Jagdplätze. Der durch seine ovalen Behausungsgrundrisse ehemals recht berühmte spätmesolithische Siedlungsplatz an den Retlager Quellen, auf dem lange Zeit die Vorstellung beruhte, die Mesolithiker hätten in bienenkorbförmigen Reisighütten gelebt, wurde in den 90er Jahren erneut untersucht. Hierbei stellte sich heraus, dass die Befunde vermutlich zu einer Übersiedelung des Areals aus der vorrömischen Eisenzeit stammen.

Das Mesolithikum endete in Nordrhein-Westfalen um 5 400 v. Chr., als die ersten Bauern der linearbandkeramischen Kultur von Osten her einwanderten, Lichtungen schlugen, Häuser bauten und Felder anlegten.

Wie Forschungsergebnisse in den letzten Jahren zeigten, hatten die mesolithischen Jäger aber schon zuvor Kontakt mit der neolithischen Bevölkerung im Westen Europas, offenbar einer Hirtenbevölkerung, die Keramik benutzte. Nach Fundorten typischer Keramik werden diese frühen, westlichen Nachbarn der linearbandkeramischen Kultur als „La Hoguette Gruppe" und „Limburger Gruppe" bezeichnet. So entsteht für das 6. Jt. v. Chr. ein komplexes Bild mit mindestens vier verschiedenen Akteuren. Welche Rolle den mesolithischen Jägern in dieser Phase des Umbruchs zukam, bis ihre kulturellen Merkmale im letzten Drittel des 6. Jts. v. Chr. völlig verschwanden, ist noch unklar. Die rein jäger- und sammlerische Lebensweise, die über 90 % der Menschheitsgeschichte prägte, war damit zu Ende.

Literatur

W. Adrian, Die Altsteinzeit in Ostwestfalen und Lippe. Fundamenta A 8 (1982).

G. Bosinski u. a. (Hrsg.), The Palaeolithic and Mesolithic of the Rhineland, in: W. Schirmer (Hrsg.), Quaternary fieldtrips in Central Europe 15, Vol. 2, 14. INQUA-Kongress Berlin (1995) 829–999.

G. Bosinski u. a., Paläolithikum und Mesolithikum. Geschichtlicher Atlas der Rheinlande Beiheft II/1 (1997).

L. Fiedler (Hrsg.), Archäologie der ältesten Kultur in Deutschland. Ein Sammelwerk zum Paläolithikum, der Zeit des Homo erectus und des frühen Neandertalers. Materialien zur Vor- und Frühgeschichte von Hessen 18 (1997).

K. Günther, Alt- und mittelsteinzeitliche Fundplätze in Westfalen. Einführung in die Vor- und Frühgeschichte Westfalens 6, Teil 1 (1986), Teil 2 (1988).

Ruhrlandmuseum Essen (Hrsg.), Das Eiszeitalter im Ruhrland, zusammengestellt von Gerhard Bosinski (1982).

St. Veil (Hrsg.), Alt- und mittelsteinzeitliche Fundplätze des Rheinlandes. Kunst und Altertum am Rhein 81 (1978).

FUNDPLÄTZE

*Fundplätze Der
namengebende
Fundort im
Neandertal/Kreis
Mettmann ist heute
als archäologischer
Park gestaltet.*

Michael Baales, Lutz Kindler, Olaf Jöris und Barbara Rüschoff-Thale

Die Balver Höhle,
Stadt Balve, Märkischer Kreis

Anfahrt

Die Balver Höhle findet sich am nordöstlichen Stadtrand von Balve an der B 229. Vorgelagert ist ein Ausflugslokal mit Hotel. Die Höhle ist derzeit nicht geöffnet. Besichtigungsmöglichkeiten sind über die Stadtverwaltung Balve zu erfragen.

Am Nordrand der Stadt Balve ragt ein als „Hohle Stein" bezeichneter Bergrücken spornartig nach Nordwesten bis an die Hönne. In diesem Felsen öffnet sich rund 7 m über der Hönne das 12 m hohe und 18 m breite Portal der Balver Höhle. Das hallenartige Höhlengewölbe, das an einen Eisenbahntunnel erinnert, reicht über 50 m in den Fels hinein und teilt sich dort in zwei jeweils mehr als 20 m lange Seitenarme – den Virchow- und den Dechen-Arm (Abb. 54).

Die Größe der Höhle ermöglicht heute die Nutzung als Festhalle für verschiedenste Veranstaltungen. Ursprünglich

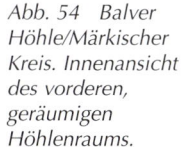

Abb. 54 Balver Höhle/Märkischer Kreis. Innenansicht des vorderen, geräumigen Höhlenraums.

waren nahezu der gesamte Höhlenraum wie auch das Eingangsportal bis fast an die Decke mit Ablagerungen gefüllt. Erst der um 1830 einsetzende, quasi industrielle Abbau der phosphatreichen Höhlensedimente, die als Düngemittel auf die umliegenden Felder gebracht wurden, legte nach und nach „Deutschlands größte Kulturhöhle" frei. Im Zuge des Sedimentabbaus wurden immer wieder Knochen eiszeitlicher Säugetiere zutage gefördert und 1843/44 auch erste Steinartefakte erkannt.

Diesen Entdeckungen folgten zahlreiche, meist kleinräumige Ausgrabungen, die in der Regel jedoch wenig systematisch waren. Mit diesen frühen Untersuchungen steht die Balver Höhle am Anfang der deutschen Altsteinzeitforschung, doch sind uns nur wenige Fundstücke aus dieser Zeit überliefert.

Gut unterrichtet sind wir über die ersten Nutzungsphasen der Höhle. In den nicht vom Abbau betroffenen unteren Schichten konnte Bernhard Bahnschulte 1939 Steinwerkzeuge und Tierknochen aus der Zeit der späten Neandertaler ausgraben. Die Funde haben ein Alter von rund 50 000 bis 80 000 Jahren. Für die ältesten Besiedlungsphasen sind ganz bestimmte Steingeräte typisch: beidflächig formüberarbeitete Schneidewerkzeuge mit einer scharfen Arbeitskante und einer gegenüberliegenden Handhabe, so genannte Keilmesser. Herstellungsabfälle illustrieren die Steinbearbeitung vor Ort. Als Rohmaterial diente der im Sauerland weit verbreitete Kieselschiefer. In weit geringerer Zahl wurde aber auch baltischer Feuerstein genutzt, der mit den Gletschern der vorletzten Kaltzeit bis in das Ruhrgebiet transportiert wurde und mehr als 15 km nördlich der Höhle zu finden ist.

Neben den Steinartefakten wurden Zehntausende Knochen eiszeitlicher Säugetiere ausgegraben, darunter Mammut, Wollhaariges Nashorn, Wildpferd, Wildrind, Rentier sowie Rot- und Riesenhirsch. Sie dokumentieren eine für die Zeit der späten Neandertaler typische offene Steppenlandschaft in einem kühl-gemäßigten Klima. Schnitt- und Schlagspuren auf den Knochen zeigen, dass die Neandertaler ihre Jagdbeute zur Höhle brachten und hier weiter zerlegten; dazu gehörte auch der Höhlenbär. Doch nicht nur die Menschen kamen hierher, um ihre Nahrung zu verwerten, gleichfalls suchten große Raubtiere wie Höhlenlöwe und -hyäne sowie der Wolf den Ort auf, um ihre Beute im Schutze der Höhle zu verzehren; Bissspuren auf den Knochen geben darüber Auskunft.

Zudem birgt das neandertalerzeitliche Fundmaterial seltene Knochengeräte, wie durch räumlich begrenzte Nabenfelder gekennzeichnete Retuscheure. Wie Experimente zeigen, konnten mit diesen die Arbeitskanten der Steingeräte überarbeitet werden.

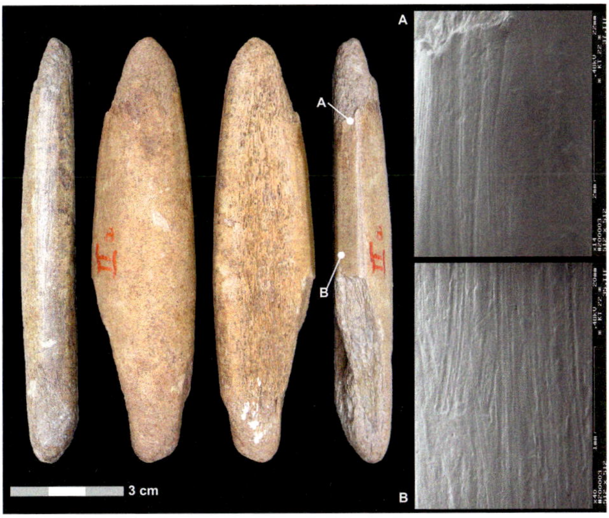

Abb. 55 Balver Höhle/Märkischer Kreis. Knochenspitze, die bei der Grabung Bahnschulte in einer Schicht aus der Zeit der späten Neandertaler entdeckt wurde; rechts Details der Bearbeitungsspuren.

Von besonderem Interesse ist aber ein massives, wohl aus einer Mammutrippe hergestelltes, vollständig überarbeitetes Knochengerät, das an beiden Enden spitz zusammenläuft. Vermutlich ist dies eine Knochenspitze (Abb. 55), die die Neandertaler – wohl eine Holzlanze bewehrend – zur Jagd benutzten.

Die Balver Höhle ist damit eine der wenigen Fundstellen Mitteleuropas, die einen detaillierten Einblick in die Nutzung von Höhlen durch den Neandertaler erlauben.

Darüber hinaus konnten noch Reste des nachfolgenden Jungpaläolithikums und das Schädelknochenfragment eines mittelsteinzeitlichen Menschen entdeckt werden. Weiterhin wurde die Höhle auch in der vorrömischen Eisenzeit häufig aufgesucht. Durch den sehr frühen Abbau des Höhlenlehms sind diese jüngeren Fundschichten jedoch bereits weitgehend zerstört worden, noch bevor sie intensiv erforscht werden konnten.

Literatur

K. Günther, Die altsteinzeitlichen Funde der Balver Höhle. Bodenaltertümer Westfalens VIII (1964).

O. Jöris, Pradniktechnik im Micoquien der Balver Höhle. Archäologisches Korrespondenzblatt 22, 1992, 1–12.

L. Kindler u. a., Die Balver Höhle: Alte Funde – Neue Ergebnisse, in: H. G. Horn u. a. (Hrsg.), Von Anfang an. Archäologie in Nordrhein-Westfalen. Begleitbuch zur Landesausstellung. Schriften zur Bodendenkmalpflege in Nordrhein-Westfalen 8 (2005) 318–321.

Michael Baales

Die Feldhofhöhle bei Volkringhausen, Stadt Balve, Märkischer Kreis

Anfahrt

Diese Höhle ist mit dem Auto nur umständlich zu erreichen. Am besten biegt man ca. 7 km nördlich von Balve von der B 515 im Hönnetal nach Westen in Richtung Hemer ab und fährt sofort links in eine Einfahrt ein und parkt dort. Von dort muss man auf der B 515 etwa 1 km nach Süden laufen, bis in einer weiten Flussbiegung rechter Hand eine Brücke nach Westen über die Hönne führt; von dort sind es nur noch etwa 300 m auf einem Waldweg bis zur Höhle hoch am Hang über der Hönne.

Die Feldhofhöhle (Abb. 56) zählt zu jenen Fundstellen, die bereits in der zweiten Hälfte des 19. Jhs. Ziel rheinischwestfälischer Forscher wurde. Sie wollten auch hier wie in anderen „Knochenhöhlen" des Hönnetals die „vorgeschichtlichen Spuren des Menschen" finden, inspiriert durch den Fund aus dem Neandertal 1856 und die frühen Untersuchungen an Fundstellen des altsteinzeitlichen Menschen in Südwestfrankreich, die dort seit den 1860er Jahren unternommen wurden. Zu diesen frühen Forschern in Westfalen zählte auch der Geologe K. von Dücker. Er fand 1867 einige Steingeräte im „Schutt" der Feldhofhöhle, die in diesem Jahr bereits auf 20 m Länge ausgeräumt war. Kurz darauf legte A. Beuther weitere Stücke zusammen mit Tierknochen frei und unterschied 25 m vom Eingang entfernt vier übereinander liegende geologische Schichten. Auch H. Schaaffhausen, einer der bekanntesten Forscher seiner Zeit, grub in den 1870er Jahren in der Feldhofhöhle. Neben J. Andree (1925/26, 1929) führte auch B. Bahnschulte 1938 eine „mehrtägige Probegrabung" in der Feldhofhöhle durch; allerdings entdeckte er auf einer Fläche von 4 m^2 nur eisenzeitliches Material.

Ursprünglich war die Feldhofhöhle als „Klusensteiner Höhle" bekannt, mitunter auch als „Große Friedrich Höhle". J. C. Fuhlrott benannte sie dann nach dem Grundeigentümer als „Feldhofs Höhle".

In den 1920er Jahren war der 97 m lange, zunächst schlauchförmige Höhlenraum bereits weitgehend ausgeräumt; denn genau wie im Fall der Balver Höhle war auch

Abb. 56 Feldhofhöhle/Märkischer Kreis. Ansicht des größeren, nördlichen Höhleneingangs.

hier seit etwa 1850 die Höhlenfüllung als Dünger auf die umliegenden Felder verteilt worden. J. Andree konnte 1925/26 noch fünf geologische Horizonte unterscheiden: Unter einer bis zu 45 cm messenden Sinterschicht lagen vier bis etwa 5 m mächtige, unterschiedliche Höhlenlehme, wobei sich in den ersten drei Steinartefakte zusammen mit Tierknochen fanden. Viele Knochen zeigen Verrollungsspuren. Dies belegt, dass zumindest diese Funde in der Höhle durch geologische Phänomene umgelagert wurden.

Die etwas über 160 Steinartefakte der beiden basalen Fundhorizonte werden nach J. Andree unter „Feldhofhöhle 1" zusammengefasst und bestehen aus Kieselschiefer und nordischem Feuerstein. Chronologisch aussagekräftige Steingeräte sind nicht sehr häufig; es sind Schaber und kantenbearbeitete Abschläge. Vielleicht kann diesem Inventar auch das bekannteste Stück der Feldhofhöhle zugerechnet werden: 1870 erhielt K. von Dücker vom Höhlenbesitzer Feldhof ein ungewöhnlich großes beidseitig bearbeitetes Feuersteingerät – es war 20,7 cm lang und 10,3 cm breit (Abb. 57) und bereits 1867/69 gefunden worden. Dieses Stück erinnert an ein Keilmesser (s. Beitrag

von M. Baales u. a. zur Balver Höhle in diesem Band) –
wenn es auch meist als Faustkeil beschrieben wird. Daher
werden die älteren Funde auch den so genannten Keilmessergruppen aus der Mitte der letzten Kaltzeit zugerechnet.
Unter den Tierresten ist der Höhlenbär sehr zahlreich (der
hier seine Winterruhe hielt), gefolgt von Wollnashorn,
Rentier, Riesenhirsch, Pferd, Hyäne, Wolf und Rothirsch.

Aus der oberen Fundschicht mit den Inventaren „Feld-
hofhöhle 2 und 3" stammen nur wenige Funde, wieder aus
Kieselschiefer und Feuerstein; ihnen können weitere
Stücke aus den älteren Bergungen zugerechnet werden.
Die Inventare stammen vermutlich aus verschiedenen
Abschnitten der jüngeren Altsteinzeit. Hierzu zählt zum
Beispiel das zweiseitig abgeschrägte Basisfragment einer

*Abb. 57 Feldhof-
höhle/Märkischer
Kreis. Großes
Feuersteingerät
(„Keilmesser").*

aus Geweih gefertigten Geschossspitze, die einst einen Speer bewehrte, der mit der Speerschleuder geworfen wurde; das Stück datiert wohl in das späte Jungpaläolithikum (jüngeres Magdalénien) und ist damit ca. 14 000 bis 16 000 Jahre alt. Hierhin könnten auch einige Steingeräte gehören, wie ein Klingenkratzer und eine kantenretuschierte Klinge.

Noch etwas jünger, etwa 13 000 Jahre alt, sind einige Pfeilspitzen, darunter ein weitgehend vollständiges Stück mit einer gebogen-gestumpften Kante, das als „Federmesser" bezeichnet wird und auf eine spätpaläolithische Besiedlung hinweist. Nun, im Formenkreis der Federmessergruppen, nutzten die Menschen bereits Pfeil und Bogen. Das Klima hatte sich deutlich erwärmt und die Ausbreitung lichter Wälder aus Birken und Kiefern ermöglicht. In Mitteleuropa bestimmten Elch und Rothirsch das Faunenspektrum; verschwunden war hingegen das noch im jüngeren Magdalénien nachweisbare Mammut.

Leider hat die frühe Ausräumung der Feldhofhöhle nur wenige Überreste der hier einst vorhandenen menschlichen Siedlungsspuren überliefert. Wie umfangreich diese waren, lässt sich heute nur mehr erahnen.

Die Feldhofhöhle liegt recht hoch, mehr als 35 m über dem heutigen Hönnetal an dessen oberem Rand und ist damit eine der höchstgelegenen dieses an Höhlen reichen Talabschnitts. Der Hauptzugang, nach Norden ausgerichtet, 8 m breit und 4 m hoch, geht unmittelbar in den lang gezogenen Höhlenraum über; ein kleinerer Eingang weist nach Nordwesten. Ende des Zweiten Weltkrieges diente die Höhle als Munitionslager, wodurch es zu weiteren Störungen kam.

Literatur

J. Andree, Der eiszeitliche Mensch in Deutschland und seine Kulturen (1939).

G. Bosinski, Die mittelpaläolithischen Funde im westlichen Mitteleuropa. Fundamenta A 4 (1967).

J. Tinnes, Feldhofhöhle, Stadt Balve, Märkischer Kreis, in: K. Günther (Hrsg.), Alt- und mittelsteinzeitliche Fundplätze in Westfalen. Einführung in die Vor- und Frühgeschichte Westfalens 6, Teil 2 (1988) 69–73, 129.

Wighart von Koenigswald und Holger Paulick

Der Rodderberg bei Bonn-Mehlem – ein eiszeitlicher Vulkankrater

Anfahrt

Zugang zum Rodderberg: Von Mehlem, südlich von Bad Godesberg auf der Straße nach Westen Richtung Niederbachem. Hinter der Bahnunterführung an der zweiten Ampel nach links in die Vulkanstraße. Auf dieser bis zum Ende fahren. Der weitere Weg zum Ostrand der Kratermulde mit dem Blick auf den Rhein ist zeitweise für Autos gesperrt.

Der schönste Aussichtspunkt vom Rodderberg ist der Platz des alten Galgens oberhalb von Mehlem. Mit einem gewissen Schaudern kann man sich hier bewusst machen, dass an eben jener Stelle vor rund 150 Jahren ein Mensch auf diese brutale Weise gerichtet wurde – zur Abschreckung der Bösen und zur Belustigung der Braven. Heute bietet der Blick auf den Rhein, auf das Siebengebirge und die sich nach Norden öffnende Rheinische Bucht einen Einblick in die Erdgeschichte von seltener Anschaulichkeit.

Auf der anderen Seite des Rheins liegt das Siebengebirge. Es ist das untere Stockwerk eines Vulkangebirges, das

Abb. 58 Bonn-Mehlem. Die Mulde zeichnet den Krater des eiszeitlichen Rodderbergvulkans nach, dahinter der Rhein.

etwa 25 Mio. Jahre alt ist und schon stark abgetragen wurde. Dabei hat die Erosion die vulkanischen Lockergesteine (Bimse, Schlacken usw.) abtransportiert und die harten Gesteine, wie ehemalige Schlotfüllungen, herausgearbeitet. So zeichnen sich die Basaltschlote und die subvulkanischen Trachytkuppen, die ehemals unter der Erdoberfläche stecken geblieben waren, nun als Berge ab. Zu dieser Zeit der Erdgeschichte war das Klima in Mitteleuropa noch sehr warm, das bezeugen die Fossilfunde von Palmen und Krokodilen, die auf den Aschen der Siebengebirgsvulkane bei Rott gefunden wurden. Auch auf der linksrheinischen Seite gibt es Basaltschlote aus der aktiven Zeit des Siebengebirges, etwa den Rolandsbogen und die Godesburg.

Der Rodderbergvulkan selbst, dessen Krater heute als Mulde zu erkennen ist (Abb. 58), ist sehr viel jünger als das Siebengebirge und steht in einem großräumigen Zusammenhang mit der vulkanischen Tätigkeit in der Osteifel. Die Ablagerungen seiner ersten Eruptionsphase liegen über der so genannten Hauptterrasse des Rheins, die etwa 800 000 Jahre alt ist, und sind damit jünger. Damals floss der Rhein etwa auf dem Niveau des heutigen Rodderbergs, wie die wohlgerundeten Kiesel zeigen, die zum Beispiel am Weg zum Rolandsbogen zu finden sind. In der Folgezeit hat sich die Kölner Bucht immer stärker abgesenkt, das Rheinische Schiefergebirge aber gehoben. Aufgrund dieser Prozesse konnte sich der Rhein südlich von Bonn tief in den Untergrund einschneiden. Heute liegt das Bett des Rheins um etwa 150 m tiefer. Das Einschneiden erfolgte während des Eiszeitalters im Wechsel von Kalt- und Warmzeiten aber nicht kontinuierlich, sondern ließ Terrassen entstehen.

Im Mittelpleistozän stieg aus etwa 40 km Tiefe heißes Magma auf. Als es das oberflächennahe Grundwasser erreichte, kam es zu einer gewaltigen Explosion, die den etwa 90 m tiefen Maarkrater bildete. In dieser ersten Eruptionsphase des Rodderbergvulkans wurde wie bei anderen Maaren nur ein Aschenwall ausgeworfen, der aber weitgehend verschwunden ist.

Der heute sichtbare Schlackenwall stammt von einer zweiten Eruptionsperiode vor etwa 300 000 Jahren. Der damals wieder freigeräumte Krater ist heute zum größten Teil mit eiszeitlichen Sedimenten gefüllt, ist aber immer noch gut zu erkennen. Auf dem das Wasser stauenden Lehm bildete sich der sumpfige Grund der Kratermulde, in der heute der Broich-Hof liegt. Detaillierte vulkanologische Untersuchungen haben gezeigt, dass während dieser zweiten Eruptionsperiode eine Reihe von Schlackenkegeln entlang einer nordsüdlich verlaufenden Störungszone gebildet wurde. Mit Hilfe von mineralogischen und geochemischen Untersuchungen ist es möglich, die

Ablagerungen dieser Eruptionen voneinander abzugren-
zen bzw. die Produkte einzelner Eruptionen miteinander
zu korrelieren. Obwohl die Schlacken auf den ersten Blick
alle sehr einheitlich aussehen, zeigen sie unter dem
Mikroskop sehr unterschiedliche Gehalte an verschiedenen Kristallen (Abb. 59). Ein besonders gut sichtbares
Zeugnis einer dieser späteren Eruptionen ist die mit Lava
gefüllte Förderspalte (Abb. 60), die in der Nordgrube in
Schlackenablagerungen eindrang. Die Schlacken wurden
bis ca. 1940 abgebaut und für den Straßenbau verwendet;
der Gang blieb wegen seiner größeren Härte stehen und
ist heute, wie der gesamte Rodderberg, als Naturdenkmal
geschützt.

Mit der zweiten Rodderbergeruption endete die Tätigkeit der pleistozänen Vulkane in der unmittelbaren Umgebung von Bonn. Etwas weiter südlich, am Laacher See,
kam es aber vor 13 000 Jahren nochmals zu einem sehr
heftigen Vulkanausbruch. Hier wurden ungeheure Mengen von Aschen bis zu 10 km hoch in die Atmosphäre
geschleudert und verteilten sich über weite Teile von
Nord- und Südeuropa. Feine Aschenlagen sind nach
Süden über die Alpen bis nach Turin und nach Norden bis
an die Front der abschmelzenden skandinavischen Gletscher zu verfolgen. Sie bilden eine wichtige Zeitmarke in
jungen Sedimentschichten.

*Abb. 59 Mikros-
kopische Aufnahme
vom Lavagang in
der Nordgrube. Die
beiden Eruptions-
phasen des Rodder-
bergvulkans unter-
scheiden sich im
Gehalt an Kristallen
und kennzeichnen
den Verlauf der
Eruptionen.*

Abb. 60 Bonn-Mehlem. Der Lagergang am Nordrand im nördlichen Kraterwall des Rodderbergs.

Der Rodderberg macht deutlich, dass auch im Eiszeitalter immer wieder Magmen aus großer Tiefe aufstiegen und sich an der Oberfläche mit mehr oder weniger großen Explosionen bemerkbar machten. Die Zeiträume der Ruhe zwischen diesen vulkanischen Ereignissen sind mitunter sehr lang und deshalb ist zu vermuten, dass der Vulkanismus im Rheinland nicht erloschen ist, sondern zurzeit nur ruht – zumindest in geologischen Zeitmaßstäben.

Literatur

G. Bartels – G. Hardt, Rodderbergtuff im Rheinischen Quartärprofil – zur zeitlichen Stellung des Rodderberg-Vulkanismus. Decheniana 126, 1973, 367–376.

H. Blanchard, Neue Erkenntnisse zur Eruptions- und Landschaftsgeschichte des Rodderbergs bei Bonn. Diplomarbeit, Geographisches Institut der Rheinischen Friedrich-Wilhelms-Universität Bonn (2002).

C. Ewen, Der quartäre Rodderberg-Vulkankomplex südlich von Bonn – vulkanologische und petrogenetische Entwicklung. Diplomarbeit, Mineralogisch-Petrologisches Institut der Rheinischen Friedrich-Wilhelms-Universität Bonn (2005).

Wighart von Koenigswald

Rabenlay bei Bonn-Oberkassel – ein späteiszeitliches Doppelgrab

Anfahrt

Von der U-Bahnstation Oberkassel-Mitte auf der Straße „Am Stingenberg" nach Osten fahren. Unmittelbar hinter der Autobahnbrücke geht ein Fußweg nach links zu der bezeichneten Fundstelle ab.

Unterhalb der weithin sichtbaren Steinbruchwand an der Rabenlay mit ihren dicken Basaltsäulen (Abb. 61) steht eine Tafel, die den Fundplatz des Doppelgrabes von Oberkassel markiert. Schon bevor der Steinbruchbetrieb einsetzte, bildete der Ennert eine hohe Geländestufe über dem Rheintal, weil ein Basaltgang des Siebengebirgsvulkanismus (etwa 25 Mio. Jahre alt) der Erosion des Rheins Widerstand bot.

1914 wurden hier die Knochen von zwei Menschenskeletten entdeckt. Außerdem wurden zwei sorgfältig geschnitzte Knochengeräte, eines mit einem deutlichen Tierkopf, gefunden. Des Weiteren gehören zum Fundkomplex einige Tierreste, darunter auch die Knochen eines Hundes. Die Funde lagen in einer mit Rötel intensiv rot gefärbten Mulde und waren möglicherweise mit Basaltplatten überdeckt – ein Befund, der insgesamt für eine Grablegung spricht. Noch lange ehe eine ^{14}C-Datierung erfolgen konnte, ließen die bearbeiteten Knochen, die Einbettung in Rötel und vor allem das Fehlen von jeglichen Keramik- oder Metallteilen auf die zeitliche Einstufung in die ausgehende Eiszeit schließen. ^{14}C-Datierungen, die in den letzten Jahren durchgeführt wurden, bestätigten, dass das Grab zwischen 13 000 und 14 000 Jahre alt ist.

Heute sind die beiden Menschenskelette, die bearbeiteten Knochen und der Kiefer des Hundes im Rheinischen LandesMuseum in Bonn ausgestellt.

Diese Grablegung wirft mehrere Fragen auf: Wer wurde da bestattet? Lag dieses Grab in der Nähe einer Siedlung? Wie passen die beiden hier begrabenen Menschen zusammen? Was hat es mit den wenigen Tierknochen und Zähnen auf sich? Stammen die Knochen von einem Wolf oder schon von einem Haushund? Wie sah die Landschaft am Rhein zur Zeit der Leute von Oberkassel aus?

Abb. 61 Der Steinbruch von Oberkassel mit seinen Basaltsäulen.

Anatomisch lassen sich die beiden Skelette nicht vom modernen Menschen unterscheiden (Abb. 62). Das erste Skelett stammt von einer etwa 20- bis 25-jährigen Frau. Sie hatte einen relativ schmalen Schädel und einen zierlichen Körperbau; ihre Körpergröße betrug etwa 1,47 m. Bei dem zweiten Skelett handelt es sich um einen deutlich älteren Mann (ca. 55 bis 60 Jahre alt); er war ca. 1,72 m groß und hatte einen kräftigen Körperbau. Sein Gesicht war relativ breit; in seinem Gebiss fehlen, seinem Alter entsprechend, schon mehrere Vorderzähne. Der Kieferknochen hatte die Löcher der Zahnwurzeln bereits wieder geschlossen. Ihm dürfte das Abbeißen gewisse Schwierigkeiten breitet haben. Die Unterschiede in der Schädelform dieser beiden Personen zeigen die große Variabilität des Menschen in Mitteleuropa. Es handelt sich aber ganz eindeutig um die moderne Form des Menschen und nicht um den Neandertaler. Kennzeichnend sind die hohe glatte Stirn und das vorspringende Kinn.

Vor rund 14 000 Jahren waren die Menschen noch Sammler und Jäger und hatten keine permanenten Siedlungen. Die ganz wenigen überlieferten Gräber sind stets Einzelfunde. Es ist unmöglich zu beantworten, warum die beiden Menschen gemeinsam bestattet wurden. Die Phantasie lässt die verschiedensten Deutungsmöglichkeiten zu, von denen aber keine sachlich begründet werden kann.

Unter den Tierzähnen fällt der Schneidezahn eines Hirsches auf, dessen Wurzel abgeschnitten wurde. Seit dem Magdalénien, aber auch noch viel später, zum Beispiel bei den modernen Eskimos, werden die Vorderzähne von Rentieren so aus dem Unterkiefer geschnitten, dass sie vom Zahnfleisch zusammengehalten werden und einen kleinen Halbmond von acht weißen Perlen bilden. Er konnte zum Beispiel als Schmuck auf die Kleidung aufgenäht oder als Kette getragen werden. Dass in Oberkassel nur ein Zahn gefunden wurde, liegt wahrscheinlich daran, dass das Grab nicht bei einer planmäßigen Ausgrabung aufgedeckt wurde, sondern die Knochen beim Wegebau im Steinbruchbetrieb aufgesammelt wurden.

Zu den Gebrauchsgegenständen gehört auch ein etwa 20 cm langer glatter Knochenstab mit einem stilisierten Tierköpfchen am Ende; die Stabflächen wurden mit einem winkelartigen Dekor verziert (s. Abb. 1). Man kennt kein vergleichbares Stück; die Idee allerdings, er sei im Haar getragen worden (daher auch die einstige Bezeichnung als Haarpfeil), ist recht unwahrscheinlich. Gebrauchsspuren im unteren Drittel lassen eher an eine Verwendung als Schaber oder Glätter denken. Dagegen hat das zweite geschnitzte Knochen- oder Geweihfragment, das einen Tierkörper darstellt, Ähnlichkeiten zu gewissen Tierfiguren aus dem Magdalénien Frankreichs. Wie das

Objekt genau verwendet und getragen wurde, muss jedoch offen bleiben.

Vom Hund aus Oberkassel wurden der Unterkiefer
(Abb. 63) und mehrere Einzelknochen gefunden. Die
Knochen und Zähne sind viel kleiner als die eines Wolfes.
Die Möglichkeit, dass es sich um einen jungen Wolf handelt, scheidet insofern aus, weil das Gebiss voll entwickelt
ist und die Wachstumsfugen der Knochen geschlossen
sind. Wenn Wildtiere in der Obhut des Menschen gehalten werden, reduziert sich häufig die Körpergröße. Deswegen zeigt die geringe Größe des Oberkasseler Exem-
plars an, dass diese Hunderasse bereits seit Generationen
in menschlicher Obhut gewesen sein muss. Hunde waren

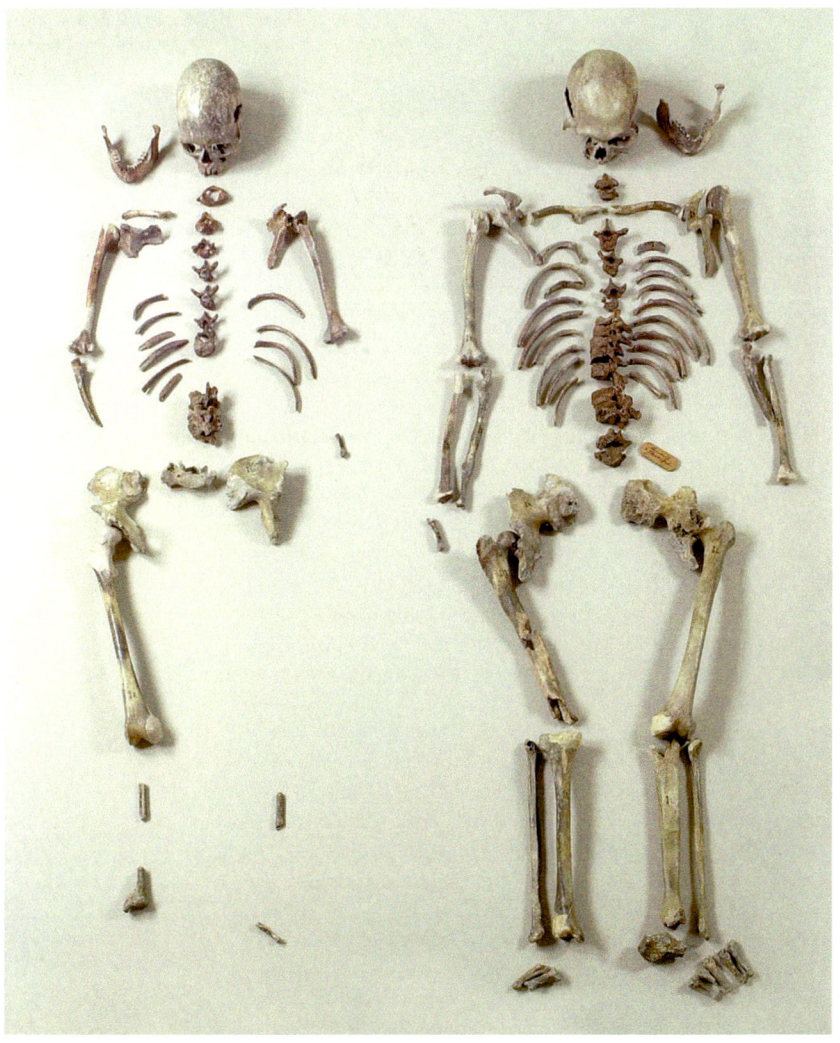

*Abb. 62 Bonn-
Oberkassel. Die
beiden Skelette aus
dem spätpaläolithi-
schen Doppelgrab.*

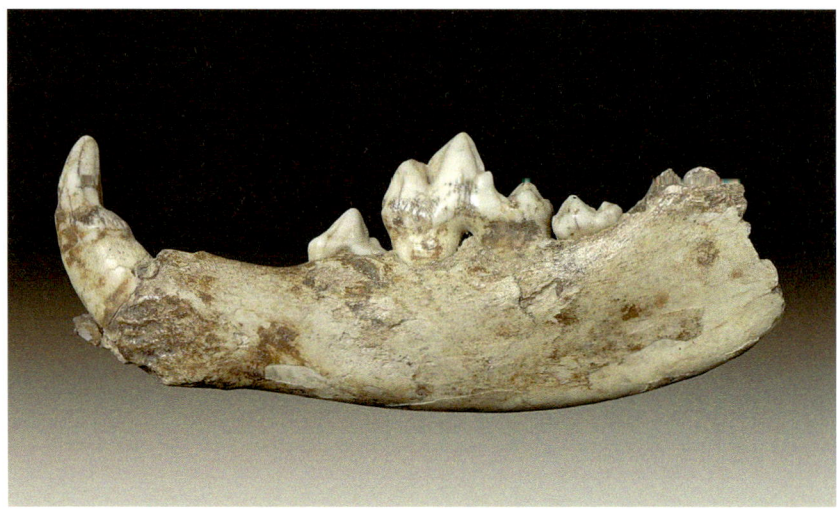

sicher die ersten Haustiere, weil sich junge Wölfe relativ leicht an den Menschen gewöhnen lassen. Domestiziert wurden sie aber sicherlich nicht nur einmal, sondern zu ganz unterschiedlichen Zeiten und an vielen Orten. Unbestritten ist der Hund von Oberkassel aber ein wichtiger und relativ alter Beleg für diese Domestizierung. Aus Thüringen, der Schweiz und aus Russland sind etwas ältere Funde bekannt, die anzeigen, dass dieser „Gefährte" den Menschen seit der späten letzten Eiszeit vielfach begleitete, wohl eher als Streicheltier und/oder Nahrungsreserve, denn als Jagdgehilfe.

Die Datierungen des Grabes aus Oberkassel stellen es zeitlich an das Ende der letzten Eiszeit, die Weichsel-Eiszeit, genauer gesagt, relativ kurz vor den Ausbruch des Laacher-See-Vulkans. Die letzte Eiszeit endete mit mehreren ganz erheblichen Klimaschwankungen. Vor etwa 15 000 Jahren lagen die Temperaturen im Jahresdurchschnitt noch unter Null. Unter starkem kontinentalen Klimaeinfluss hatte sich eine fast baumlose Steppe ausgebreitet. Für die Jäger waren Rentier und Pferd die wichtigsten Beutetiere. Danach, während des so genannten Alleröd (13 300 – 12 700 vor heute) stiegen die Temperaturen deutlich an. Damit konnte ein lichter Wald nach Mitteleuropa vordringen. Diesen Wald kennen wir recht gut, weil der katastrophale Ausbruch des Laacher-See-Vulkans vor recht genau 12 900 Jahren in diese Zeit fällt. Die Explosion hat die Wälder in der Umgebung umgeworfen und unter der Asche begraben. Dort sind Kiefern, aber auch Birken zu finden, die anspruchsvolleren Arten, wie Eichen und Linden, fehlten hingegen noch ganz. In diesem Wald lebten Biber und Elche, während die typisch eiszeitlichen Tiere bis auf das Pferd bereits verschwunden waren.

Abb. 63 Bonn-Oberkassel. Der Unterkiefer des frühen Haushundes aus dem spätpaläolithischen Doppelgrab.

Theoretisch hätte man in den Sedimenten oberhalb des Grabes von Oberkassel die Aschen dieses Vulkanausbruches finden können, aber das war unter den gegebenen Umständen 1914 nicht möglich. Auf die warme Alleröd-Phase folgt die Jüngere Dryaszeit (12 700 – 11 500 vor heute) und mit ihr der letzte Kälterückschlag der letzten Eiszeit. Noch einmal drangen Rentier und die Lemminge bis in die Eifel vor.

Literatur

W. Henke, Die magdalénienzeitlichen Menschenfunde von Oberkassel bei Bonn. Bonner Jahrbücher 186, 1986, 317–366.

R. W. Schmitz – J. Thissen, Aktuelle Untersuchungen zum endpleistozänen/frühholozänen Fundplatz Bonn-Oberkassel. Ein Vorbericht. Archäologische Informationen 19, 1996, 197–203.

M. Street, Ein Wiedersehen mit dem Hund von Bonn-Oberkassel. Bonner zoologische Beiträge 50, 2002, 269–290.

Bernhard Stapel

Bottrop, Rhein-Herne-Kanal – mit dem Schwimmbagger ins Mittelpaläolithikum

Anfahrt

Auf dem Emscherschnellweg (A 42) bis Ausfahrt Bottrop-Süd, dann in Richtung Essen, Essen-Borbeck, Gewerbegebiet Prosper I auf der Essener Straße, unmittelbar vor dem Rhein-Herne-Kanal rechts in die Einbleckstraße. Nach wenigen Hundert Metern führt ein Fußweg am Kanal entlang. Hier ist der Fundplatz durch eine Schautafel markiert (Abb. 64).

In den Jahren von 1956 bis 1975 wurde der Rhein-Herne-Kanal im Raum Bottrop verbreitert. Durch unermüdliche Beobachtung der Baggerarbeiten konnte der damalige Leiter des Museums für Ur- und Ortsgeschichte in Bottrop, Arno Heinrich, ab 1963 neben zahlreichen eiszeitlichen Wirbeltierknochen auch 364 mittelpaläolithische Feuersteinartefakte bergen. Die Funde traten nur im südlichen Teilstück des Kanals auf einer Länge von ca. 45 m bei Kanalkilometer 13,65 auf (Abb. 65). Knochen und Silices wurden aus einer Tiefe von 4,50 m unter der heutigen Oberfläche ausgebaggert und auf ein Spülfeld verbracht. Erst dort konnten dann Fossilien und archäologische Funde aufgelesen werden.

Durch den Vergleich mit Bohrprofilen aus der Umgebung des Kanals lässt sich trotz der unsicheren Bergungssituation die ursprüngliche Fundlage rekonstruieren. Sowohl die Wirbeltierreste als auch die Feuersteinartefakte stammten aus kiesigen Ablagerungen der Ur-Emscher, die in einer frühen Phase der letzten Eiszeit (Weichsel-Eiszeit) vor ca. 115 000 bis 60 000 Jahren gebildet wurden. Sie werden angesichts der sehr zahlreich enthaltenen Fossilreste auch als Knochenkiese bezeichnet (s. Beitrag von M. Baales zu Herne in diesem Band).

Die 364 auf dem Spülfeld aufgelesenen Feuersteinartefakte bestehen ausschließlich aus baltischem Geschiebeflint, der natürlich in dem umgebenden Schichtpaket als Geröll vorkommt und daher von den damaligen Menschen vor Ort leicht gewonnen werden konnte. Von diesem Inventar sind 49 Stücke als Werkzeuge anzusprechen. Hierunter fallen vor allem kantenretuschierte Abschläge

136

Abb. 64 Bottrop, Rhein-Herne-Kanal. Am Kanalufer ist der Fundort durch einen Gedenkstein und eine Informationstafel zu den mittelpaläolithischen Funden markiert.

und einfache Kratzer. Blattförmige oder beidflächig zugerichtete Schaber sind mit vier Exemplaren selten. Faustkeile sind mit nur drei Stücken vertreten.

Bei der überwiegenden Mehrheit der Artefakte handelt es sich um Herstellungsabfall der Feuersteinknollenzerlegung. Hierbei ist zwar die so genannte Levalloistechnik belegt – eine Herstellungstechnik, die durch vorhergehende Präparation des Feuersteins Form und Länge des Zielprodukts bestimmte –, beim Abschlagmaterial aber dominieren die einfachen Herstellungsverfahren. 15 Kernsteine und sieben angeschlagene Rohmaterialstücke vervollständigen das Inventar. Die eingehende Analyse des Feuersteinmaterials führt zu der Abschätzung, dass mindestens 20 Flintknollen in Bottrop vor Ort verarbeitet wurden.

Zusätzlich wurden die Artefakte auf mikroskopische Gebrauchsspuren hin analysiert. Dabei ließ sich feststellen, dass die Bottroper Steinwerkzeuge bei der Bearbeitung von Holz sowie der Zerlegung von Tieren und sämtlichen dabei anfallenden Tätigkeiten (Schneiden von Fleisch, Verarbeiten der Häute und des Leders) zur Anwendung kamen.

Außerdem gehören einige Knochen- und Geweihstücke mit Bearbeitungs- oder Nutzungsspuren zum Inventar. Hervorzuheben ist ein Elfenbeinspan, der in ähnlicher Weise wie die Feuersteinartefakte durch Abschlagen gewonnen wurde. Dieses Merkmal verweist auf den Knochenfaustkeil von Rhede, Kreis Borken, dessen Zurichtung in gleicher Weise erfolgt war.

Trotz der nicht eben günstigen Bedingungen bietet das Bottroper Fundmaterial eine Fülle von Informationen, die die Rekonstruktion eines detailreichen Lebensbildes an dieser Freilandfundstelle im Tal der Ur-Emscher zulassen. Nach Bohruntersuchungen floss zur Zeit der steinzeitlichen Besiedlung ein in die Emscher mündender Bach unmittelbar an dem Siedlungsplatz vorbei. Die Fundstelle

lag wahrscheinlich im Hochwasserbereich des Wasser-laufs. Lässt sich auch ein Zusammenhang zwischen den Silexartefakten und den Wirbeltierknochen nicht zweifels-frei belegen, so zeigen die faunistischen Reste aber ein-deutig, dass mit einer damals offenen, kältesteppenartigen Landschaft zu rechnen ist. Die Analyse der Steingeräte und ihrer Nutzung legt nahe, dass die mittelpaläolithischen Jäger in Bottrop für einen längeren Aufenthalt in einer Art Basislager lebten.

Die Datierung ist nicht mit letzter Sicherheit durchzu-führen. Hinweise aus der Geologie des Fundplatzes und die Form der aufgefundenen Feuersteinwerkzeuge deuten auf ein so genanntes bifaziales Mittelpaläolithikum mit Faustkeilen, das in die Frühphase der letzten Eiszeit (ca. 115 000–60 000 vor heute) gehört. Naturwissenschaftli-che Zeitbestimmungen einzelner Wirbeltierknochen erga-ben einerseits ähnliche Ergebnisse, andererseits auch Daten, die für eine Einordnung in die vorletzte Kaltzeit sprechen. Da allerdings eine Verlagerung von älteren Fossilien in die Knochenkiesschicht nicht ausgeschlossen werden kann, wird man vorerst dem jüngeren Datierungs-ansatz den Vorzug geben müssen.

Abb. 65   Bottrop, Rhein-Herne-Kanal. Blick auf den heuti-gen Zustand der Fundstelle.

Literatur

K. Günther (Hrsg.), Alt- und mittelsteinzeitliche Fundplätze in Westfalen. Einführung in die Vor- und Frühgeschichte Westfalens 6, Teil 2 (1988).

A. Heinrich, Geologie und Vorgeschichte Bottrops (1987).

R. W. Schmitz, Das Alt- und Mittelpaläolithikum des Neandertals und benachbarter Gebiete (1996).

Hans-Otto Pollmann

Detmold, Retlager Quellen, Kreis Lippe – eine mesolithische Station

Abb. 66   Detmold, Retlager Quellen/ Kreis Lippe. Blick nach Westen auf die Terrasse mit dem Siedlungsplatz (Aufnahme um 1930).

Anfahrt

Von der Autobahn A 2 (Anschlussstelle 26 Bielefeld-Sennestadt) bzw. A 33 (Anschlussstelle 22 Schloss Holte-Stukenbrock) in Richtung Stukenbrock fahren. Von dort ca. 10 km weiter der L 758 (Augustdorfer Straße) in Richtung Detmold folgen. Nach dem Passieren der Dörenschlucht (Übergang über den Teutoburger Wald) direkt hinter der scharfen Linkskurve nach links in die Quellenstraße einbiegen. Dieser Siedlungsstraße ca. 800 m weit in Richtung Campingplatz bis zu ihrem Ende folgen. Von dort aus – an der Informationstafel vorbei – sind es ca. 2 Min. Fußweg bis zu den Retlager Quellen und dem terrassenförmigen Siedlungsgelände, das jetzt unter lichtem Kiefernwald liegt.

Etwa 10 km nordwestlich von Detmold liegt die Dörenschlucht, einer jener leicht passierbaren Durchgänge durch den Teutoburger Wald, die eine verkehrsgünstige Verbindung zwischen der Senne und dem Lippischen Bergland herstellen. In den eiszeitlichen Kältephasen wurde der in der Senne während der vorletzten Fiszeit (Saale-Glazial) abgelagerte Sand von den Winden in und durch die Dörenschlucht geblasen und dort in meterdicken Schichten abgelagert. Vom Retlager Bach wurde dieser Sand mit Ausnahme von hangseitigen Terrassenbereichen weitgehend abgetragen.

Eine dieser Terrassen von 30 m Länge und 20 m Breite, auf der mikrolithische Feuersteinwerkzeuge eine mittelsteinzeitliche (mesolithische) Besiedlung belegten, erhebt sich 4 m über die nahe gelegenen Retlager Quellen (Abb. 66). Hier und in der unmittelbaren Umgebung hat von 1929 bis 1931 der Detmolder Schulrat Heinrich Schwanold (1867–1932) in mehreren Grabungskampagnen Siedlungsreste und Werkzeuge der Mittelsteinzeit aufgedeckt und dokumentiert. Die Funde und Grabungsergebnisse werden in der Dauerausstellung des Lippischen Landesmuseums Detmold präsentiert.

Unter der 10 bis 14 cm starken Humusschicht folgte eine 60 cm dicke Flugsandschicht, die sich durch mehrere dunkle Bänder, die ehemalige, aber mit Sand zugewehte

Abb. 67   Detmold, Retlager Quellen/ Kreis Lippe. Grabungsfläche mit den markierten Pfosten eines Hüttengrundrisses (Aufnahme 1930/31).

Humusböden darstellten, zeitlich untergliedern ließ. Der Flugsand und die darunter folgende 40 cm starke Bleichsandschicht waren durch zwei weitere dunkle Paläoböden voneinander getrennt. Darunter folgte eine 20 bis 30 cm dicke Ortsteinschicht.

Beide Sandschichten enthielten Holzkohlestücke sowie Geräte und Abfall aus Feuerstein. Die Funde aus der oberen zeitlich jüngeren Schicht bestanden aus kleinen Klingen und Mikrolithen. Zu ihnen zählten mikrolithische Spitzen, Rund- und Klingenkratzer. In 1,10 m Tiefe am Übergang vom Bleichsand zum Ortstein konnten im Umfeld der Flintgeräte mehrere Feuerstellen lokalisiert werden, die mit faustgroßen Steinen kreisförmig umgrenzt waren. In dieser Tiefe kamen auch zahlreiche kleine Verfärbungen von 4 bis 8 cm Durchmesser und 5 bis 30 cm Tiefe zutage, die mehrere ovale Strukturen von 2,70 m x 3,50 m Größe bildeten und vom Ausgräber nach Abwägung verschiedener Interpretationen als Pfostenlöcher bezeichnet wurden (Abb. 67). Im Zusammenhang mit den Herdstellen, Aschegruben und zahlreichen Flintgeräten, vornehmlich verschiedene Kratzerformen, wurden diese Ovale als mesolithische, aus armstarken Ästen errichtete Hüttengrundrisse interpretiert.

Für die archäologische Forschung stellte der Fundplatz an den Retlager Quellen für viele Jahrzehnte das Paradebeispiel eines mittelsteinzeitlichen Siedlungsplatzes mit Hüttengrundrissen und Feuerstellen dar. Wenig Beachtung wurde der Tatsache geschenkt, dass sich in diesem Fundzusammenhang auch vermutlich eisenzeitliche Keramikfragmente fanden.

Ohne Zweifel stellt der Fundort an den Retlager Quellen einen bedeutenden Siedlungsplatz der späten Mittelsteinzeit des 7. Jts. v. Chr. dar. Ob die Hüttengrundrisse und Feuerstellen zweifelsfrei dem Mesolithikum zugerechnet werden dürfen, bleibt zukünftigen Forschungen mit verbesserten oder gar neuen Methoden überlassen. Das Formenspektrum der Geräte aber wurde namengebend für weitere Fundplätze der mittelsteinzeitlichen Retlager Gruppe.

Literatur

S. K. Arora, Die mittlere Steinzeit im westlichen Deutschland und in den Nachbargebieten. Rheinische Ausgrabungen 17, 1976, 1–65.

H. Schwanhold, Die mesolithische Siedlung an den Retlager Quellen. Mitteilungen aus der lippischen Geschichte und Landeskunde 14, 1933, 94–114.

Detlef Hopp

Essen-Kupferdreh – ein Bauwerk aus eiszeitlichem Geschiebe

Anfahrt

Von der A 52 an der Abfahrt Essen-Bergerhausen (30) auf die B 227 Richtung Kupferdreh. Dieser bis zum Ende der Ausbaustrecke folgen und im dortigen Kreisverkehr die erste Ausfahrt in die Dillendorfer Allee nehmen. Sofort wieder links in den Hellersberg. Nach wenigen Metern liegt das Monument auf der linken Seite.

Abb. 68   Essen-Kupferdreh. Zustand des jungsteinzeitlichen Grabes aus eiszeitlichem Geschiebe (Aufnahme 2005).

Der bisher älteste Fund auf dem Essener Stadtgebiet, der von der Anwesenheit des Menschen zeugt, ist die bekannte Feuersteinklinge aus Vogelheim, ein Fund, dessen Alter auf bis zu ca. 280 000 Jahre geschätzt wird (s. folgenden Beitrag).

Das älteste bekannte, heute noch erhaltene Bauwerk aus Stein ist die so genannte Steinkiste in Kupferdreh, die aus eiszeitlichen Geschieben besteht. Ende 1937 wurde sie bei großflächig angelegten Planierungsarbeiten für eine Kaserne entdeckt. Bei den Ausgrabungen, die noch 1937 abgeschlossen wurden, konnte ein großer Findlingsblock, der Deckstein, aus nordischem Granit, der auf anderen, kleineren Tragsteinen aus Gneis auflag, diese aber teilweise beiseite gedrückt hatte, freigelegt werden.

Die heutige Aufstellung (Abb. 68), unweit des ehemaligen Auffindungsortes, zeigt die Rekonstruktion der Grabanlage: einen großen, ca. 2 m langen, 1,50 m breiten und 1,20 m hohen Findlingsblock, der auf einer Anzahl teilweise sehr stark zertrümmerter Tragsteine aufliegt.

Parallelen zu diesem Grab finden sich in Gräbern wie sie besonders im Pariser Becken, Nordhessen oder Südwestfalen verbreitet sind. Diese „Steinkisten" genannten Gräber sind gekennzeichnet durch rechteckige Gruben, deren Wandungen mit Steinplatten verkleidet sind und mit großen Platten abgedeckt wurden. Datiert wird die Steinkiste in die Spätphase der Jungsteinzeit, also in einen Zeitraum zwischen ca. 2 500 bis 1 800 v. Chr.

Datierende Funde wurden bei den Ausgrabungen nicht gemacht. Die untersuchte Grabkammer ist sehr klein, sie maß nur ca. 1,50 m x 1,20 m. In ihr konnten nur noch geringe Reste eines Lehmestrichs und etwas Holzkohle beobachtet werden.

Ursprünglich wird das Grab von einem Erdhügel überdeckt gewesen sein, von dem sich aber ebenfalls keine Spuren mehr fanden.

Hinsichtlich der Rekonstruktion des Gesamtkomplexes gibt es einige Ungereimtheiten. Anzumerken ist beispielsweise, dass eine Überprüfung des noch vorhandenen Fotomaterials der damaligen Ausgrabungen ein überraschendes Bild ergab: Die Durchsicht der Grabungsfotos bestätigte den kurzen Ausgrabungsbericht aus den 30er Jahren. Danach war die Anlage auf ihrer Nordseite schon vor Grabungsbeginn anscheinend nicht mehr intakt. Außerhalb des Grabes sind auf einigen Bildern größere Blöcke bemerkenswert (Abb. 69), von denen der größte eine Länge von etwas unter 1,50 m besessen haben dürfte. Bei den darüber hinaus außerhalb des Grabes liegenden Steinen handelt es sich wohl ebenfalls um eiszeitliches Geschiebe. Das heißt, auch sie gehörten möglicherweise zu dem (?) Grab. Es ist durchaus vorstellbar, dass auch die-

se Steine Tragsteine einer Grabkammer waren, der größte von ihnen war vielleicht sogar ein weiterer Deckstein.

Dieser und wohl auch einige der anderen Steine sind heute nicht mehr vorhanden: Die Neuaufstellung des Jahres 1938 (s. Abb. 68, Zustand 2005) zeigt neben Deckstein und Tragsteinen eine weitere Anzahl kleinerer Trümmer: Möglicherweise wurden damals einige der Steine zertrümmert, andere vielleicht abtransportiert.

Die heutige Aufstellung des Grabes in Kupferdreh ist, so kann man schließen, demnach nur eine in Teilen korrekte Wiedergabe des ursprünglichen Zustandes. Die ausgewerteten Fotos deuten an, dass zumindest der nördliche Bereich der Anlage anders gestaltet gewesen sein muss. Nicht auszuschließen ist, dass das Grab beispielsweise eine vielleicht eher langrechteckige Gesamtform besaß.

Trotz dieser Erkenntnisse dürfte die zeitliche Einordnung in die Endphase der Jungsteinzeit wohl nicht berührt sein.

Abb. 69 Essen-Kupferdreh. Die so genannte Steinkiste kurz nach deren Entdeckung im Jahr 1937, im Hintergrund weitere Steine.

Literatur

D. Hopp, Essen vor der Geschichte. Die Archäologie der Stadt bis zum 9. Jahrhundert, in: U. Borsdorf (Hrsg.), Essen. Geschichte einer Stadt (2002) 32 f.

E. Schumacher, Ausgrabungen des Ruhrlandmuseums, Teil III, Das Großsteingrab aus Kupferdreh. Die Heimatstadt Essen 30. Jg., 1980/81, 33 ff.

Ders., Die „Steinkiste" von Essen-Kupferdreh. Führer zu archäologischen Denkmälern in Deutschland 21 (1990) 229–231.

Detlef Hopp

Essen-Vogelheim – die Vogelheimer Klinge

Anfahrt

Von der A 42 im Kreuz Essen-Nord (13) auf die B 224 Richtung Essen fahren, nach rechts in die Daniel-Eckhardt-Straße einbiegen, dieser bis zum Hafenbecken folgen.

Tierknochen haben sich oft erstaunlich gut in den Niederungen von Ruhr und Emscher erhalten. Dabei geben Knochen oder Knochenkohle Hinweise auf den Speisezettel unserer Vorfahren. So lassen beispielsweise die Funde in Vogelheim oder Werden, den wichtigsten Fundorten der Altsteinzeit auf Essener Boden, vermuten, dass man hier sogar Löwe und Mammut verzehrte.

Die Spuren, die die Jäger und Sammler der Altsteinzeit in Essen hinterließen, lassen auf Freilandlager schließen. Funde aus Höhlen gibt es hier nicht.

Der bisher älteste und gleichzeitig wohl auch bekannteste Fund aus Essen kommt aus Vogelheim: 1926 wurden beim Ausheben des Hafenbeckens der angekohlte Fuß-

Abb. 70 Essen-Vogelheim. Situation im nördlichen Hafenbecken 1926; links im Bild Ernst Chr. J. Kahrs.

Abb. 71 Essen-Vogelheim. Die 8,3 cm lange Vogelheimer Klinge.

knochen eines Löwen sowie andere Knochenreste und, ganz in deren Nähe, eine 8,3 cm lange Feuersteinklinge gefunden (Abb. 70, Abb. 71). Diese Funde, die an einem alten Bachbett lagen, lassen darauf schließen, dass die eiszeitlichen Jäger an dessen Ufer rasteten. Von der ursprünglichen Situation ist heute allerdings nichts mehr zu sehen.

Es stellt sich die Frage, ob die Menschen den Löwen selbst erlegt haben oder nur dessen Überreste fanden. Doch wie es auch immer gewesen sein mag, dass sie ihn verzehrten, dafür sprechen die Spuren von Feuer an den Knochen. Das Alter dieser Fundstelle wird auf etwa 280 000 bis 250 000 Jahre geschätzt und sie wird damit in die mittlere Altsteinzeit (ca. 300 000/250 000 – 40 000 v. Chr.), der Zeit des Neandertalers, datiert. Eine Gebrauchsspurenanalyse der Feuersteinklinge ergab, dass mit ihr hartes Material, vielleicht Knochen oder Geweih, bearbeitet wurde. Nach ihrer Benutzung blieb die Klinge, zusammen mit den anderen Funden, als Abfall an dem Rastplatz zurück.

Die Funde sind ein seltenes und damit umso wichtigeres Zeugnis für die Anwesenheit des Menschen auf Essener Boden zu Beginn der vorletzten Eiszeit, der Saale-Eiszeit. Wir befinden uns in der Zeit der frühen Neandertaler, auch Prä- oder Ante-Neandertaler genannt, die zu Beginn des Mittelpaläolithikums lebten und älter als die so genannten klassischen Neandertaler sind.

Zur Vogelheimer Klinge gibt es in der Emscherzone vergleichbare Hinterlassenschaften: So befindet sich nur einige Kilometer weiter östlich der bedeutende mittelaltsteinzeitliche Fundplatz „Schleuse VI" in Herne (s. Beitrag von M. Baales in diesem Band), und in Essen-Dellwig wurden 1980/81 beim Abriss der Schleuse III des Rhein-Herne-Kanals weitere Funde aus der mittleren Altsteinzeit geborgen.

Ergänzend seien auch noch Funde aus Werden angeführt, die nur wenig jünger als die Funde aus Vogelheim sind: 1941 wurde bei dem Bau des St.-Josef-Hospitals, an der Propsteistraße in Werden, eine altsteinzeitliche Fundstelle entdeckt. In einer Tiefe von 14 m (!) stießen Bauarbeiter auf Knochenfunde. Die Archäologen konnten vor Ort Mammutknochen und Kohle verbrannter Tierknochen identifizieren. Leider wurden damals keine Steinwerkzeuge gefunden. Die geologische Einordnung des Fundplatzes, der sich auf den Ruhrschottern der unteren Mittelterrasse befand, erlaubt eine grobe Datierung um 200 000 vor heute. Der Verbleib der Funde ist leider trotz intensiver Recherchen unbekannt.

Literatur

G. Bosinski, Die mittelpaläolithischen Funde im westlichen Mitteleuropa. Fundamenta A 4 (1967).

D. Hopp, Altsteinzeitliche Fundplätze in Essen. Essener Beiträge 110, 1998, 9–19.

E. Kahrs, Aus Essens Vor- und Frühgeschichte. Essener Beiträge 64, 1949, 7–78.

Bernhard Stapel

Haltern, Haltener Stausee, Kreis Recklinghausen – mittelpaläolithische Rastplätze im Stevertal

Anfahrt

Auf der Autobahn A 43 bis zur Ausfahrt Haltern, dann durch den Ort hindurch, anschließend zunächst nach rechts und sofort nach links in Richtung Lüdinghausen, dem Verlauf der B 58 folgend. Der Halterner Stausee ist ab da ausgeschildert.

Die Flussniederungen von Ems, Lippe und ihrer Nebenflüsse haben den altsteinzeitlichen Menschen bevorzugt als Jagdrevier und Lebensraum für ihre Rastplätze gedient. In der letzten Eiszeit wurden in den breiten Tälern dicke Schichtpakete aus Sand und Geröll abgelagert, die als Niederterrasse bezeichnet werden. Deshalb liegen heute die Spuren der mittelpaläolithischen Jäger zumeist unter mächtigen Ablagerungen begraben und sind kaum zu erreichen. Nur dort, wo durch tief reichende Aussandungen Baggerseen entstehen, besteht die Chance, dass altsteinzeitliche Werkzeuge wieder zutage gefördert werden.

Die bislang größte Serie mittelpaläolithischer Funde aus der Münsterländer Tieflandbucht stammt aus Flussschottern der Stever, einem Nebenfluss der Lippe, der bei Haltern zu großen Trinkwasserreservoirs aufgestaut ist. In den 60er Jahren des 20. Jhs. wurde der Halterner See auf 7 bis 8 m vertieft und erweitert. Zusätzlich erfolgte der Bau eines weiteren Rückhaltebeckens, des Hullerner Stausees. Im Zuge dieser Maßnahmen beförderten Saugbagger große Mengen von Kies und Sand auf ein Spülfeld. Aus dem Abraum wurden dann von A. Bode, A. Voigt und weiteren Sammlern bis heute eine Vielzahl mittelpaläolithischer Steinwerkzeuge aufgesammelt. Der Fundkomplex ist sehr umfangreich und derzeit noch nicht vollständig wissenschaftlich ausgewertet.

Die fundführenden Schichten liegen 7 bis 8 m unterhalb des Seespiegels und sind daher einer stratigraphischen und archäologischen Beobachtung nicht zugänglich. Im Regelfall sind die Artefakte nicht abgerollt und können folglich nicht vom Fluss über eine längere Strecke mitgeführt worden sein. Nach den Beobachtungen der Sammler traten die Funde an fünf Stellen, die dem ehemaligen Steverlauf entsprechen, gehäuft auf. Weiter stammt aus dem Hullerner See eine Gruppe von Silices, die aufgrund ihrer schwärzlich glänzenden Farbe in Flusssedimenten mit einem starken Anteil an organischen Stoffen gelegen haben müssen. Es ist zu vermuten, dass an den Ufern oder auf Sandbänken im Flussbett der Stever mehrere mittelpaläolithische Lagerplätze vorhanden waren.

Die meisten Fundstücke wurden aus baltischem Geschiebefeuerstein hergestellt. Als Rohmaterial für Faustkeile wurde auch feinkörniger brauner Quarzit, Hälleflint und Granit aus der Umgebung Halterns verwendet.

Typisch für das Fundinventar aus dem Halterner See sind in erster Linie Faustkeile (Abb. 72). Ihr Formspektrum umfasst sowohl lang gestreckte, massive als auch annähernd dreieckige, herzförmige oder ovale Formen. Außerdem fanden sich weitere beidflächig zugerichtete Geräte wie Keilmesser (s. Beitrag von M. Baales u. a. zur Balver Höhle in diesem Band) sowie blattförmige Schaber. Die zahlenmäßig größte Gruppe der Steinwerkzeuge stellen

Abb. 72   Haltern/ Kreis Recklinghausen. Artefakte aus dem Halterner Stausee (Sammlung Bode und Voigt): zwei Faustkeile und ein Fäustel (Mitte), ein beidflächig retuschierter Schaber (rechts unten) und ein Kern (rechts oben).

Spitzen und Schaber, die in verschiedenen Ausprägungen vertreten sind. Ferner enthält das Fundensemble viele Abschläge, die zum Teil von präparierten Kernsteinen (in der so genannten Levalloistechnik) gewonnen wurden.

Die Fundserie aus dem Hullerner See unterscheidet sich schon durch die schwärzlich glänzende Patina von den übrigen Stücken. Charakteristisch für diese Gruppe sind kleine bis mittelgroße Faustkeile mit annähernd dreieckigem Querschnitt und Miniaturfaustkeile, so genannte Fäustel. Außerdem gehören zahlreiche Abschläge zu diesem Material, die häufig von präparierten Kernsteinen abgeschlagen wurden.

Aufgrund der Bergungssituation gestaltet sich die Datierung der Halterner Funde schwierig. Die Beobachtungen legen nahe, dass das Material von mehreren Fundstellen stammt. Nur bei den Funden aus dem Hullerner Stausee ist eine Abtrennung von den übrigen Silices möglich. Diese Vermischung erschwert in hohem Maße eine eindeutige zeitliche Zuweisung der Funde. Zudem fehlt für die Lokalität weitgehend ein geologisch-stratigraphischer Rahmen. Mit den Silexartefakten gleichzeitig geförderte Flussgerölle und Tierknochen lassen vermuten, dass das Inventar aus den Knochenkiesen vergleichbaren Schichten stammt (s. Beitrag des Verfassers zu Bottrop und Beitrag von M. Baales zu Herne in diesem Band). Darüber hinaus gibt nur die Form der Steinwerkzeuge Hinweise auf das Alter. Die Gestaltung der Faustkeile sowie das Vorkommen von beidflächig retuschierten und blattförmigen Schabern sprechen für die Einordnung in eine frühe Phase der letzten Eiszeit (Weichsel-Eiszeit) vor 115 000 bis 60 000 Jahren. Bislang schätzte man die Hullerner Funde etwas jünger als die übrigen Steingeräte ein. Nach neueren Untersuchungen in süddeutschen und tschechischen Höhlen ist dies allerdings zu hinterfragen.

Neben den mittelpaläolithischen Silices konnten von dem Spülfeld auch endpaläolithische und mesolithische Funde aufgesammelt werden, die aus jüngeren Schichten der Steversedimente stammen.

Literatur

K. Günther, Alt- und Mittelsteinzeit im Bereich der Westfälischen Bucht. Führer zu vor- und frühgeschichtlichen Denkmälern 45 (1980) 52–66.

Ders. (Hrsg.), Alt- und mittelsteinzeitliche Fundplätze in Westfalen. Einführung in die Vor- und Frühgeschichte Westfalens 6, Teil 2 (1988).

Heinz-Werner Weber

Die Heinrichshöhle in Hemer, Märkischer Kreis

Anfahrt

Die Heinrichshöhle liegt im Hemeraner Ortsteil Sundwig in der Nähe des bekannten Naturschutzgebietes Felsenmeer. Kostenlose Parkplätze stehen in Sundwig (ausgeschildert, von dort 3 Min. Fußweg zur Höhle) oder am Ostrand des Felsenmeeres (von dort ca. 20 Min. Fußweg zur Höhle) zur Verfügung.

Die Heinrichshöhle ist als wichtige paläontologische Fundstätte des Sauerlandes bekannt, denn in ihren bis zu 3 m mächtigen Höhlenlehmen fanden sich reichhaltige Knochenreste der eiszeitlichen Tierwelt. Als Teil des 3,1 km langen Perick-Höhlensystems ist sie im mitteldevonischen Massenkalkzug durch Korrosion im Bereich des Grundwasserspiegels entstanden und damit bis zu 3 Mio. Jahre alt.

Höhlengeschichte und Knochenfunde

Das Höhlensystem des Hemeraner Stadtteils Sundwig zog bereits früh die Aufmerksamkeit auswärtiger Reisender und Naturwissenschaftler auf sich. Schon im Jahre 1477 fand man bei einer Untersuchung „Totengebeine von ungeheuerlicher Größe", also fossile, eiszeitliche Tierknochen. Erste systematische Untersuchungen fanden in der Zeit von 1800

Abb. 73 Heinrichshöhle/Märkischer Kreis. Knochen des Höhlenbären.

bis 1820 unter anderem durch Johann Jacob Noeggerath, Julius Andree und den Apotheker Sack statt. Ein großer Teil der in diesen Jahren ausgegrabenen Fundstücke gelangte in verschiedene Museen und ist noch heute erhalten.

Um 1905 ließ der damalige Eigentümer Heinrich Meise die Höhle für Besucher ausbauen. Um ihnen einen bequemen Zugang zu ermöglichen, wurde der abgelagerte Höhlenlehm zu großen Teilen ausgeräumt. Auch bei diesen Arbeiten wurden zahlreiche eiszeitliche Tierknochen

Abb. 74   Heinrichshöhle/Märkischer Kreis. Sinterbildungen.

geborgen, die schließlich in den Besitz verschiedener Museen im In- und Ausland übergingen. Ein kleiner Teil der Knochen verblieb in der Höhle. Insgesamt acht komplette Skelette sollen montiert worden sein. Eines davon steht heutzutage als Besucherattraktion in der Höhle.

Untersuchungen in den Jahren 2003 und 2004 ergaben, dass rund 50 % des gesamten Knochenmaterials vom Höhlenbären stammen. Er war größer als alle heute lebenden Bärenarten und ernährte sich überwiegend von Pflan-

zen; ausgewachsene Männchen konnten bis zu 1 000 kg schwer werden. Die Höhlen suchten die Tiere zur Winterruhe auf.

Neben dem Höhlenbären fand man reichhaltiges Knochenmaterial der verschiedensten eiszeitlichen Tiere im Lehm (Abb. 73). So wurden Reste vom Wollhaar-Mammut, Steppenbison, Przewalski-Pferd, Wollnashorn, Riesenhirsch, Rentier, Rothirsch, Wolf und Steppenlöwen ausgegraben. Ein großer Teil dieser Knochen wurde durch die ebenfalls nachgewiesene Höhlenhyäne regelrecht zerknackt und intensiv benagt. Die Heinrichshöhle diente somit nicht nur dem Höhlenbären als Winterquartier, sondern war – zumindest zeitweise – ein Horst der in Familienclans von bis zu 20 Tieren lebenden Hyäne. Sie ernährten sich nicht nur von Aas, sondern jagten auch aktiv verschiedene Tiere der eiszeitlichen Steppe. Vor diesem Hintergrund ist verständlich, warum gerade in der Heinrichshöhle eine derartige Vielfalt eiszeitlicher Tiere gefunden werden konnte.

Die Höhle ist für die Öffentlichkeit zugänglich und Besucher können den ehemaligen Hyänenhorst, die Knochenreste der Beutetiere und das Winterquartier der Höhlenbären kennen lernen. Darüber hinaus ist sie aber auch wegen ihres Tropfsteinschmuckes sehenswert (Abb. 74).

Literatur

J. C. Fuhlrott, Die Höhlen und Grotten in Rheinland-Westphalen (1869).

H. Meise, Heinrichshöhle zu Sundwig in Westfalen (1923).

H. Schmidt, Die Heinrichshöhle in Hemer. Kölner Geographische Arbeiten 45 (1984).

Kontakt

ArGe Höhle und Karst Sauerland/Hemer e. V.
Heinrichshöhle Hemer

Tel./Fax: 0 23 72 / 6 15 49
www.hiz-hemer.de

Öffnungszeiten

15. März – 1. November: tägl. 10.00 – 18.00 Uhr
(letzte Führung 17.15 Uhr)

2. November – 14. März: Sa u. So 12.00 – 16.45 Uhr
sowie nach Vereinbarung (letzte Führung 16.00 Uhr)

Michael Baales

Herne, Schleuse VI, Stadt Herne – Überreste eines mittelpaläolithischen Siedlungsplatzes

Anfahrt

Die ehemalige Schleuse VI liegt am nördlichen Stadtrand von Herne östlich der Nord-Süd führenden Bahnhofstraße. Von Süden (Stadtzentrum) kommend vor der Überquerung des Rhein-Herne-Kanals parken und am Südufer des Kanals dem Rad- und Wanderweg nach Osten folgen. Linker Hand (am Nordufer des Kanals) erheben sich alte Gebäude des Stadthafens Recklinghausen. Die Fundstelle befand sich direkt östlich davon im heutigen Kanallauf.

Im frühen 20. Jh. ist im Lichte zahlreicher Faustkeilfunde im westlichen Europa die Frage, ob derartige Steingeräte auch östlich des Rheins vorkommen, mitunter verneint worden. Dagegen lag eigentlich mit dem Inventar der „Schleuse VI" aus Herne bereits ein überzeugender Gegenbeweis vor.

Mit dem Bau des Rhein-Herne-Kanals 1909 bis 1914 sind bei tiefen Ausschachtungsarbeiten für diese Schleusenanlage im nördlichen Stadtgebiet von Herne (Abb. 75) die so genannten Knochenkiese angeschnitten worden,

Abb. 75   Herne, Bau der Schleuse VI im Jahre 1911.

die zahllose Überreste der jüngereiszeitlichen Tierwelt enthalten. Im Sommer 1911 wurde dann hierin erstmals von einem Mitarbeiter von E. Kahrs auch ein Steingerät entdeckt. E. Kahrs leitete im Museum der Stadt Essen unter anderem die Abteilung für Vor- und Frühgeschichte sowie Mineralogie/Geologie und hatte sich zum Ziel gesetzt, Hinterlassenschaften des urgeschichtlichen Menschen im Ruhrgebiet aufzuspüren.

Nach dieser Entdeckung untersuchte er zusammen mit seinen Mitarbeitern die Fundstelle, die im östlichen Abschnitt der nördlichen Schleusenkammer lag. Auf wenige Quadratmeter verteilt konnten in etwa 13 m Tiefe an der Basis der Knochenkiese – die auch reich an meist schwarzem und bis „kindskopfgroßem" nordischen Feuerstein waren – jedoch nur 22 weitere Steinartefakte geborgen werden (heute sind drei davon nicht mehr auffindbar). Es darf davon ausgegangen werden, dass in den Schottern zahlreiche kleinere Stücke übersehen wurden. Da E. Kahrs an den Artefakten offensichtlich viel Freude hatte (und, so E. Kahrs, „ein guter Finderlohn" winkte), versuchte ein Arbeiter einen selbst fabrizierten Faustkeil unterzuschieben, doch ließ sich dieser dank des fehlenden wachsartigen Glanzes deutlich von den Originalen unterscheiden.

Unter den überlieferten 19 Stücken gibt es neun Werkzeuge, darunter drei Faustkeile. Davon ist einer lang gestreckt (Länge: 10,7 cm) und trägt Reste der Geröllrinde an der Basis (Abb. 76), während die beiden anderen eher dreieckig (Längen: 8,1 bzw. 7,2 cm) sind. Ihre Flächen wurden mitunter nur partiell bzw. vor allem im Spitzenbereich stärker bearbeitet. Ihnen ähnelt ein weiteres dreieckiges Stück, das jedoch recht flach ist und als Faustkeilblatt oder beidflächig retuschierter Schaber Typ Herne (Länge: 7,1 cm) beschrieben wurde; auch hier ist nur eine Fläche stärker bearbeitet. Ähnlich, wenn auch etwas ovaler im Umriss, ist ein weiteres, als blattförmiger Schaber (Länge: 7,4 cm) klassifiziertes Stück, das eine stärkere beidflächige Bearbeitung aufweist.

Besonders auffallend sind in dem kleinen Inventar zwei größere ovale Abschläge (Länge: 13,3 bzw. 10 cm), deren Oberseiten (dorsale Flächen) mehr oder minder vollständig flächig bearbeitet und deren Spitzenpartien abgerundet wurden. Diese so genannten Herner Spitzen sind im mittelpaläolithischen Fundmaterial Mitteleuropas eine Besonderheit.

Weiterhin sind zwei einfache Schaber aus Abschlägen in dem kleinen Inventar vorhanden; das größere Stück (Länge: 10,1 cm) zeigt zudem durch Gebrauch leicht beschädigte Längskanten. Daneben weist das Fundspektrum einen Kern auf, von dem Abschläge gewonnen wurden, und einige Abschläge ohne Bearbeitungsspuren (aber

einige mit Gebrauchsbeschädigungen an den Kanten), ein
Trümmer- und ein angeschlagenes Feuersteinstück.

An einigen Werkzeugen ließen sich mikroskopisch noch
Gebrauchsspuren nachweisen, was erstaunt, wenn man
bedenkt, dass die Funde nach ihrer Niederlegung durch
neue Flussablagerungen überschüttet wurden. Die beobachteten Spuren werden mit der Bearbeitung von Fleisch
und Haut sowie dem Kontakt mit Knochen in Verbindung
gebracht, also mit der Verarbeitung von Jagdbeute.

Bis auf zwei Abschläge sind die Steinartefakte (die insgesamt 13 verschiedenen Rohmaterialeinheiten oder so
genannten Knollen zugewiesen werden können) alle sehr
gut erhalten. Dies belegt, dass der sicher nur kurzfristig
genutzte Siedlungsplatz recht schnell durch neue Flussablagerungen bedeckt wurde. Er lag seinerzeit vermutlich am
Ufer der vielfach verzweigten, durch Tümpel und Kies-/
Sandinseln stark gegliederten Flusslandschaft der Ur-Emscher auf einer zumindest zeitweise trockenen Kiesfläche.

Im Umfeld der Steinartefakte wurden auch einige Tierreste geborgen, darunter der Unterkiefer eines jungen
Mammuts und vielleicht zur Knochenmarkgewinnung auf-
geschlagene bzw. durch Raubtiere verbissene Knochen.
Zudem fanden sich zwei geglättete Knochenstücke. Dieses

*Abb. 76 Herne,
Schleuse VI. Faust-
keil mit kontinuier-
lich verdicktem
Ende aus nordi-
schem Feuerstein.*

0   3 cm

Knocheninventar ist sehr heterogen und kaum näher zu beurteilen; es dürfte verschiedene Episoden repräsentieren.

Die zeitliche Einordnung der Funde der „Schleuse VI" gestaltet sich – ähnlich wie beim Fundplatz Bottrop (s. Beitrag von B. Stapel in diesem Band), der in der gleichen Position an der Basis der Knochenkiese gefunden wurde – schwierig. Zumeist sind Herne und Bottrop in die vorletzte Kaltzeit vor rund 160 000 Jahren eingeordnet worden, zuletzt auch aufgrund einiger so genannter Uran-Thorium-Daten, die an faunistischen Proben gemessen wurden. Heute wird dies meist nicht mehr so vertreten. Nach geologischen Beobachtungen gehören die Knochenkiese, aus denen die Steingeräte stammen, an den Beginn der letzten Kaltzeit. Zudem lassen die Steingeräte Anklänge an Inventare erkennen, die in die Frühzeit der spätmittelpaläolithischen Keilmessergruppen (früher: Micoquien; s. Beitrag von M. Baales u. a. zur Balver Höhle in diesem Band) datieren, besonders Salzgitter-Lebenstedt in Niedersachsen. Daher könnte für Herne ein Alter von etwa 70 000 Jahren angenommen werden.

Festzuhalten ist jedoch, dass unter den Tierresten, die den Knochenkiesen zugewiesen werden – neben wenigen Funden der letzten Warmzeit vor etwa 125 000 Jahren –, auch solche der (mindestens) vorletzten Kaltzeit vorhanden sind, wie (vielleicht) der Schädel einer Saigaantilope und besonders Molaren des Steppenelefanten *Mammuthus trogontherii*. Es ist jedoch unklar, ob diese Reste wirklich aus den Knochenkiesen stammen oder ob die Tierfunde aus älteren Ablagerungen durch Flussaktivitäten, die für die Entstehung der Knochenkiese verantwortlich waren, dort hinein verlagert wurden.

Literatur

G. Bosinski, Herne, Kreisfreie Stadt, in: K. Günther (Hrsg.), Alt- und mittelsteinzeitliche Fundplätze in Westfalen. Einführung in die Vor- und Frühgeschichte Westfalens 6, Teil 2 (1988) 86–89.

W. von Koenigswald – M. Walders, Zur Biostratigraphie der Säugetierreste aus der Niederterrasse der Emscher und der Fährtenplatte von Bottrop-Welheim, in: W. von Koenigswald (Hrsg.), Eiszeitliche Tierfährten aus Bottrop-Welheim. Münchner Geowissenschaftliche Abhandlungen Reihe A, 27 (1995) 51–62.

R. W. Schmitz, Das Alt- und Mittelpaläolithikum des Neandertals und benachbarter Gebiete (1996).

Michael Baales

Die Externsteine,
Horn-Bad Meinberg, Kreis Lippe

Anfahrt

Auf der A 2 oder B 1 nach Horn-Bad Meinberg, in Horn auf der L 828 nach Westen in Richtung „Externsteine", die bald auf der linken (südlichen) Seite ausgeschildert sind (gebührenpflichtiger Parkplatz).

Kaum eine Felsformation in Mitteleuropa ist so mit mythisch-kultischen Vorstellungen behaftet (und belastet) wie die Felspfeiler der Externsteine westlich von Horn, gelegen am Südostende des Teutoburger Waldes. Etwa 300 m ü. NN befinden sich hier vorwiegend aus so genannten Osning-Sandsteinen der Unterkreide aufgebaute, bis zu 40 m hoch aufragende Härtlinge, die der Erosion widerstanden und heute als Teil des Naturschutzgebietes Externsteine das Ziel vieler Touristen sind. Die 13 Felspfeiler liegen in einer Reihe hintereinander von Nordwest nach Südost ausgerichtet (Abb. 77).

Abb. 77 Externsteine/Kreis Lippe. Blick auf die hintereinander aufgereihten „Felspfeiler".

Die Grabungen durch J. Andree 1934/35, die die „germanische" Nutzung der Externsteine als Kultstätte belegen sollten, lieferten tatsächlich im Wesentlichen hoch- und spätmittelalterliches sowie frühneuzeitliches Fundmaterial, aber auch einige interessante spätaltsteinzeitliche (spätpaläolithische) Fundstücke. Die Recherche der zum Teil nur spärlich überlieferten Grabungsdokumentation und anderer zeitgeschichtlicher Quellen durch U. Halle (E. Treude, Detmold, danke ich für den Hinweis) ergab, dass die altsteinzeitlichen Funde (zumindest ein Großteil) am Fuß von Fels 8 zutage kamen und nicht vor den Felsen 1 bis 3, wie bisher zumeist angenommen wurde.

Auf der Nordostseite von Fels 8 ist ein etwa 15 m langer und 2 bis 4 m breiter Schnitt angelegt worden, aus dem die Lage von 30 Steinartefakten in einen Grabungsplan übertragen wurde. Zudem sind zwei Feuerstellen an der Rückwand des Felsens eingezeichnet. Allerdings sind auf dem Plan an diesen Stellen keine Steinartefakte markiert, was einer Interpretation als spätaltsteinzeitliche Feuerstellen widerspricht, da im Bereich derartiger Feuerstellen gewöhnlich die Masse der Funde liegt.

Die Steinartefakte sind nicht sehr zahlreich; möglicherweise wurden nur spärliche Reste eines Lagerplatzes erfasst (Der Großteil könnte natürlichen Abtragungsprozessen zum Opfer gefallen sein). Die Steinartefakte bestehen

Abb. 78 Externsteine/Kreis Lippe. Stielspitze (links) der spätpaläolithischen Ahrensburger Kultur und eine Vorarbeit (rechts) zu einer Stielspitze aus nordischem Feuerstein.

aus nordischem Feuerstein, der durch Verwitterungsprozesse verschiedene Färbungen (von grau bis bräunlich) angenommen hat. Wichtig für die Einordnung des Fundmaterials ist eine kleine Stielspitze (Länge: 3,3 cm) mit deutlich abgesetztem Stiel und einer durchgehend bearbeiteten rechten Kante (Abb. 78, links). Diese Pfeilspitzenform ist für die spätpaläolithische Ahrensburger Kultur vor rund 12 000 Jahren typisch.

Weiterhin ist eine offensichtliche Vorarbeit für eine Stielspitze interessant. Das Stück (Länge: 4,6 cm) zeigt eine weitgehend bearbeitete rechte Kante und eine eingearbeitete breite Kerbe an der gegenüberliegenden Kante (Abb. 78, rechts). Dies darf als Beginn der Herausarbeitung eines Stieles gedeutet werden.

Darüber hinaus enthält das kleine Inventar nur wenige weitere aussagekräftige Stücke. Es handelt sich neben einigen Kernen zumeist um Klingen, Lamellen und Abschläge sowie deren Fragmente, die teilweise Bearbeitungsspuren (bzw. natürlich entstandene Kantenbeschädigungen) zeigen.

Die Funde der Externsteine belegen die Nutzung dieses Areals durch die letzten Rentierjäger der Ahrensburger Kultur vor rund 12 000 Jahren. Möglicherweise waren im Bereich der Felsen immer wieder Jagdlager angelegt worden, von denen aus Jäger aufbrachen, um die während des Frühjahrs in den Teutoburger Wald heraufziehenden Rentierherden zu bejagen (s. Beitrag des Verfassers zum „Hohlen Stein" bei Kallenhardt in diesem Band).

Neben diesen spätpaläolithischen Funden konnten während der Grabungen an den Externsteinen auch einige mesolithische Streufunde geborgen werden; sie ließen keine Siedlungsstrukturen erkennen.

Literatur

W. Adrian, Die Altsteinzeit in Ostwestfalen und Lippe. Fundamenta A 8 (1982).

M. Baales, Umwelt und Jagdökonomie der Ahrensburger Rentierjäger im Mittelgebirge. Monographien des Römisch-Germanischen Zentralmuseums 38 (1996).

U. Halle, „Die Externsteine sind bis auf weiteres germanisch!" Prähistorische Archäologie im Dritten Reich. Sonderveröffentlichungen des Naturwissenschaftlichen und Historischen Vereins für das Land Lippe 68 (2002).

Stefan Niggemann

Die Dechenhöhle mit angeschlossenem Höhlenmuseum in Iserlohn-Letmathe, Märkischer Kreis

Anfahrt

Die Dechenhöhle und das Höhlenmuseum erreicht man über die A 46 Hagen-Iserlohn (Anschlussstelle Iserlohn-Oestrich, ab dort der Ausschilderung Dechenhöhle folgen), per Bus (MVG Buslinie 1, Haltestelle Dechenhöhle) oder per Bahn (Bahnhaltepunkt Letmathe-Dechenhöhle).

1868 durch Zufall von Eisenbahnarbeitern entdeckt, hat die Dechenhöhle bis heute über 14 Mio. Besucher angezogen. Sie ist berühmt für ihren Tropfsteinreichtum, den die Natur im 370 Mio. Jahre alten Kalkgestein geschaffen hat, und ihre paläontologischen Funde. Steinerne Vorhänge, Säulen und glitzernde Kristalle in klaren Wasserbecken begleiten den Höhlenbesucher (Abb. 79). Mittlerweile sind über 18 km Höhlengänge rund um die Schauhöhle erforscht. Damit zählt die Umgebung der Dechenhöhle zu den höhlenreichsten Gegenden Deutschlands!

Abb. 79   Dechenhöhle/Märkischer Kreis. Tropfsteinensemble in der Kaiserhalle mit dem Baumkuchen-Stalagmiten.

*Abb. 80 Dechen-
höhle/Märkischer
Kreis. Dermoplastik
des Höhlenbären
(Ursus spelaeus),
ausgestellt im dorti-
gen Höhlen-
museum.*

Die sauerländischen Karsthöhlen sind zumeist im Eiszeitalter durch die kalkauflösende Wirkung der im Grundwasser enthaltenen Kohlensäure entstanden. Die unterschiedlichen Höhlenstockwerke als alte Abflussbahnen
des Grundwassers und die früheren Talböden (Terrassen)
liegen auf gleicher Höhe. Folglich müssen die Höhlen
gleichzeitig mit den heutigen Tälern gebildet worden sein,
etwa in den letzten 800 000 Jahren.

Häufig stößt man in der Dechenhöhle auf die Überreste
eiszeitlicher Tiere, meist Knochen von Höhlenbären
(Abb. 80). Seit 1999 werden die Bodenschichten direkt am
Besucherweg durch die Universität Bochum untersucht.
Dabei fanden sich im Höhlenlehm Pollen von Kiefern und
Ulmen, ein Indiz für wärmeres Klima. Weitaus auffälliger
sind da schon die Knochen von Höhlenbären, die die For-
scher zu Anschauungszwecken im Lehm belassen haben.
Hier fanden sie im Jahr 2000 auch ein etwa 28 cm langes
Bärenbaby-Skelett (s. Abb. 4). Da das Knochengerüst recht
vollständig ist, konnte es nur in der Höhle selbst abgelagert
worden sein – ein Beleg dafür, dass die Höhlenbären hier
Winterschlaf hielten und ihre Jungen zur Welt brachten.

Neben Bärenknochen finden die Ausgräber auch Knochen und Zähne anderer Eiszeitbewohner. 1994 wurde in
der Dechenhöhle der Oberschädel von einem Waldnas-

horn ausgegraben (s. Abb. 42). Der Fund ist eine Sensation, existieren doch nur sehr wenige gut erhaltene Schädel dieses blätterfressenden warmzeitlichen Waldbewohners. Die Nashornknochen in der Dechenhöhle müssen jedoch wie die anderer Großsäuger (unter anderem Höhlenlöwe und Rothirsch) von außen durch Wasser und Schlamm dorthin verfrachtet worden sein. Wenn im Eiszeitalter Hänge ins Rutschen kamen, wurden die Schlammmassen manchmal in Höhlen aufgefangen und aufgrund des konstanten Klimas bis heute dort konserviert. Zwischen den Knochen finden sich Tropfsteine, die von den in die Höhle gerutschten Schlammströmen mitgerissen wurden. Auf dem heutigen Boden der Dechenhöhle stehen zudem Stalagmiten (Säulen), die jünger als die faunistischen Reste sein müssen. Physiker der Universität Heidelberg können das Alter von Tropfsteinen mit Hilfe der radioaktiven Elemente Thorium und Uran messen. Im konkreten Fall konnte dadurch die Zeit der Knochenablagerungen zwischen etwa 300 000 und 200 000 Jahren vor heute eingegrenzt werden. Der älteste Tropfstein in der Höhle ist sogar über 420 000 Jahre alt!

Literatur

R. Dreyer u. a., Forschungsgrabung „Dechenhöhle 2000": Erste Ergebnisse. Bochumer geologische und geotechnische Arbeiten 55, 2000, 169–178.

E. Hammerschmidt u. a., Höhlen in Iserlohn. Schriften zur Karst- und Höhlenkunde in Westfalen 1 (1995).

S. Niggemann, Mehrphasige Höhlen- und Flußentwicklung im nordwestlichen Sauerland. Dortmunder Beiträge zur Landeskunde 36/37, 2003, 17–54.

Kontakt

Dechenhöhle und Höhlenmuseum
Hammerschmidt u. Dr. Niggemann GbR
Dechenhöhle 5, 58644 Iserlohn

Tel.: 0 23 74 / 7 14 21
Fax: 0 23 74 / 75 01 00
E-Mail: dechenhoehle@t-online.de
www.dechenhoehle.de

Öffnungszeiten

Januar, Februar: nur Sa u. So 10.00–16.00 Uhr
März: tägl. 10.00–16.00 Uhr
April–Oktober: tägl. 10.00–17.00 Uhr
November–Dezember: tägl. 10.00–16.00 Uhr sowie nach Vereinbarung

Martin Heinen

Kamphausen, Jüchen, Kreis Neuss, und Galgenberg, Mönchengladbach – Fundplätze des Jungpaläolithikums

Anfahrt

A 44 Richtung Mönchengladbach, Ausfahrt Mönchenglad-bach-Odenkirchen, am Ende der Ausfahrt links auf die B 59 Richtung Jüchen und nach 500 m wieder links in die Ortschaft Schaan, von hier aus nach Norden in Richtung Kamphausen bzw. Odenkirchen, der Straße folgend liegt etwa 500 m hinter Kamphausen der Hauptfundplatz ca. 150 m westlich des trigonometrischen Punktes.

Im Süden des Mönchengladbacher Stadtgebiets hat sich die Niers tief in die Landschaft eingegraben und ein für niederrheinische Verhältnisse ausgeprägtes Tal geschaffen. An einigen Stellen überragen die Talhänge das Flussniveau um mehr als 30 m. Die höchste und markanteste randliche Erhebung bildet mit über 90 m ü. NN die Kamphausener Höhe östlich von Odenkirchen. Von hier aus lassen sich nicht nur das umliegende Gelände und das Nierstal über-blicken, bei klarer Sicht ist im Osten sogar die 20 km ent-fernte Rheinebene erkennbar.

Die Kamphausener Höhe stellt einen mit Löss bzw. Lösslehm bedeckten Rest der Jüngeren Hauptterrasse dar, der an allen Seiten – insbesondere im Westen und Osten – durch zum Teil kräftige Erosionsrinnen gegliedert ist. An einer dieser Rinnen liegt etwa 600 m nordwestlich des Weilers Kamphausen der nach ihm benannte Fundplatz.

Die durch den Pflug an die Ackeroberfläche geholten spätjungpaläolithischen Funde – ausnahmslos Steinarte-fakte – konzentrieren sich im Wesentlichen auf eine Flä-che von 20 m x 20 m. Bisher konnten 375 Artefakte gebor-gen werden. Sie weisen eine mehr oder weniger kräftige blau-weiße Patina auf, wodurch sie sich von anderen im Umfeld gefundenen neolithischen Stücken unterscheiden.

Anfang der 1980er Jahre kam bei Erdarbeiten unweit des Fundplatzes ein Klingenkern zum Vorschein, der eine noch intakte Fundschicht vermuten ließ. Um dies zu über-prüfen, wurden 1992 im Umkreis der Fundstelle des Kerns und der Oberflächenstreuung Sondagen angelegt. Wäh-rend sich für den Kern herausstellte, dass er aus einem jün-geren Bodenauftrag stammte, konnten aus einem Sondagequadrat randlich der Fundkonzentration immerhin acht patinierte Silexartefakte geborgen werden. Letztere lagen jedoch alle in einer Schicht aus umgelagertem Lösslehm, was einen intakten Fundhorizont nahezu ausschließt.

Für eine Bewertung des Fundplatzes Kamphausen stehen deshalb vor allem die Oberflächenfunde zur Verfügung. Das – abgesehen von der durch den Pflug verursachten Fragmentierung – auffällig kleinteilige Silexmaterial setzt sich aus neun Kernsteinen, 173 Abschlägen und Absplissen, 115 Klingen, 26 Kernkantenklingen, zwölf Trümmern, sieben Modifikationsabfällen und 33 Geräten zusammen. Die uni- wie auch bipolar abgebauten Kerne zeigen eine deutlich auf Klingen ausgerichtete Grundformproduktion. Hergestellt wurden vor allem kleinere Exemplare mit Längen kaum über 50 mm und einer Breite von hauptsächlich 7 bis 17 mm.

Mangels einer intakten Fundschicht und organischer Reste können Aussagen zur chrono-kulturellen Einordnung und Funktion des Fundplatzes nur anhand der Steinartefakte getroffen werden. Von besonderer Bedeutung ist dabei vor allem das aus fünf Rückenmessern, einem rückenretuschierten Spitzenfragment, fünf Sticheln, zwei so genannten Becs (Grobbohrer), drei Bohrern, einem Kratzer, zwölf lateral- und zwei endretuschierten Stücken sowie zwei unbestimmbaren Fragmenten bestehende Geräteinventar (Abb. 81). Unter den Modifikationsabfällen sind fünf Stichellamellen und der Nachschärfungsabschlag eines Kratzers von Relevanz.

In der vorliegenden Ausprägung und Kombination verweisen die Geräte eindeutig auf einen späten Abschnitt des Paläolithikums, wobei die regelmäßig geformten Rückenmesser, das Vorkommen von Bohrern und Becs eher Indizien für ein Jungpaläolithikum als für ein Spätpaläolithikum sind. Kaum aussagekräftig sind die Stichel und der Kratzer, die in der belegten Form in beiden Technokomplexen auftreten können. Wichtig für eine Einordnung des Kamphausener Inventars innerhalb des Jungpaläolithikums ist das kleine Spitzenfragment, das zu einer Kerbspitze oder einer stark geknickten Rückenspitze gehören dürfte. Magdalénien-Stationen mit Spitzen dieser Art sind in Deutschland eher selten, doch datieren die wenigen bekannten im süddeutschen Raum und der Schweiz übereinstimmend in die Ältere Dryaszeit und stellen Kamphausen somit in die Endphase des Magdalénien.

Die Rohmaterialkonstellation des Fundplatzes zeigt als größte Gruppe mit knapp 60 % Maasschotter-Feuerstein, der den Hauptterrassenschottern der näheren Umgebung entnommen worden sein wird. Vor allem kommen hier die Erosionshänge des Nierstals in Frage. Etwa ein Drittel aller Artefakte besteht aus Orsbach-Feuerstein, der aus dem deutsch-niederländischen Grenzgebiet nordwestlich von

Aachen stammt. Der relativ hohe Anteil dieses Materials macht deutlich, dass sich die Jungpaläolithiker von der Kamphausener Höhe kurz zuvor im genannten Raum aufhielten. Neben den beiden Hauptrohstoffen scheinen einige Artefakte aus Chalzedon hergestellt zu sein. Daraus eine Herkunft der Jäger aus dem Mittelrheingebiet abzuleiten, ist allerdings schwer möglich, da Chalzedongerölle auch in den Rheinschottern enthalten sind.

Über den funktionalen Aspekt des Platzes geben wieder die Geräte Auskunft. Die Spitze und die Rückenmesser zeigen, dass man von hier aus auf die Jagd ging und nach der Rückkehr die Waffen vor Ort reparierte, wobei die steinernen Bewehrungen teilweise ausgetauscht wurden. Der Kratzer, die Stichel, Bohrer und Becs sprechen für mindestens einen erfolgreichen Jagdgang, handelt es sich doch um Geräte, die vornehmlich bei der Bearbeitung von Haut, Knochen und Geweih zum Einsatz kamen. Dass mit ihnen an Ort und Stelle gearbeitet wurde, belegen die Stichellamellen und der Kratzerkappenabschlag, die vom Nachschärfen funktionsuntüchtig gewordener Geräte zeugen.

Eine Reihe von verbrannten Artefakten beweist die Existenz einer oder mehrerer Feuerstellen. Außer zur Zu-

Abb. 81 Kamphausen/Kreis Neuss. Steingeräte des Jungpaläolithikums: Spitzenfragment und Rückenmesser (oben), Stichel (Mitte), Bec, Kratzerfragment und Kern (unten).

bereitung der ganz oder in Teilen zum Lagerplatz gebrachten Jagdbeute benötigte man Feuer auch zum Herstellen oder Erhitzen von Birkenpech oder anderen plastischen Schäftungsmassen, mittels derer die Spitzen und Rückenmesser auf die Speere (und Pfeile?) geklebt oder in sie eingesetzt wurden.

Das Gerätespektrum wie auch die Zahl der am Platz verarbeiteten Kerne, von denen es neben den neun gefundenen nachweislich 14 weitere gab, lassen auf einen mehrtägigen Aufenthalt der jungpaläolithischen Jäger schließen.

Im Zusammenhang mit ihren Jagdaktivitäten muss sehr wahrscheinlich auch die ca. 1,5 km nördlich gelegene Fundstelle Galgenberg gesehen werden. Auf dem nach Nordwesten ins Nierstal ragenden Geländesporn, der das nördliche Ende der Kamphausener Höhe bildet, wurden 23 Silexartefakte mit der bereits in Kamphausen vorkommenden blau-weißen Patina gefunden. Bislang liegen drei Klingenkerne, einige Klingenfragmente und Abschläge vor, während Geräte vollständig fehlen. Das kleine Inventar würde hier kaum Erwähnung finden, wäre nicht einer der Kerne aus einer Feuersteinknolle gefertigt, aus der im benachbarten Kamphausen ebenfalls ein Kern hergestellt wurde. Dieser Befund beweist, dass beide Stationen zur gleichen Zeit bestanden und die Jäger zwischen ihnen hin und her wechselten.

Während sich der Kamphausener Platz durch sein Artefaktspektrum als Jagdlager zu erkennen gibt, ist die kleinere Fundstelle auf dem Galgenberg als zugehöriger Ansitz zu interpretieren. Die Stelle auf dem Sporn eignete sich gut für die Jagd, da von hier aus sowohl das Nierstal als auch die nach Norden anschließende Ebene eingesehen werden konnte. Das Fehlen von Geräten ist recht typisch für paläolithische Jagdansitze. Im Rahmen der Silexverarbeitung wurden hier in der Regel nur Grundformen produziert, deren Umarbeitung zu Geräten erst im Lager erfolgte.

Literatur

C. Höpken, Die Steinartefakte von Kamphausen und Galgenberg bei Mönchengladbach und deren Stellung im späten Jungpaläolithikum Nordwesteuropas. Unpubl. Magisterarbeit Universität zu Köln (1994).

U. Stodiek, Fußgönheim – zwei spätjungpaläolithische Fundplätze in der Vorderpfalz. Archäologisches Korrespondenzblatt 17, 1987, 31–41.

J. Thissen, Ein Fundplatz des Magdalénien am linken Niederrhein bei Kamphausen, Gemeinde Jüchen, Kreis Neuss. Archäologisches Korrespondenzblatt 19, 1989, 315–323.

Martin Heinen

Barmen-West, Jülich, Kreis Düren – ein Fundplatz des Paläolithikums über dem Merzbachtal

Anfahrt

Autobahn A 44 Richtung Aachen, Ausfahrt Jülich-West bis zum Kreisverkehr, im Kreisverkehr der dritte Abzweig Richtung Jülich, nach ca. 500 m links Richtung Koslar/ Barmen, am Ortseingang von Barmen führt links eine kleine Straße unter der Bahnunterführung hindurch nach Merzenhausen, hier rechts auf die L 228 Richtung Linnich bis zu den Bahngleisen, direkt dahinter links in einen geteerten Wirtschaftsweg einbiegen, an dessen Ende der Fundplatz liegt.

Im Rheinland, in dessen südlicher Hälfte Flüsse und Bäche zahlreiche deutlich ausgeprägte Täler geschaffen haben, zeichnen sich viele paläolithische Fundplätze durch eine ähnliche topographische Lage aus. Nach einem festen Verhaltensmuster suchte der Mensch der Altsteinzeit gezielt die Randhöhen der Täler auf, um von hier aus zu jagen oder sein Lager hier aufzuschlagen.

Ein bedeutender Platz dieser Art befindet sich ca. 2,5 km westlich der Ortschaft Barmen auf einem Geländesporn oberhalb des Merzbachs. Von Barmen aus gelangt man über einen Wirtschaftsweg entlang der Bahngleise und der nördlichen Talkante zu dem im Südwesten der Hochfläche gelegenen Sporn. Der im Laufe von Jahrzehntausenden durch fluviatile Erosion entstandene, stark kiesige Geländevorsprung überragt den heutigen Talgrund um bis zu 15 m.

Der Fundplatz wurde bereits 1963 von Willi Schol entdeckt, der in den folgenden drei Jahrzehnten mehrere Tausend Artefakte bergen konnte.

Die ältesten Funde von Barmen-West stammen aus dem Mittelpaläolithikum. Aus dieser Phase liegen allerdings nur etwa 40 Steinartefakte vor, die sich durch eine porzellanartige, weißlich-gelblich-bräunliche Patinierung auszeichnen wie sie für mittelpaläolithische Silexobjekte in der Lössbörde typisch ist. Unter den wenigen Hinterlassenschaften des Neandertalers befinden sich ein kleiner Faustkeil, ein Schaber und ein keilmesserartiges Gerät (Abb. 82). Von längerfristigen Aufenthalten in dieser

Abb. 82 Barmen-West/Kreis Düren. Mittelpaläolithische Artefakte.

Zeit ist angesichts des geringen Fundaufkommens nicht auszugehen.

Deutlich jünger als der kleine mittelpaläolithische Komplex sind stumpf grau-blau-weiß patinierte Steinartefakte aus dem späten Jungpaläolithikum, von denen sich wiederum Stücke mit einer schwach bläulich weißen oder farblos glänzenden Patina abheben, die ins Spätpaläolithikum datieren. Letztere bilden den weitaus größten Teil des paläolithischen Fundmaterials auf dem Geländesporn. Nicht in allen Fällen ermöglicht die Patinierung eine zweifelsfreie Einordnung, weshalb sich manche Stücke nur der Kategorie Jung- oder Spätpaläolithikum zuweisen lassen.

Zusammen mit der Station Alsdorf nordöstlich von Aachen gehört Barmen-West zu den Fundplätzen, auf denen erstmals das Magdalénien im Rheinland festgestellt werden konnte. Bis in die frühen 1970er Jahre galt das Magdalénien als reine Jägerkultur der Mittelgebirgszone und schien in der Lössbörde zu fehlen. Nachfolgende Untersuchungen im angrenzenden niederländisch-belgischen Raum zeigten dann in zunehmendem Maße, dass auch das lössbedeckte Flachland nördlich der Mittelgebirge zum Lebensraum der späten Jungpaläolithiker gehörte. Diese Erkenntnis trug dazu bei, dass im Rheinland mit Kamphausen, Beeck, Haberg I/VII und Inden-Altdorf weitere Fundplätze dieser Zeit entdeckt wurden, denen sich heute noch etwa ein Dutzend kleinerer Sammelkomplexe zur Seite stellen lassen.

In Barmen-West kann bisher nur der kleinere Teil des fast 900 Artefakte umfassenden jung- bis spätpaläolithischen Inventars mit dem Magdalénien in Verbindung gebracht werden. Hierzu gehören charakteristische Geräte wie Klingenkratzer, Stichel, Bohrer und Rückenmesser (Abb. 83); darüber hinaus wird das Spektrum durch die für diese Phase typischen Klingen mit parallelen Graten und Kanten sowie Kerne mit entsprechenden Klingennegativen ergänzt.

Vor allem jedoch ist Barmen-West als wichtiger Fundplatz des Spätpaläolithikums in die Literatur eingegangen. Mit den hier geborgenen Funden gelang erstmals der sichere Nachweis der Besiedlung des Niederrheins durch die Jäger der Federmessergruppen während des Alleröd-Interstadials.

Von den wiederholten Aufenthalten spätpaläolithischer Jäger auf dem Geländesporn zeugen ein Dutzend rückengestumpfter Spitzen, mehrere Rückenmesser, viele Stichel und kurze Kratzer sowie einige Grobbohrer (so genannte Becs) und end- oder lateralretuschierte Klingen und Abschläge (Abb. 83, Mitte und unten).

Unter den Rückenspitzen finden sich nicht nur die klassischen bogenförmig retuschierten Federmesser, sondern auch Stücke mit ein- oder zweifach geknicktem Rücken. Letztere entsprechen formal den Creswell- und/oder Cheddar-Spitzen, die im Creswellien und frühen Spätpaläolithikum vor allem in England sowie in etwas geringerer Zahl in den Niederlanden und Belgien vorkommen. Die Verbreitung derartiger Spitzen reicht bis an den Niederrhein, wo sie von verschiedenen Fundplätzen bekannt sind. Hier gelten sie nicht als Beleg für das Creswellien, vielmehr werden sie als Indiz dafür angesehen, dass das westliche Rheinland in der ersten Hälfte des Spätpaläolithikums zum Verbreitungsgebiet des niederländisch-belgischen Tjongerien gehörte, welches sich aller Wahrscheinlichkeit nach aus dem Creswellien entwickelte. Für einen Zusammenhang des Inventars von Barmen mit dem Tjongerien sprechen neben den Spitzen mit geknickten Rücken vor allem die oben erwähnten Becs. Bohrer dieses Typs gibt es nahezu serienweise auf einigen belgischen Plätzen (zum Beispiel Lommel, Meer II und Meer IV), während sie in Deutschland selten sind und hier tatsächlich auf die westlichen Randgebiete beschränkt zu sein scheinen. Die westliche Prägung des Barmener Spätpaläolithikums wird zusätzlich durch das Vorkommen einiger Artefakte aus Simpelveld- und Orsbach-Feuerstein unterstrichen, deren Lagerstätten im deutsch-niederländischen Grenzgebiet bei Aachen lokalisiert sind. Noch weiter nach Südwesten weist ein kurzer Kratzer aus Obourg-Flint, der aus der Gegend von Mons in Belgien über fast 170 km zum Fundort transportiert wurde. Einige wenige Stücke aus baltischem Flint zeigen darüber hinaus, dass zumindest einmal auch aus dem Nordosten kommende Jäger den Geländesporn bei Barmen aufgesucht haben müssen.

Ein besonders auffälliges Phänomen des Inventars von Barmen-West ist die große Zahl der Kerne, die mit 222 Exemplaren und einem Anteil von etwas über 25 % hinter den Abschlägen die zweitstärkste Artefaktklasse bilden.

Dieser Prozentsatz übersteigt weit den Kernanteil aller anderen magdalénienzeitlichen und spätpaläolithischen Fundplätze (auch Oberflächenfundplätze) des Rheinlandes und angrenzender Gebiete, wo sie in der Regel unter 5 % liegen und nur ausnahmsweise einmal 10 bis 13 % ausmachen können. Bei den Ausnahmen handelt es sich um unmittelbar an ergiebigen und leicht zugänglichen Rohmaterialquellen gelegene Fundstellen, unter denen Barmen-West letztlich ein Extrembeispiel darstellt. Im Rheinland war eine derart gute Rohstoffverfügbarkeit vor allem an solchen Punkten gegeben, an denen die Feuerstein enthaltenden Schotter der älteren Hauptterrasse von einem Fluss oder Bach angeschnitten worden waren. Im vorliegenden Fall steht der auffällig hohe Prozentsatz an Kernen ohne Zweifel in engem Zusammenhang mit der Lage des Platzes direkt an der Erosionskante des Merzbachs. Dem eiszeitlichen Bachbett und den freigelegten Terrassenschottern konnten Flintknollen mit geringem Aufwand in großer Menge entnommen und auf den Geländesporn gebracht werden. Unter den Kernen sind als Restker-

Abb. 83 Barmen-West/Kreis Düren. Jungpaläolithische Artefakte (oben) und Geräte des Spätpaläolithikums (Mitte und unten).

ne zu klassifizierende Stücke selten. Die meisten befinden sich im Stadium von Produktionskernen, die einen weiteren Abbau durchaus zugelassen hätten. Dieser großzügige Umgang mit dem Feuersteinmaterial steht in völligem Einklang mit der Vielzahl an Kernen und spricht wie Letzteres für eine sehr gute Rohstoffversorgung.

Mit der reichhaltigen und leicht zugänglichen Rohmaterialquelle am Fuß des Geländesporns, dem dort gleichzeitig vorhandenen Frischwasser sowie der erhobenen Lage des Platzes über dem Merzbachtal besaß Barmen-West eine Reihe von Vorzügen, die für die Existenz des steinzeitlichen Menschen von grundlegender Bedeutung waren. Gerade diese Kombination aus mehreren Gunstfaktoren werden der Anlass gewesen sein, sich hier eine Zeit lang niederzulassen.

Ebenso häufig wie der Mensch am Ende der Eiszeit den Sporn aufgesucht haben wird, so unterschiedlich waren Art und Dauer der Aufenthalte. Das Vorkommen von typischen Siedlungsgeräten wie Stichel, Kratzer und Bohrer zeigt, dass an dieser Stelle auch längerfristige Lagerplätze bestanden, auf denen die verschiedensten Tätigkeiten verrichtet wurden. Die häufigen Rückenspitzen und -messer verweisen auf die bedeutende Rolle der Jagd in Barmen-West. Dabei ist mit kurzzeitigen speziellen Jagdlagern zu rechnen, die nur für einen oder einige wenige Tage errichtet wurden. In den meisten Fällen wird der Geländevorsprung sogar nur als Ansitz bei der Jagd genutzt worden sein. Bei der damals herrschenden kaltzeitlichen Vegetation war die Tallandschaft des Merzbachs nach Norden, Süden und Westen weithin zu überblicken. Während die Jäger hier oben saßen und nach Wild Ausschau hielten, nutzten sie die Zeit zur Zerlegung der aus den Merzbachschottern entnommenen Feuersteinknollen. Die dabei hergestellten Grundformen wurden in der Regel erst nach der Rückkehr ins Hauptlager zu Werkzeugen verarbeitet.

Literatur

M. Heinen u. a., Ein Federmesserfundplatz im Tal der Niers bei Goch, Kr. Kleve. Rekonstruktion eines kurzzeitigen Jagdaufenthaltes. Archäologisches Korrespondenzblatt 26, 1996, 111–120.

Ders. – W. Schol, Barmen-West: Spuren späteiszeitlicher Jäger auf einem Geländesporn über dem Merzbachtal, in: Jülich, Stadt – Territorium – Geschichte. Festschrift zum 75-jährigen Jubiläum des Jülicher Geschichtsvereins 1923 e. V. Jahrbuch des Jülicher Geschichtsvereins 67/68, 1999/2000, 105–123.

R. Nehren, Spätpaläolithische Funde aus dem Indetal, in: W.-D. Becker u. a., Archäologische Talauenforschungen. Rheinische Ausgrabungen 52, 2001, 92–97.

Jürgen Richter

Barmer Heide, Jülich, Kreis Düren – ein mittelpaläolithischer Fundplatz

Anfahrt (i)

Von der A 44-Autobahnausfahrt Jülich-West auf die B 56 Richtung Jülich, von der B 56 links ab bis zur Ortsmitte Koslar, dort links abbiegen Richtung Merzenhausen-Freialdenhoven, Abzweigung nach Engelsdorf links liegen lassen. Wenige Hundert Meter weiter kreuzt der Merzbach, an dem die steinzeitlichen Fundplätze liegen.

Auf der Barmer Heide zwischen Barmen und Koslar bei Jülich treten Flussschotter der frühpleistozänen Maas an die Oberfläche, die Feuersteine enthalten. Dieses Rohmaterialvorkommen wurde offenbar vom späten Neandertaler genutzt, um Rohmaterial für Steinwerkzeuge zu gewinnen.

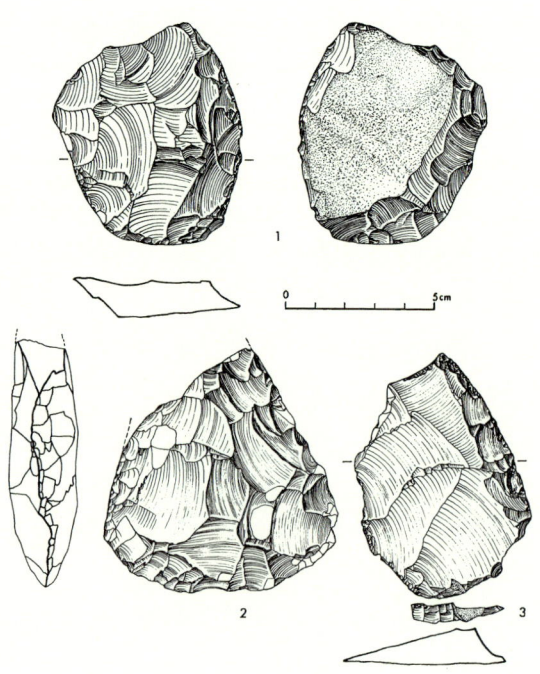

Abb. 84 Barmer Heide/Kreis Düren. Kern mit Schaberkante (1), MtA-Faustkeil (2), Schaber an Levalloisabschlag (3).

174

Auf dem ausgedehnten Fundgelände fand W. Schol aus Mönchengladbach seit 1963 neben den schon länger bekannten neolithischen Funden weit über 1 000 Steinartefakte aus der Altsteinzeit. Alle Funde stammen also aus Aufsammlungen von der Oberfläche und können nur aufgrund formenkundlicher Vergleiche zeitlich eingeordnet werden (Abb. 84).

Die zahlreichen beidflächig plankonvex gearbeiteten Werkzeuge deuten in die Zeit des späten Neandertalers zwischen 60 000 und 40 000 vor heute. Interessant ist hierbei, dass neben Formen des so genannten Micoquien, wie sie in unserem Raum häufig vorkommen, auch ein Fragment eines dreieckigen blattförmigen Faustkeils gefunden wurde – eine Geräteform, wie sie etwa zur gleichen Zeit in Südwestfrankreich häufig auftritt.

Ähnliche Steinwerkzeugformen wie diejenigen von der Barmer Heide wurden in der Hauptfundschicht der Balver Höhle angetroffen, wo sie aber nicht aus Feuerstein, sondern aus einem schwarzen Kieselschiefer hergestellt worden waren.

Literatur

W. Schol, Der mittelpaläolithische Fundplatz „Barmer Heide" bei Barmen/Koslar, Stadt Jülich (Rheinland). Bonner Jahrbücher 173, 1973, 208–225.

Michael Baales

Der Kartstein, Weyer,
Stadt Mechernich, Kreis Euskirchen

Anfahrt

Von der A 1 die Ausfahrt Nettersheim nehmen und auf der B 477 nach Norden in Richtung Mechernich-Weyer fahren. Hinter dem Ort Weyer befindet sich in einer Linkskurve der Parkplatz „Kakushöhle" direkt vor dem Kartstein.

Der Kartstein, im Volksmund meist „Kakushöhle" genannt, ist ein erdgeschichtlich recht junger Kalksteinfels. Es handelt sich um einen Kalksinter oder Travertin, der während einer feucht-warmen Klimaphase (Interglazial) des Eiszeitalters entstand. Nach den vorhandenen Daten geschah dies in der drittletzten Warmzeit vor rund 320 000 Jahren. Zu dieser Zeit trat oberhalb des heutigen Kartsteins eine kalkgesättigte Quelle aus. Ihr Wasser rieselte über eine mit Moos und anderen Pflanzen bestandene Bodenschwelle in das südöstliche tiefer gelegene Hauserbachtal, so dass sich hier im Laufe der Zeit eine mächtige Kalkklippe ausbilden konnte.

In den folgenden drei Kaltzeiten des Eiszeitalters wurde der Travertin durch Erosion und Verwitterung in seinen heutigen Zustand gebracht. Die nach Osten in das Hauserbachtal vorspringende Klippe ist heute etwa 16 m mächtig; am Fuß findet sich ein Blockfeld mit teils großen, abgescherten Felstrümmern. Nach Westen hin wird der Travertin immer dünner, um schließlich in den anstehenden Dolomitkalkfels überzugehen.

Fest in den Travertin eingebackene Steingeräte und Tierreste des ausgehenden Altpaläolithikums konnten 1977 entdeckt und teils geborgen werden. Sie gehörten lange zu den ältesten sicheren Spuren früher Menschen im Rheinland. Es sind einfache Geröllgeräte (so genannte Chopper), Kerne und Trümmer aus Quarz- und seltener Quarzitgeröllen. Ein Tierzahn stammt vom Pferd. Diese spärlichen Überreste zeigen, dass Menschen an Tümpeln und Bachläufen des sich aufbauenden Travertins rasteten. Viel besser erhaltene Fundplätze dieser Art kennt man von anderen Travertinvorkommen in Europa, auch aus Deutschland.

Zwei Höhlen sind im Kartstein durch Erosion entstanden: die so genannte Große Kirche und eine kleinere, das

„Kalte Loch" (Abb. 85). Hier sowie an vielen Stellen um den Felsfuß herum kamen archäologische Funde zutage.

Die Große Kirche hatte früher ein großes, nach Osten gerichtetes Eingangsportal. Es ist später verstürzt; heute führen drei Zugänge in die Höhle, wo abbruchgefährdete Felspartien von Betonarmierungen gestützt werden. Im Vorfeld wurden hier archäologische Untersuchungen

Abb. 85 Kart-stein/Kreis Euskir-chen. Blick aus der kleinen Höhle, dem „Kalten Loch".

durchgeführt, die zeigten, dass bei den früheren Grabungen das fundführende Sediment nicht gänzlich entfernt worden war. Bereits 1880 wurde von ersten Funden berichtet; wissenschaftliche Ausgrabungen fanden jedoch erst zu Beginn des 20. Jhs. statt. Allen voran ist hier C. Rademacher aus Köln zu nennen, der am gesamten Kartstein 1911 und wieder 1913 vor allem mit Bergarbeitern der nahen Mechernicher Bleierzgrube vor Ort forschte. Hiernach wurden immer wieder kleinere Untersuchungen durchgeführt, bevor dann abschließend H. Löhr 1977 in verschiedenen Bereichen die Fundamente der Felssicherungen untersuchen konnte.

Die meisten Funde gehören in die Zeit der späten Neandertaler (spätes Mittelpaläolithikum). Hierzu zählen ein größerer Faustkeil aus Feuerstein sowie verschiedene Schaber und Spitzen. Sie werden meist unterschiedlichen Steingeräteinventaren zugeordnet. Möglicherweise gehören sie jedoch alle zusammen in einen Fundkomplex der so genannten Keilmessergruppen vor vielleicht 50 000 bis 70 000 Jahren (s. Beitrag von M. Baales u. a. zur Balver Höhle in diesem Band). Neben Feuerstein wurden auch Quarzit und vor allem Quarz verarbeitet, der in der unmittelbaren Umgebung zu finden war. Der Feuerstein stammt dagegen aus gut 50 km Entfernung. In der Großen Kirche entdeckte man zudem drei Feuerstellen (Holzkohlenkonzentrationen) der Neandertaler.

Funde des frühen anatomisch modernen Menschen aus dem Jungpaläolithikum sind ebenfalls vorhanden, doch lassen sie sich kaum genauer einordnen, da die frühen Grabungen hierzu nur wenige Informationen geben. Einige Knochenspitzenreste können als Lanzenspitzen zusammen mit verschiedenen Steingeräten dem Aurignacien zugerechnet werden. Andere Steingeräte weisen bereits an das Ende des Jungpaläolithikums, das Magdalénien. Mindestens eine Pfeilspitze, ein Federmesser aus Quarzit, gehört bereits zu den spätpaläolithischen Federmessergruppen.

Besonders wichtig sind die Funde, die 1977 im Nordosten unter der hohen Felsklippe (heute durch eine Stützmauer aus Beton gekennzeichnet) von H. Löhr ausgegraben wurden. Eine sehr reiche Fundschicht vom Ende der letzten Kaltzeit, der Jüngeren Dryaszeit vor rund 12 000 Jahren, enthielt Zeugnisse der letzten Rentierjäger Mitteleuropas, der Ahrensburger Kultur – so zum Beispiel einige typische Steingeräte wie Stielspitzen (Abb. 86) und Mikrolithen, die als Pfeilspitzen genutzt wurden (s. Beitrag des Verfassers zum „Hohlen Stein" bei Kallenhardt in diesem Band). Von besonderer Bedeutung sind die großen Mengen von Tierresten. Neben den zur Knochenfettgewinnung zertrümmerten Rentierknochen sind solche vom Pferd

Abb. 86 Kart-stein/Kreis Euskir-chen. Stielspitzen aus Feuerstein, die von Jägern der Ahrensburger Kul-tur vor rund 12 000 Jahren als Pfeilspit-zen zur Rentierjagd genutzt wurden.

überliefert; Begleiter der Menschen war der Hund, wie einige Knochen belegen. Untersuchungen an den vorhandenen Geweihen und Zähnen der Rentiere zeigen, dass diese im Frühjahr getötet wurden, als die Menschen die nach Süden in die Mittelgebirge ziehenden Herden unweit des Kartsteins erwarteten.

Neben Wolf, Eis- und Rotfuchs sowie zahllosen Schneehühnern charakterisiert vor allem die reiche Kleinsäugerfauna (unter anderem Lemminge, Nordische Wühlmaus und der heute in den innerasiatischen Steppen vorkommende Zwergpfeifhase) das spezielle Biotop dieser Zeit. Diese Kleintiere sind vornehmlich durch Gewölle von Greifvögeln in die Fundschicht gelangt.

Zahlreiche Funde jüngerer Epochen (Mesolithikum, Neolithikum, Eisenzeit, Römerzeit und Frühmittelalter) unterstreichen, dass der Kartstein als wichtiger Kristallisationspunkt der Nordeifler Ur- und Frühgeschichte zu werten ist. Bereits seit 1932 steht der Kartstein unter Naturschutz.

Literatur

M. Baales, Umwelt und Jagdökonomie der Ahrensburger Rentierjäger im Mittelgebirge. Monographien des Römisch-Germanischen Zentralmuseums 38 (1996).

Ders., Kartstein bei Mechernich/Eifel. Ein naturkundlich-archäologischer Rundgang (2001).

H.-E. Joachim u. a., Kartstein und Katzensteine bei Mechernich in der Eifel. Rheinische Kunststätten 435 (1998).

Michael Baales

Die Katzensteine, Satzvey-Firmenich, Stadt Mechernich, Kreis Euskirchen

Anfahrt

Von der Ausfahrt A 1 Bad Münstereifel/Mechernich nach Westen Richtung Mechernich, kurz vor Mechernich nach Norden auf die L 61 in das Veybachtal, Richtung Satzvey. Hinter Satzvey auf der rechten Seite liegen die roten Felsen der Katzensteine.

Die Katzensteine sind eine Felsformation aus rötlichem Buntsandstein, der hier als Teil der so genannten Mechernicher Triasbucht in der Nordeifel ansteht (Abb. 87). Durch Auslaugung sind die zerklüfteten Felsen am östlichen Ufer des von Südwest nach Nordost fließenden Veybaches entstanden. H. Löhr entdeckte hier 1971 einen römischen Steinbruch, den einzigen in der Nordeifel. Er fand aber auch Steingeräte der ausgehenden Eiszeit. Diese Steingeräte lagen nicht mehr in originaler Position, sondern waren durch Sedimentbewegungen während der Nacheiszeit (Holozän) vom eigentlichen Siedlungsplatz – der so zerstört wurde – etwas verlagert worden. Die rund 130 Stücke barg man auf einer kleinen Fläche. Sie bestehen vor allem aus Maasfeuerstein, der etwa 35 km weiter nördlich vorkommt. Daneben ist ein spezieller Silex – Chalzedon – belegt, der aus dem 30 km entfernten Vorkommen von Muffendorf östlich von Bonn stammt.

Das Steinmaterial – vor allem Steinklingen, -lamellen und Fragmente (Abb. 88) – datiert aufgrund einiger Pfeilspitzen in das frühe Spätpaläolithikum, in die Zeit der Federmessergruppen vor rund 13 000 Jahren. Namengebend sind die Federmesser, Pfeilspitzen mit einer gebogen-gestumpften Kante. Von den Katzensteinen kennen wir zwei Spitzenfragmente dieser Art; ein weiteres Stück hat eine eher geknickte Kantengestaltung. Ferner sind einige schmale Lamellen mit einer gerade-gestumpften Kante vorhanden, so genannte Rückenmesser, die auch als Pfeilspitzen dienten.

Aussagen über die damaligen Umweltverhältnisse sind an den Katzensteinen nicht überliefert worden. Doch bietet das Mittelrheingebiet um Koblenz hierzu detaillierte Informationen, denn hier hat der vor rund 13 000 Jahren ausgebrochene Laacher-See-Vulkan unter seinen mächti-

Abb. 87 Katzensteine/Kreis Euskirchen. Die rötlichen Buntsandsteinfelsen am Ostufer des Veybachtals.

*Abb. 88 Katzensteine/Kreis Euskirchen. Steinartefakte aus der Grabung H. Löhr; die drei mit einem * gekennzeichneten Stücke sind Spitzenfragmente von Pfeilspitzen.*

gen Bims- und Aschenschichten für eine gute Erhaltung der damaligen Tier- und Pflanzenwelt (und auch der Siedlungsplätze) gesorgt. Demnach lebten die Menschen der Federmessergruppen in einem kühl-gemäßigten Klima mit lichten Wäldern aus Birken, Pappeln, Weiden und Kiefern. Die wichtigsten Jagdtiere waren Auerochse, Rothirsch, Reh, Biber und auch noch das Pferd.

Der Befund an den Katzensteinen mit den nur spärlichen Überresten spricht für einen eher kurzfristig genutzten Lagerplatz.

Literatur

H.-E. Joachim u. a., Kartstein und Katzensteine bei Mechernich in der Eifel, Rheinische Kunststätten 435 (1998).

Gerd-Christian Weniger

Mettmann – Fundort Neandertal

Anfahrt

Autobahn A 46 Wuppertal-Düsseldorf, Abfahrt Haan-West, Richtung Hochdahl, ab dort der Ausschilderung „Neandertal" bzw. „Neanderthal Museum" folgen, oder Autobahn A 3 Köln-Oberhausen, Abfahrt Mettmann, Richtung Mettmann bis Zentrum, ab dort der Ausschilderung folgen. Mit öffentlichen Verkehrsmitteln zu erreichen mit der Regio Bahn S 28 (Kaarst–Neuss–Düsseldorf–Mettmann), Haltestelle Neandertal, 5 Min. Fußweg zum Fundort/Museum, oder S 8 (Mönchengladbach–Düsseldorf–Hagen), Haltestelle Hochdahl, 15 Min. Fußweg, oder Buslinie 741 (Mettmann–Hilden) oder 743 (Mettmann–Erkrath), Haltestelle Neandertal (unmittelbar vor dem Museum).

Der namengebende Fund aus dem Neandertal ist ein Zufallsfund – ein Ergebnis der Zerstörung des Tals durch den Kalkabbau. Ab der Mitte des 19. Jhs. begann der Kalkabbau im großen Stil und erfasste nicht nur die Feldhofer Grotte, sondern zerstörte auf einer Talstrecke von weniger als 1 000 m mindestens acht weitere historisch belegte Höhlen, die wahrscheinlich auch paläolithische Siedlungsspuren enthielten. Keine der Höhlen wurde wissenschaftlich untersucht. Damit wurde nicht nur ein landschaftliches Kleinod zerstört, sondern zugleich eine archäologische Fundlandschaft von unschätzbarem Wert. Die Funde von 1856 und die Ergebnisse der neuen Grabungen öffnen nur ein kleines archäologisches Fenster in diese verloren gegangene Landschaft.

Arbeiter hatten im August 1856 die Sedimentfüllung der Feldhofer Grotte in das Düsseltal geworfen. Die Knochenreste bemerkten sie während des Herausschaufelns des Höhlenlehms. Sie wurden von den Steinbruchbesitzern Pieper und Beckershoff, die beide Mitglieder in dem von Johann Carl Fuhlrott gegründeten Naturwissenschaftlichen Verein für Elberfeld und Barmen waren, gesichert. Wenig später begutachtete Fuhlrott die Knochen persönlich und erkannte sie als Reste eines Urmenschen. Weder Fuhlrott noch seine Zeitgenossen haben die Lage der Höhle und

183

die genaue Fundsituation dokumentiert. In der Folgezeit wurde das Tal durch den Kalkabbau völlig verändert und der Fundort galt bereits wenige Jahrzehnte später als unwiederbringlich verloren.

Eine erste archäologische Nachgrabung im Neandertal unternahm von 1983 bis 1985 ein Team der Universität Köln unter der Leitung von Gerhard Bosinski. Die Archäologen fanden Höhlenlehm und ein Steinwerkzeug, aber keine Menschenknochen.

Nach dem Studium alter Abbildungen und Karten machten sich Ralf W. Schmitz und Jürgen Thissen im Jahre 1997 erneut ans Werk. Im Auftrag des Rheinischen Amtes für Bodendenkmalpflege führten sie eine erste Sondage durch. In zwei Suchschnitten konnten sie unter der

⇩ Abb. 89 Neandertal/Kreis Mettmann. Blick auf die Grabung im Jahr 2000 aus der Vogelperspektive.

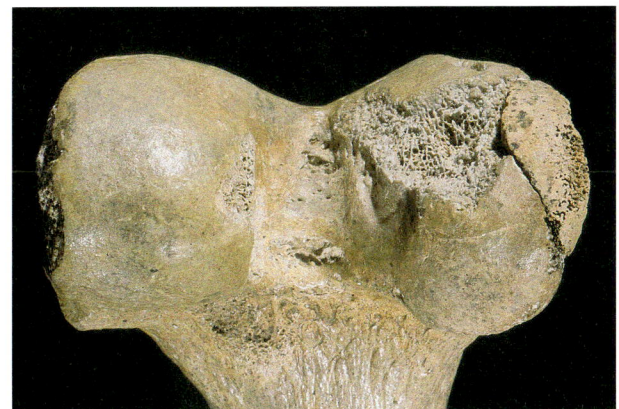

Abb. 90 Neandertal/Kreis Mettmann. Die erste Anpassung eines Knochensplitters aus der Neugrabung an das Kniegelenk des Altfundes von 1856.

Aufschüttung des ehemaligen Steinbruchgeländes Reste von lehmigen Höhlenfüllungen entdecken. Fragmente fossiler Menschenknochen, Tierknochen und Steinwerkzeuge wurden in dem Schutt geborgen. Als ein Knochensplitter aus der Sondage an das Kniegelenk des Neandertalerskelettes von 1856 exakt angepasst werden konnte, war klar, dass die beiden Ausgräber auf Fundmaterial aus der Kleinen Feldhofer Grotte gestoßen waren. Allerdings lagen nicht nur mittelpaläolithische Steinwerkzeuge aus der Zeit des Neandertalers vor, sondern auch typische Steinwerkzeuge des Jungpaläolithikums. In dem Abraumhaufen waren offensichtlich Reste verschiedener eiszeitlicher Besiedlungen miteinander vermischt. Die beiden Ausgräber vermuteten eine Vermengung von Siedlungsresten aus der Kleinen Feldhofer Grotte und der unmittelbar benachbarten Feldhofer Kirche. Während die Feldhofer Grotte eine kleine Höhle war, muss die Feldhofer Kirche nach der Beschreibung Fuhlrotts bedeutend größer und geräumiger gewesen sein. Für eine ausgedehnte Besiedlung eignete sie sich besser als die enge Feldhofer Grotte. Aufgrund der Daten aus den Sondagen wurde im Jahr 2000 eine mehrmonatige Grabungskampagne durchgeführt. Dabei konnten die Ergebnisse der Sondagen weiter vertieft und bedeutende neue Funde gemacht werden (Abb. 89).

Abb. 91 Neandertal/Kreis Mettmann. Die Fundstelle heute, eine archäologische Parkanlage.

Insgesamt liegen aus den neuen Grabungen über 60 menschliche Skelettreste vor. Alle gehören zu Neandertalern. Drei der Neufunde können an das Skelett von 1856 zweifelsfrei angepasst werden (Abb. 90), das als Neandertal 1 bezeichnet wird. Weitere Schädelfragmente und Teile des Körperskelettes gehören wahrscheinlich ebenfalls dazu. Mindestens vier Fragmente des Körperskelettes liegen allerdings doppelt vor und werden dementsprechend einem zweiten erwachsenen Individuum Neandertal 2 zugeschrieben. Ein drittes jugendliches Individuum wird durch den Fund eines Milchzahnes nachgewiesen. Neandertal 1 ist durch ein ^{14}C-Datum von 39 900 ± 620 BP und Neandertal 2 durch ein ^{14}C-Datum von 39 240 ± 670 BP datiert.

Da es sich bei den Funden der neuen Grabungen um vermischtes Material aus zwei verschiedenen Höhlen und zudem aus mehreren Besiedlungsphasen sowohl des Mittel- als auch des Jungpaläolithikums handelt, ist ihre archäologische Aussagefähigkeit begrenzt. Die mittelpaläolithischen Steingeräte lassen deutliche Merkmale des Micoquien erkennen. Die jungpaläolithischen Steinwerkzeuge könnten dem Gravettien angehören. Als Rohmaterial für die Steinwerkzeuge wurde zum größten Teil nordeuropäischer Geschiebefeuerstein verwendet, der wahrscheinlich aus einer Entfernung von 30 bis 40 km nördlich des Neandertals stammt. Die Nachgrabungen am namengebenden Fundort belegen eindrucksvoll die Attraktivität des Neandertals für eiszeitliche Jäger und Sammler während der letzten Eiszeit.

Heute ist der weltberühmte Fundort der Öffentlichkeit als archäologische Parkanlage zugänglich (Abb. 91) und befindet sich im Eigentum der Stiftung Neanderthal Museum, die es sich zur Aufgabe gemacht hat, dieses herausragende kulturelle Erbe Europas zu pflegen.

Literatur

K. J. Narr – G.-C. Weniger (Hrsg.), Der Neanderthaler und sein Entdecker: Johann Carl Fuhlrott und die Forschungsgeschichte (2001).

R. W. Schmitz u. a., The Neandertal type revisited: Interdisciplinary investigations of skeletal remains from the Neander Valley, Germany. Proceedings of the National Academy of Science 99, 20, 2002, 13342–13347.

Ders. – G.-C. Weniger, Das Neandertal. Eine faszinierende Erinnerungslandschaft. Rheinische Landschaften 52 (2003).

Martin Heinen

Das Paläolithikum im Nierstal bei Mönchengladbach

Anfahrt

Als Ausgangspunkt für eine Wanderung entlang der Niers bietet sich Schloss Rheydt an. Autobahn A 52 Richtung Roermond, Ausfahrt Willich-Schiefbahn, rechts Richtung Korschenbroich auf die L 361, weiter auf der L 382 über die Sebastianusstraße und die Rheydter Straße auf die Ritter Straße, an der die großen Parkflächen von Schloss Rheydt liegen.

Die Niers hat das Landschaftsbild im Raum Mönchengladbach über die Jahrtausende entscheidend geprägt. Von ihrem Quellort bei Kuckum fließt sie in nördliche Richtung zunächst durch ein deutlich eingeschnittenes Tal, das sich auf Höhe des Stadtteils Rheydt weitet, abflacht und von hier aus im Gelände mehr als Niederung wahrnehmbar ist. Als kanalisierter Fluss verläuft sie von Rheydt aus in einem großen Bogen am Ostrand von Mönchengladbach und bildet hier die Grenze zu den Kreisen Neuss und Viersen.

Der für das Paläolithikum interessanteste Abschnitt des Nierstals beginnt im Mönchengladbacher Stadtteil Geneicken, etwa 1 km südlich von Schloss Rheydt, und lässt sich auf den Wegen entlang der Niers über gut 10 km bis ins Stadtgebiet von Viersen hinein verfolgen. Besonders aufschlussreich ist eine Wanderung durch die Niersaue im Winter oder Frühjahr, wenn der schwache Bewuchs auf den Feldern die Farbe des Bodens und das Relief der Landschaft erkennen lässt. In dieser Zeit zeigen die Ackerflächen einen Wechsel von dunkelbraun-schwarzen Niedermoorablagerungen und mittelbraunen mineralischen Böden, durch die sich die angrenzenden Mittel- und Niederterrassen auszeichnen. Die lehmigen und zum Teil auch von Flugsand bedeckten Terrassenkanten erheben sich meist nur schwach, an manchen Stellen jedoch deutlich um bis zu 3 m über die Niedermoorflächen. Diese mehr oder weniger auffälligen Erhebungen am Rand der Aue werden am Niederrhein als „Donken" bezeichnet; ein Begriff, der sich nicht selten in Orts- oder Hofnamen wie Donk, Neersdonk, Hülsdonk oder Myllendonk wiederfindet.

Die dunklen Moorablagerungen bildeten sich erst im Frühholozän in den Altarmen der Niers, während die bis zu 250 000 Jahre alten Flussterrassen schon in den beiden vorausgegangenen Kaltzeiten entstanden sind.

Tausende von hochgepflügten Steinartefakten zeigen, dass die erhöhten Terrassenkanten seit dem Paläolithikum häufig vom Menschen aufgesucht wurden. In diesen frühen Jahrzehntausenden durchströmte die Niers als breites und verwildertes Flusssystem die Landschaft, und nur in den zwischengeschalteten kürzeren Warmphasen und am Ende der Eiszeit zog sie sich auf ein schmales Bett zurück. An ihren Ufern scheinen bereits während des Mittelpaläolithikums Bedingungen geherrscht zu haben, die Jägergruppen zu einem Aufenthalt veranlassten. Aus dieser Zeit, der Epoche des Neandertalers, sind die Funde noch spärlich, doch liegen von verschiedenen Stellen mehrere typische, dick braun patinierte oder mit Glanzpatina versehene Artefakte vor. So zeugen auf dem Fundplatz Geneicken ein kleiner Fäustel, ein bogenförmiger Schaber und einige Abschläge von der Anwesenheit des Frühmenschen (Abb. 92, oben). Sie bestehen aus Maasschotter-Feuerstein, der in kleineren Mengen in den von der Niers aufgeschlossenen Terrassenschottern zu finden war. Die Geneickener Funde stammen von verschiedenen Bereichen des Fundareals, was auf mehrere Aufenthalte über Jahrtausende hinweg schließen lässt. Da es sich um chronologisch wenig aussagekräftige Formen handelt, ist ihre genaue zeitliche Einordnung innerhalb des Mittelpaläolithikums kaum möglich.

Aus dem nachfolgenden Jungpaläolithikum sind Funde im beschriebenen Teil des Nierstals bereits etwas häufiger,

Abb. 92 Mönchengladbach. Mittelpaläolithische Artefakte (oben) und jungpaläolithische Geräte (unten) von verschiedenen Fundplätzen des Nierstals.

ohne jedoch auf allen der über 40 bekannten steinzeitlichen Fundplätze vorzukommen. Wie das vorherige Mittelpaläolithikum war auch dieser gut 25 000 Jahre andauernde Abschnitt des Paläolithikums von starken Klimaschwankungen geprägt, und an der Niers wechselten Kaltsteppen , gemäßigtere Tundron und Waldphasen einander ab. In den Zeiten des gemäßigteren Klimas, in denen sich entlang des Flusses Baum- und Buschbestände aus Kiefern, Birken und Weiden ausbreiten konnten, herrschten hier Bedingungen, die den Bedürfnissen der jungpaläolithischen Jäger entsprachen und Anlass für einen Aufenthalt im Rahmen der Jagd oder bei der Verlegung des Lagerplatzes waren. Von den Korschenbroicher Fundplätzen südöstlich von Schloss Rheydt und am Schönrather Hof sowie von der Flur Rollebenden in Viersen liegen heute Funde in größerer Zahl vor, die sich durch eine grau-blaue, dichte weiße oder teilweise auch bräunliche Patina auszeichnen (Abb. 92, unten). Neben Klingen und Abschlägen sind an Werkzeugen vor allem Stichel, darunter Mehrschlagstichel von zum Teil beachtlicher Größe, und Kratzer belegt. Leider erlauben die bisherigen Funde nicht, sie einer der drei Stufen des Jungpaläolithikums, dem Aurignacien, Gravettien oder Magdalénien, sicher zuzuordnen. Manche Artefakte mit schwächerer grau-blauer Patina wird man jünger einschätzen und mit dem Magdalénien in Verbindung bringen dürfen, während andere, dicht weiß patinierte Stücke erfahrungsgemäß das ältere bis mittlere Jungpaläolithikum repräsentieren. In einigen Fällen lassen Fundstücke aus qualitätvollem nordischem Feuerstein oder aus westischem Kreideflint auf die Gegend schließen, aus der die Jäger an die Niers kamen.

Gegen Ende des Paläolithikums, als das Klima vor dem letztmaligen Rückschlag der Jüngeren Dryaszeit zunehmend wärmer wurde, scheint das Nierstal dem jägerischen Menschen besonders günstige Lebensbedingungen geboten zu haben. Aus dieser Phase, der Zeit der so genannten Federmessergruppen, die nach ihren typischen steinernen Geschossspitzen benannt sind, gibt es nun Funde in großer Zahl, und Artefakte finden sich auf fast allen Terrassenkanten beiderseits des Flusses. Während der gut 1 000jährigen Alleröd-Warmphase (ca. 11 750–10 700 v. Chr.) entwickelte sich die Niers zu einem relativ ruhig fließenden Gewässer, das meist auf eine Rinne beschränkt, mäandrierend das flache Tal durchzog. In dieser Zeit umgab bereits eine echte Auenlandschaft mit üppiger und artenreicher Vegetation den Fluss. Neben einer Vielzahl von Feuchtigkeit liebenden Pflanzen, von denen einige noch heute hier wachsen, gab es einen typischen Auenwald aus Pappeln, Weiden, Moorbirken und Traubenkirschen. Abseits des Flusstals breiteten sich Kiefern-Birken-Wälder aus. In der Aue fand sich nicht nur eine üppige Flora, sondern auch eine überaus reiche Fauna, die für die mit Pfeil und Bogen bewaffneten Jäger der so genannten Federmessergruppen wahrscheinlich der Hauptgrund war, am Rand der Niersaue zu lagern. Außer dem Elch, der in der feuchten Niederung seinen typischen Lebensraum hatte, kamen andere Großsäuger wie Wildpferd, Rothirsch, Reh, Auerochse und Wildschwein zur Tränke hierher. Bejagt wurden zudem die zahlreichen Wasservögel, und im Fluss oder in den nebenan existierenden Altarmen war Fischfang auf Hecht, Barsch, Döbel und Karpfenfische möglich. Wie kein anderes Ökotop dieser Zeit bot die Aue dem spätpaläolithischen Menschen die besten Voraussetzungen zur Sicherung seiner Existenz.

So verwundert es kaum, dass heute aufgrund Tausender von Artefakten an mehreren Stellen auch größere, das heißt längerfristige Lagerplätze aus dem Spätpaläolithikum nachweisbar sind. Bekannte Fundstellen liegen in Geneicken, südöstlich von Schloss Rheydt, auf der Lonnedonk, im Ueddinger Broich, am Schönrather Hof sowie auf der Neuwerker und Viersener Donk. Hier finden sich

Abb. 93 Mönchengladbach. Spätpaläolithische Rückenspitzen, -messer, Stichel und Kratzer von verschiedenen Fundplätzen des Nierstals.

die typischen Steingeräte dieser Zeit (Abb. 93): Rücken-spitzen bzw. Feder-, Rückenmesser, kurze Kratzer und kleine Stichel, neben denen noch lateral- und endretu-schierte Stücke vorkommen. Von der Geräteherstellung vor Ort zeugen zumeist Hunderte von Abschlägen, Klin-gen und kleinen Absplissen sowie eine gewisse Anzahl an Kernen. Wie die Artefakte der älteren paläolithischen Peri-oden sind auch die des Spätpaläolithikums patiniert. Besonders kennzeichnend für sie ist eine doppelte Patina, bestehend aus einer primären blau-grauen und einer diese überdeckenden braunen so genannten Redox- oder Sumpfpatina, die sich erst im Holozän gebildet hat.

Das häufigste Rohmaterial der Steinartefakte ist der Maasschotter-Feuerstein, der auch in dieser Phase teil-weise den von der Niers angeschnittenen Terrassenkanten entnommen worden sein wird. In sehr viel größeren Men-gen findet sich der Schotterflint jedoch in den Maasterras-sen westlich der Rur, und zusammen mit nicht wenigen Artefakten aus Vetschauer- und Simpelveld-Feuerstein aus dem über 50 km entfernten Aachener Raum zeigen sie, dass häufiger Jägergruppen aus dem Südwesten an die Niers kamen. Mit einigen Stücken ist auch Tertiär-Quarzit vom Mittelrhein belegt, was auf Wanderungen von Süd-osten nach Nordwesten über 100 km schließen lässt. Die Niers war demnach Stationspunkt in einem großräumigen, weitverzweigten Wegenetz mit vielen einzelnen Aufent-haltsplätzen an Mittel- und Niederrhein.

Ganz am Ende der Eiszeit und des Paläolithikums, als das Klima während der Jüngeren Dryaszeit noch einmal für mehr als 1 000 Jahre kaltzeitliche Verhältnisse annahm, scheint das Nierstal von geringerer Anziehungskraft für Jägergruppen gewesen zu sein. Aus dieser Zeit, der so genannten Ahrensburger Kultur, in der zum letzten Mal auch in unseren Breiten das Rentier bejagt werden konnte, sind die Funde sehr spärlich. Lediglich vom Ueddinger Broich und von der Neuwerker Donk liegt je eine der für diesen letzten paläolithischen Abschnitt typischen Stielspitzen vor.

Literatur

M. Heinen, Archäologische Fundstellen und Funde im Stadtgebiet Viersen (1993).

Ders. – B. Kopecky, Die Niersaue – ein bevorzugter Lebensraum steinzeitlicher Jäger und Sammler. Archäologie im Rheinland 2000 (2001) 20–24.

J. Thissen, Paläolithische und mesolithische Fundplätze im Kreis Neuss, in: Fund und Deutung. Veröffentlichungen des Kreishei-matbundes Neuss 5, 1994, 13–41.

Michael Schmauder

Rheindahlen, Mönchengladbach – 300 000 Jahre Menschheitsgeschichte

Anfahrt

A 61 Mönchengladbach Richtung Koblenz, Ausfahrt Mönchengladbach-Rheydt, rechts abbiegen, nach etwa 2,8 km links abbiegen in die Mennrather Straße, ab Wasserturm der Ausschilderung folgen.

Im Jahr 1915 entdeckte H. Brockmeier den europaweit bedeutenden Fundplatz von Rheindahlen bei Mönchengladbach, der in seinen Anfängen bis in die Zeit der Funde aus dem Kartstein-Travertin vor rund 320 000 Jahren zurückreicht. Seit der Entdeckung der Fundstelle kam es immer wieder zu Ausgrabungen, die vor allem mit den Namen E. Kahrs (1940/41), G. Bosinski (1964/65), H. Thieme (1973–1977 und 1980), J. Thissen (1984/85), R. W. Schmitz und J. Thissen (1995–1997) sowie J. Obladen-Kauder (1997–2001) verbunden sind. Auf einer Fläche

Abb. 94 Rheindahlen/Kreis Mönchengladbach. Aus verschiedenen Artefakten wieder zusammengesetzte Feuersteinknolle.

von insgesamt über 80 000 m^2 lassen sich alt- bis jungpaläolithische Siedlungsspuren des Menschen nachweisen. Bis zu 9 m sind die Löss- und Paläobodenschichten mächtig, in denen acht Fund- und Siedlungshorizonte eingebettet sind. Geologische Untersuchungen ergaben hier eine ehemals siedlungsgünstige, teilweise mit Wasser gefüllte Geländedepression. Der bereits 1964 bis 1965 entdeckten Fundschicht B1 kommt aufgrund ihres Fundreichtums und Formenspektrums besondere Bedeutung zu. Aus der 1980, 1984/85 und insbesondere 1995 bis 2001 großflächig weiter untersuchten Schicht stammen Tausende von Steinartefakten. Einige Knollen konnten aus zahlreichen Artefakten wieder zusammengesetzt werden und belegen die Produktion von Steinwerkzeugen am Ort (Abb. 94).

Der Nachweis der Feuernutzung, von verschiedenen Arbeitsplätzen und Hinweise auf Behausungen lassen das Bild eines organisierten Siedlungsplatzes in einer Mosaiklandschaft aus Bewaldung und natürlichen Freiflächen erkennen.

Die Besonderheit der rund 100 000 Jahre alten Funde von Rheindahlen B1 liegt in der Formenvielfalt und dem progressiven Charakter der Steingeräte, die an jungpaläolithische Gerätschaften aus der Zeit nach 40 000 vor heute erinnern. Bei diesen Stücken handelt es sich um bearbeitete Klingen und Lamellen, kleine Spitzen, gestielte Geräte, Stichel, Bohrer und Schaber. Hinzu kommen so genannte Kostenki-Kerne, Kostenki-Enden und Kostenki-Messer, die nach einem jungpaläolithischen Fundplatz am Don in Russland benannt sind. Insgesamt legen die teils recht kleinstückigen Geräte für ihre Handhabung Schäftungen aus organischen Materialien nahe.

Die Funde zeigen einerseits in ihrem fortschrittlichen Gesamteindruck eine typologisch-technologische Nähe zu anderen Fundstellen wie Tönchesberg 2B (Osteifel) und Wallertheim D in Rheinhessen, mit denen sie vielleicht eine eigene Gruppierung bilden, andererseits kommt das Element des Schärfungsschlages auch in einer als „Micoquien" oder „Keilmessergruppen" bezeichneten Kultur vor. In jedem Fall belegen die Stücke von Rheindahlen B1 eindrucksvoll, dass die eiszeitlichen Menschen Europas bereits vor 100 000 Jahren über eine fortschrittliche Steintechnologie verfügten.

Literatur

R. W. Schmitz – J. Thissen, Vorbericht über die Grabungen 1995–1997 in der mittelpaläolithischen B1-Fundschicht der Ziegeleigrube Dreesen in Rheindahlen. Archäologisches Korrespondenzblatt 28, 1998, 483–498.

Renate Gerlach

Monschau, Kreis Aachen – Eiszeitlöcher im Hohen Venn

Anfahrt

Es empfiehlt sich die Teilnahme an geführten Wanderungen durch das Hohe Venn, die unter anderem von verschiedenen Parkplätzen der Monschauer Umgebung starten. Auf der A 4 oder A 44 über das Autobahnkreuz Aachen Richtung Lüttich bis zur Abfahrt Aachen-Brand, dann auf der B 258 über Roetgen bis Monschau, ab hier den Informationen entsprechend zum angegebenen Treffpunkt fahren.

Innerhalb des Deutsch-Belgischen Naturparks Hohes Venn-Eifel stellt das zwischen den Orten Eupen, Spa, Monschau und Roetgen liegende Hohe Venn sicher die eigentümlichste Landschaft dar. Neben der Fauna und Flora einer inzwischen extrem selten gewordenen Hochmoorlandschaft lassen sich hier sogar noch die Relikte eines Dauerfrostbodens entdecken wie er in der letzten Eiszeit ganz Mitteleuropa bedeckt hat.

Bis zum Ende der Eiszeit vor rund 11 500 Jahren (nach geeichten Kalenderdaten BP bzw. vor heute) sah es in Mitteleuropa so aus wie heute in den hohen Breiten Sibiriens oder Lapplands: eine Kältesteppe an der Oberfläche und ein teilweise tiefgründiger Dauerfrostboden im Untergrund. Dabei entstanden durch das Gefrieren und Auftauen im Boden ganz charakteristische Frostmusterböden, die nach der Eiszeit in unserer Warmzeit fast überall wieder eingeebnet wurden, nur nicht im Hohen Venn. Hier ist ein Ausschnitt aus dem ehemaligen Frostmusterboden in Form von Hunderten von runden oder länglichen Senken mit einem Durchmesser zwischen 30 und 100 m erhalten geblieben.

Auf der deutschen Seite des Hohen Venns lassen sich diese Netze aus Wällen und Senken südwestlich von Mützenich im Brackvenn, im Wollerscheider Venn westlich von Lammersdorf sowie im benachbarten Hoscheider Venn südlich von Lammersdorf beobachten. Auf flachen Partien sind die Senken als rundliche (zum Beispiel bei Mützenich), in hängigem Gelände (zum Beispiel längs der Bahnlinie bei Hoscheid) als eher länglich ovale Formen ausgebildet. Entstanden sind die heute mit Torf und Was-

Unter den feucht-
kalten Bedingungen
am Ende der letzten
Kaltzeit (Jüngere
Dryaszeit, 13 000–
11 500 vor heute)
können sich in fein-
körnigem Boden-
material Eislinsen
bis zu 3 m Mäch-
tigkeit bilden.

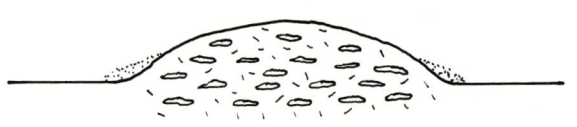

Der Eiskörper kann
zu einem Hügel
von bis zu 10 m
Höhe heranwach-
sen. Ausgetautes
Bodenmaterial
sammelt sich am
Fuß des Hügels.

Mit dem Ende der
Eiszeit taut das
Bodeneis auf und
der Hügel sackt
zusammen.

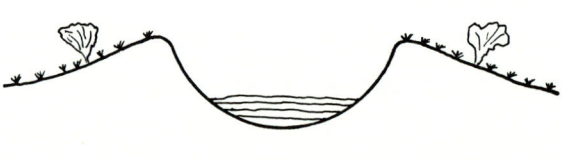

Es bleibt am Beginn
der Warmzeit eine
wassergefüllte
abflusslose Hohl-
form zurück, die im
weiteren Verlauf
durch ein aufwach-
sendes Torfmoor
vollständig ausge-
füllt werden wird.

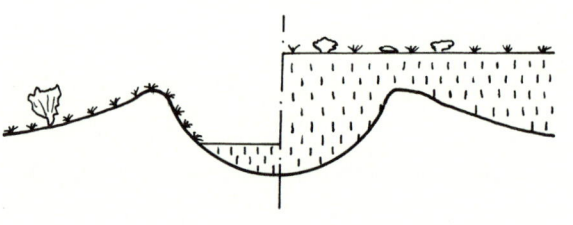

An vielen Stellen
wächst das lokale
Moor als Hoch-
moor über die Sen-
ke hinaus. Durch
Austorfung wurden
Teile der Eiszeitlö-
cher wieder freige-
legt (linke Hälfte).

⇦Abb. 95 Schema zur Entstehung eines Palsen. Von oben nach unten.

ser aufgefüllten Löcher am Ende der letzten Kaltzeit in der Jüngeren Dryaszeit (13 000–11 500 vor heute) und dem ersten Abschnitt unserer Warmzeit, dem Präboreal (11 500–10 500 Jahre vor heute). Bei eiszeitlichen Jahresmitteltemperaturen zwischen −1 °C und −5 °C (heute: +8,3 °C) bildeten sich in exponierten, schneefreien Stellen im Boden Eislinsen von 1 bis 3 m Mächtigkeit. Dieses oberflächennahe Eis hat die Eigenschaft, aus dem Untergrund Porenwasser regelrecht anzusaugen. Anders ausgedrückt: Das Bodenwasser wandert zur Gefrierfront. Dadurch wird der Eiskörper im Boden immer größer und ein bis zu 10 m hoher Hügel aus mit Eis gefülltem Boden wächst heran. An der Oberfläche des über Jahrhunderte bestehenden Eishügels rutscht dann nach und nach das austauende Bodenmaterial zur Seite hin ab, so dass sich allmählich rund um den eisigen Hügel ein Wall aus Bodenmaterial legt. Mit der Erwärmung zu Beginn des Holozäns (Präboreal) taute der gefrorene Boden aber vollständig auf und die nun nicht mehr mit Eis gefüllten Hügel sackten infolgedessen zusammen. Zurück blieben die von Wällen umgebenen Senken (Abb. 95).

Die Eiszeitforscher bezeichnen sie mit dem lappländischen Begriff „Palsen", während die Bevölkerung des Hohen Venns sie als „viviers" (= Fischteiche) kennt – eine anschauliche, aber vom Ursprung her falsche Charakterisierung.

Dieses eiszeitliche Netz aus Senken und Wällen hat sogar die Ausbreitung des Hochmoores im Hohen Venn

Abb. 96 Mützenich, Rotes Venn/ Kreis Aachen. Blick auf ein eiszeitliches Bodenrelikt, ein so genannter Palsen.

gefördert. Zwar hätte sich aufgrund des hohen Nieder-
schlages und des sauren Ausgangsgesteines im Untergrund
wohl ohnehin ein Hochmoor ausgebildet, aber die Löcher
hielten das Niederschlagswasser zusätzlich gefangen.
Abgestorbenes Pflanzenmaterial konnte sich darauf leicht
absetzen, wodurch allmählich ein Torfmoor entstand. An
vielen Stellen wuchsen diese Minimoore aus ihren Senken
heraus und bildeten bald eine echte zusammenhängende
Hochmoordecke.

Das Torfpaket in den Senken kann an einigen Stellen
die gesamten letzten 11 500 Jahre – unsere Warmzeit
(Holozän) – umfassen, so dass hier ein wertvolles Archiv
der Natur- und Kulturgeschichte vorliegt, denn anhand der
im Moor eingebetteten Pollen sind natürlich auch die
Rodungen und Ackerbauphasen unserer Vorfahren rekon-
struierbar.

Im Zuge der Austorfung des Hohen Venns wurden auch
etliche Palsen komplett ausgegraben, so dass wir nicht
immer rein natürliche Formen, sondern bereits vom Menschen überprägte Löcher sehen, die aber dennoch in ihrer
Anlage auf den „sibirischen" Dauerfrostboden der letzten
Kaltzeit zurückgehen. Der Mensch hat in diesen Fällen nur
dafür gesorgt, dass wieder ein Zustand wie vor 11 500 Jahren am Ende der letzten Kaltzeit präsent ist (Abb. 96).

Literatur

E. Mückenhausen, Eine besondere Art von Pingos am Hohen
Venn/Eifel. Eiszeitalter und Gegenwart 11, 1960, 5–11.

F. Persch, Zur postglazialen Wald- und Moorentwicklung im
Hohen Venn. Decheniana 104, 1950, 81–93.

A. Pissart, Les viviers des Hautes Fagnes sont des traces de buttes
périglaciaires. Mais s'agissait–il réellement de pingos? Annales de
la Société Géologique de Belgique 97, 1974, 359–381.

Wanderungen und Führungen

Willi Henken (geprüfter Naturführer), Monschau,
www.hohesvenn.de

Vereinigung GeoMontanus, www.geomontanus.com

Geschichts- und Museumsverein „Zwischen Venn und
Schneifel ZVS", www.zvs.be

Ralf W. Schmitz

Ratingen, Kreis Mettmann – ein Werkstattplatz der Neandertaler in der Niederrheinischen Bucht

> **Anfahrt**
>
> Zwischen Düsseldorf und Ratingen, Erholungsgebiet Volkardey; hier der südwestliche Teil des „Silbersees".

Die Fundstelle wurde 1984 von dem Düsseldorfer Hobby-archäologen Reinhardt Busch entdeckt, der bis zur Stilllegung der Kiesbaggerei im Sommer 1993 Förderbänder beobachtete und Kieshaufen absuchte. Dabei war es möglich, in über 2 000 Freizeitstunden bei jeder Witterung 458 Steinartefakte zu bergen. Bedingt durch die Art der Auskiesung und die Bergungsumstände dürfte es sich dabei um einen kleinen Ausschnitt der ursprünglichen Artefaktmenge handeln. Die Funde stammen aus einer Tiefe um 20 m unter der heutigen Geländeoberfläche aus der Niederterrasse des Rheins. Dies spricht für eine Ablagerung in der ersten Hälfte der letzten Kaltzeit. Eine nicht näher einschätzbare Verlagerung der Funde innerhalb des Areals ist wahrscheinlich.

Als Rohmaterial fand, von wenigen Ausnahmen abgesehen, der in zahlreichen Blöcken und Platten bis zu mehreren Tonnen Gewicht vorkommende tertiäre Quarzit Verwendung.

Bei den über eine Fläche von mindestens 700 m x 525 m streuenden Funden handelt es sich fast ausschließlich um Vorarbeiten zu Faustkeilen, unfertige Faustkeile sowie Kerne, Präparierabschläge und mängelbehaftete Zielabschläge. Hinzu kommen einfache Abschläge, die zu einem großen Teil von der groben Formung der Rohmaterialeinheiten herrühren. Vollendete Geräte und mängelfreie Zielabschläge sind hingegen eher die Ausnahme (Abb. 97, Abb. 98). Auffällig ist eine verschwenderische Nutzung des reichlich vorhandenen Quarzits.

Es spricht vieles dafür, dass es sich hier um einen so genannten Atelier-Platz handelt. Derartige Fundstellen sind Rohmaterialvorkommen, die vom mittelpaläolithischen Menschen gezielt zur Herstellung von Steingeräten aufgesucht wurden. Die mängelfreien Geräte sind dabei anscheinend an andere Orte verbracht worden; der

Gedanke, in diesen Orten die Siedlungs- und Jagdplätze der entsprechenden Menschengruppen zu vermuten, liegt nahe. Am Ort der Herstellung blieb der Produktionsabfall zurück.

Im Gegensatz zu anderen Ateliers wie etwa der Reutersruh in Hessen oder Troisdorf-Ravensberg liegen in Ratingen keine Hinweise auf eine Nutzung während des gesamten Mittelpaläolithikums oder späterer Zeiten vor. Der Grund hierfür ist in der unterschiedlichen Dauer der Zugänglichkeit des Rohmaterials zu sehen: Während an der Reutersruh und am Ravensberg die Quarzite in exponierter Lage durch Erosion zugänglich wurden und blieben, erfolgte die Freilegung der Quarzitblöcke und -platten in Ratingen durch den Rhein nur für eine gewisse Zeit; später verhinderte die erneute Bedeckung mit Sand und Kies den Zugang zu den Rohmaterialvorkommen. Hinzu kommt die tektonische Absenkung des Areals im Rahmen der Senkung der Niederrheinischen Bucht gegenüber den östlich angrenzenden Bergischen Randhöhen. Der wissenschaftliche Wert des Ratinger Atelier-Fundplatzes wird nicht zuletzt durch die zeitlich begrenzte Verfügbarkeit des Rohmaterials bestimmt; dadurch kann eine Vermischung von Funden aus unterschiedlichsten Epochen ausgeschlossen werden.

⇦ *Abb. 97 Ratingen/Kreis Mettmann. Faustkeile aus Feuerstein und Quarzit sowie eine Faustkeil-Vorarbeit, Stadtmuseum Ratingen.*

Literatur

⇦ *Abb. 98 Ratingen/Kreis Mettmann. Unfertige Faustkeile, Levalloiskern und Levalloisklinge aus Quarzit, Stadtmuseum Ratingen.*

L. Fiedler – St. Veil, Ein steinzeitlicher Werkplatz mit Quarzitartefakten vom Ravensberg bei Troisdorf, Siegkreis. Bonner Jahrbücher 174, 1974, 378–407.

A. Luttrop – G. Bosinski, Der altsteinzeitliche Fundplatz Reutersruh bei Ziegenhain in Hessen. Fundamenta A6 (1971).

R. W. Schmitz, Das Alt- und Mittelpaläolithikum des Neandertals und benachbarter Gebiete (1996).

Jürgen Richter

Rietberg, Kreis Gütersloh –
Siedlungsplätze aus dem Übergang
vom Jung- zum Spätpaläolithikum

Anfahrt

Von der B 64 Paderborn-Rheda-Wiedenbrück abfahren nach Rietberg; von der Delbrücker Straße rechts ab in die Maximilian-Ulrich-Straße. Dort über den Kreisverkehr nach links bis zum Straßenende durchfahren. Unmittelbar nördlich der Straße lag der spätpaläolithische Fundplatz.

Am südlichen Stadtrand von Rietberg lag im Auenbereich der Ems eine Gruppe von Siedlungs- und Aktionsplätzen aus der Zeit um 12 000 v. Chr.

Aufsammlungen von Herbert Bolte, Rietberg, führten 1974 zu einer Grabung durch das Westfälische Museum für Archäologie und 1999/2000 zu großflächigen Ausgrabungen der Universität Köln (Abb. 99). Zahlreiche Fundkonzentrationen waren durch Grünlandwirtschaft und Überackerung bereits zerstört worden. Jedoch waren die Fundstellen Rietberg 1, 2 und 5 noch in ihrer ursprünglichen Fundlagerung erhalten. Über 10 000 Steinartefakte wurden in Rietberg geborgen, jedoch nur ganz wenige Knochenreste.

Rietberg 1 ist eine große ovale Fundkonzentration, die als Überrest eines größeren Lagerplatzes interpretiert wird.

Abb. 99 Rietberg/Kreis Gütersloh. Blick auf die Grabung.

Abb. 100   Riet-
berg/Kreis Güters-
loh. Artefakte aus
baltischem Feuer-
stein vom Fund-
platz Rietberg 2:
Rückenspitze (1),
zwei Basaltfrag-
mente von Rücken-
messern/-spitzen
(2, 3), Terminalfrag-
ment einer Rücken-
spitze (4), retu-
schierter Abschlag
(5), Rückenmesser
(6), rückenretu-
schiertes Fragment
(7), zwei Stichella-
mellen (8, 9),
sieben Medialfrag-
mente von Klingen
(zum Teil mit Hitze-
schäden) (10–16),
sieben Basalfrag-
mente von Klingen
(17–23).

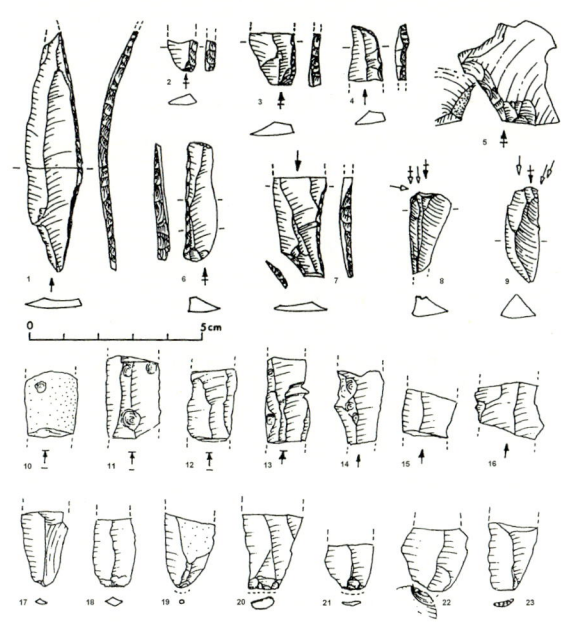

Rietberg 2 ist ein kleiner Aktionsplatz, an dem zwei bis drei
Jäger im Laufe von etwa einer Stunde ihre Jagdwaffen repa-
riert haben (Abb. 100); Rietberg 5 ist ein ausgedehntes Areal, in dem Rohknollen aus baltischem Feuerstein zu Voll-
kernen für eine spätere Klingenproduktion verarbeitet wurden. Die Funktion zahlreicher kleiner Gruben ist unklar.

Die Funde von Rietberg sind einzigartig in Nordrhein-
Westfalen, weil sie in den bislang in der Region noch nicht
durch Fundplätze dokumentierten Übergang vom Jung-
zum Spätpaläolithikum datieren. In dieser Zeit mussten
sich die prähistorischen Jäger von der Jagd auf die großen
Rentier- und Pferdeherden umstellen auf die Standwildjagd
in einer zunehmend waldreichen Landschaft. Im Rietber-
ger Fundensemble fallen Elemente des Mittelgebirgs-Mag-
dalénien zusammen mit Werkzeugen der Hamburger Kultur Norddeutschlands auf. Daneben gibt es doppelte Rückenspitzen, die man sonst aus dem Pariser Becken kennt.

Literatur

W. Adrian, Die Altsteinzeit in Ostwestfalen und Lippe. Fundamenta A 8 (1982) 102–115.

J. Richter, Aktionen spätpaläolithischer Jäger in Rietberg 2, Kreis
Gütersloh, in: B. Gehlen u. a. (Hrsg.), Zeit-Räume. Gedenkschrift
für Wolfgang Taute. Archäologische Berichte 14 (2001) 349–362.

Michael Baales

Der „Hohle Stein" bei Kallenhardt, Stadt Rüthen, Kreis Soest

Anfahrt

Östlich von Warstein und südlich von Rüthen liegt der Ort Kallenhardt. Etwa in der Ortsmitte weist an der Hauptstraße eine Beschilderung auf dunklem Holzschild zum „Hohlen Stein", der südwestlich der Ortschaft liegt. Über eine Nebenstraße erreicht man nach ca. 2,5 km einen Parkplatz. Von dort weist die Beschilderung den „Hohlen Stein" westlich liegend aus; Fußmarsch von rund 500 m.

Etwa 15 km südlich des Mittelgebirgsrandes und rund 2,5 km südwestlich von Kallenhardt befindet sich am Ost-ufer des Nord-Süd verlaufenden Lörmecke-Bachtals eine 40 m lange devonische Massenkalkkuppe; hierin liegt der „Hohle Stein" genannte Höhlenraum (Abb. 101). Zur Höhle führen zwei Zugänge: Der größere, höher gelegene Eingang liegt im Südwesten des Kalkfelsens, während sich der niedrigere, zweite Eingang nach Südosten und zur Lörmecke hin öffnet. Die erhöht gelegene Höhlenhalle erreicht Ausmaße von etwa 19 m x 17 m bei einer durchschnittlichen Höhe von 3,50 m. Im hinteren Teil des Höhlenraums wurden die meisten archäologischen Funde geborgen.

Abb. 101 „Hohler Stein"/Kreis Soest. Ansicht des Massenkalkfelsens von Westen mit den Höhleneingängen im Lörmecketal.

Nach ersten Funden im späten 19. Jh. war es der Rüthener Lehrer E. Henneböle, der 1928 begann, im „Hohlen Stein" nach archäologischen Relikten zu suchen. Zwischen 1929 und 1933 fand er mehrmals Unterstützung durch den Geologen und Archäologen J. Andree, um 1934 schließlich wieder allein für die letzte Grabungskampagne im „Hohlen Stein" verantwortlich zu sein.

Die Grabungen, teils durch Sprengungen erst ermöglicht, erlaubten insgesamt nur eine grobe Trennung der verschiedenen Fundschichten; dies führte zu Vermischungen unterschiedlich alter Fundobjekte.

Erste Funde waren bereits in einer oberflächennahen Sinterschicht eingebettet, Tierreste, Steingeräte und auch Menschenreste. Letztere gehören zu einer Besiedlungsphase der vorrömischen Eisenzeit; zudem sind frühmittelalterliche und neuzeitliche Funde vorhanden. Neben wenigen mittelsteinzeitlichen Objekten gehört die Masse der steinzeitlichen Artefakte und Tierreste zur spätpaläolithischen Ahrensburger Kultur, den letzten Rentierjägern Mitteleuropas vor rund 12 000 Jahren, benannt nach einer Fundregion nördlich von Hamburg. Während einer finalen, rund 1100-jährigen Kälteperiode am Ende der letzten Kaltzeit, Jüngere Dryaszeit genannt, boten die Klimaverhältnisse Rentieren und anderen subarktischen Tierarten noch einmal ideale Lebensbedingungen. Sie besiedelten nun letztmals die Nordeuropäische Tiefebene und die südlich anschließende nördliche Mittelgebirgszone.

Regelmäßig im Frühjahr und im Herbst fanden sich die Rentiere zu oft großen Herden zusammen, um dann weiträumige Wanderungen zwischen ihren angestammten Winter- und Sommereinständen zu unternehmen. Dies machten sich die Menschen der Ahrensburger Kultur zu Nutze, indem sie zu genau diesen Zeiten an bestimmten Engpässen oder auch Flussübergängen die eintreffenden Herden erwarteten und dort Rentiere in großer Zahl erlegten.

Die im „Hohlen Stein" geborgenen Tierreste, besonders die Geweihe weiblicher oder jugendlicher Rentiere und die Zähne junger Tiere, belegen eindrücklich, dass sich die Rentierherden während des Frühjahrs in der Umgebung aufhielten. Sie zogen von Norden kommend durch das Lörmecketal, um das im Süden liegende westfälische Bergland zu erreichen. Hier verweilten die Tiere während der Sommermonate und brachten ihre Jungtiere zur Welt.

Die Menschen, die im „Hohlen Stein" lagerten, erwarteten die Rentiere vermutlich im Engtal unweit der Höhle, da im Knochenmaterial alle Körperpartien der Tiere vorhanden sind; die Tiere wurden also vollständig zum Lagerplatz an und in die Höhle gebracht.

Jagdwaffen waren Pfeil und Bogen. Im „Hohlen Stein" wurden zahlreiche Pfeilspitzen – typische Stielspitzen

Abb. 102   „Hohler Stein"/Kreis Soest. Stielspitzen der Ahrensburger Kultur aus nordischem Feuerstein.

Abb. 103   „Hohler Stein"/Kreis Soest. Bruchstück eines Rentier-Schienbeinknochens mit deutlichen Schnittspuren von Steinmessern.

(Abb. 102) und einfache mikrolithische Spitzen –, zumeist aus nordischem Feuerstein, gefunden. Daneben gibt es viele andere Steingeräte, die unter anderem der Zerlegung der Jagdbeute dienten. So weisen die Rentierknochen auch viele Einschnitte und Schlagspuren der Markgewinnung auf und bezeugen eine systematische Verwertung (Abb. 103). Ergänzt wird das Fundspektrum durch einige Knochen- und Geweihgeräte sowie einen durchbohrten Eckzahn vom Wolf, ein Schmuckstück also.

Neben dem Kartstein in der Nordeifel (s. Beitrag des Verfassers in diesem Band) und Remouchamps in den belgischen Ardennen ist der „Hohle Stein" der wichtigste Fundplatz der Ahrensburger Kultur im nördlichen Mittelgebirgsraum. An allen drei Fundplätzen sind nachhaltige Belege dafür vorhanden, dass sich die Menschen während des Frühjahrs zur Rentierjagd hier aufhielten.

Literatur

M. Baales, Umwelt und Jagdökonomie der Ahrensburger Rentierjäger im Mittelgebirge. Monographien des Römisch-Germanischen Zentralmuseums Mainz 38 (1996).

Bernhard Stapel

Saerbeck-Sinningen, Kreis Steinfurt – Schlagplätze der Ahrensburger Kultur

Anfahrt

Von Emsdetten in Richtung Saerbeck durch die Siedlung Sinningen auf der B 475, bis rechter Hand die Eilers'sche Windmühle zu sehen ist. Dort nach rechts bis zum Wanderparkplatz. Der Fundplatz lag auf dem östlich des Parkplatzes gelegenen Feld, direkt an der Terrassenkante zur Emsaue (Abb. 104).

Beim Abschieben einer flachen Erhebung im Auftrag der Flurbereinigung wurden 1984 zahlreiche Feuersteinfundstücke entdeckt. Die heute nicht mehr im Gelände erkennbare Fundstelle lag auf dem nördlichen Flussterrassenrand direkt am Hang, hin zur jetzigen Emsaue.

Im Verlauf der anschließenden Notbergung durch das Westfälische Museum für Archäologie, Außenstelle Münster, konnten auf einer Fläche von ca. 300 m² drei Fundkonzentrationen mit Hunderten von Abschlägen, kleinsten Absplissen und Kernsteinen aufgedeckt werden. Archäolo-

Abb. 104 Saerbeck-Sinningen/ Kreis Steinfurt. Blick aus der heute zum Teil renaturierten Emsaue auf die Terrassenkante beim Fundplatz.

*Abb. 105 Saer-
beck-Sinningen/
Kreis Steinfurt. Teil-
weise ließen sich
die Silices wieder
zu den ursprüng-
lichen Knollen zu-
sammensetzen.*

gische Bodenspuren wie die Reste von Feuerstellen oder
Zeltbauten wurden nicht festgestellt.

Das Fundmaterial setzt sich fast ausschließlich aus
Abfallprodukten der Feuersteinbearbeitung bzw. aus
verworfenen Halbfertigfabrikaten zusammen. Außerdem
ließen sich viele der Silexobjekte wieder zu Knollen
zusammensetzen (Abb. 105). Dadurch wurde es möglich,
den damaligen Steinschlägern sozusagen über die Schulter
zu schauen und ihre Bearbeitungstechniken in allen Ein-
zelheiten zu rekonstruieren. Sämtliche Beobachtungen
legen nahe, dass es sich bei Saerbeck-Sinningen um reine
Schlagplätze gehandelt hat, an denen recht große Feuer-
steinrohstücke von bis zu 1 kg Gewicht zerlegt wurden.
Angestrebtes Zielprodukt waren dabei lange schmale
Abschläge, so genannte Klingen, mit einer Länge von mindestens 10 cm. Nur solche Stücke wurden aussortiert und
zum eigentlichen Lagerplatz mitgenommen. Alle übrigen
Reste, die nicht für eine Weiterverarbeitung geeignet
erschienen, blieben am Schlagplatz liegen. Möglicherweise wurde der Platz direkt über der Emsaue gezielt zur
Beschaffung von Rohmaterial aufgesucht. In Erosionsrinnen und Seitenarmen der Ems wurde damals wahrscheinlich qualitätsvoller Geschiebefeuerstein freige-
schwemmt und so erst für die Menschen erreichbar.

Wirkliche Werkzeuge wurden in Saerbeck-Sinningen selten angetroffen. Es handelt sich um Geräte zur Fell-, Holz- oder Geweihbearbeitung, so genannte Kratzer und Stichel. Während der Steinzeit veränderte sich die Form derartiger Werkzeuge nur wenig, so dass sie kaum Hinweise zur zeitlichen Einordnung der Fundstelle bieten. Die handwerklich sehr ausgefeilte Feuersteinbearbeitungstechnik in Saerbeck-Sinningen und die langen Klingen erlauben aber eine Datierung des Platzes in die Zeit der Ahrensburger Kultur (10 750–9 600 v. Chr.) (s. Beitrag von M. Baales zum „Hohlen Stein" bei Kallenhardt in diesem Band).

Diese Kultur fällt in eine kalte Klimaphase am Ende der letzten Eiszeit. Nach archäobotanischen Untersuchungen in der näheren Umgebung von Sinningen breitete sich damals eine Parktundra mit wenigen Bäumen wie Birken, Kiefern und Weiden aus. Letztmals lebten in unseren Breiten große Rentierherden. Über die Lagerplätze der Ahrensburger Kultur wissen wir im Münsterland erstaunlich wenig. Sie dürfen in der Nähe von Saerbeck-Sinningen vermutet werden, vor allem an Engstellen des Emstals oder an natürlichen Furten. Hier konnten die damaligen Jäger den Rentierherden auf ihren jährlichen Wanderungen in die Sommereinstände im westfälischen Bergland auflauern.

Im Randbereich der Untersuchungsfläche fanden sich darüber hinaus Befunde, die auf ein Gräberfeld der späten Bronzezeit oder älteren Eisenzeit und eine Siedlung der römischen Kaiserzeit schließen lassen.

Literatur

J. Weiner, Beobachtungen zur Technologie der Feuersteinartefakte und zum Charakter des steinzeitlichen Siedlungsplatzes Saerbeck-Sinningen (in Vorbereitung).

Michael Baales

Ternsche, Stadt Selm, Kreis Unna – mittelpaläolithische Baggerfunde

Anfahrt

Die ehemalige Sandgrube liegt westlich der B 236 und nordwestlich der Stadt Selm. Nach der Kreuzung mit der B 236 die Olfener Straße nach Westen nehmen und dann bald danach auf den wenig nördlich gelegenen Ternscher See mit seinem Strandbad zusteuern. Der See nimmt die Fläche der ehemaligen Sandgrube ein.

In der Vergangenheit wurden in der Münsterländer Bucht und im Ruhrgebiet durch Kanalbau oder Kiesgewinnung immer wieder Sedimente aus dem Eiszeitalter angeschnitten. Für die Urgeschichte besonders wichtig sind die Aufschlüsse mit alten Flussablagerungen, in denen nicht selten eiszeitliche Tierreste und Steingeräte früher Menschen zu finden sind. Hierzu zählt auch das kleine Fundensemble von Ternsche.

Zum Bau des Dortmund-Ems-Kanals in den 1930er Jahren benötigte man große Mengen Sand und Kies, die in nahe gelegenen Baggergruben gefördert wurden. Eine solche Abbaugrube, bis 700 m lang, 400 m breit und 15 m tief, wurde auch im Zwickel des Zusammenflusses von

Abb. 106 Ternsche, Ternscher See/Kreis Unna. Baggerarbeiten zur Gewinnung von Sand und Kies 1934.

Abb. 107 Ternsche, Ternscher See/Kreis Unna. Zwei Faustkeilfunde aus nordischem Feuerstein.

Funne und Stever bei Ternsche nordwestlich Selm zur Sandentnahme angelegt (Abb. 106), heute der Ternscher See. Die geologische Abfolge zeigte an der Basis über einem Mergel grobe, hellgraue Sande der Stever (Nebenfluss der Lippe), in denen dünne Lagen mit zahlreichen Pflanzenresten und Molluskenschalen eingeschaltet waren. In diesem Paket lagen offenbar die eiszeitlichen Tierreste und (zumindest die meisten) Steinartefakte; diese nicht sehr zahlreichen Funde bestehen sämtlich aus nordischem Feuerstein. Es sind insgesamt nur wenige Werkzeuge, ein Kern und einige sichere Abschläge vorhanden. Bei den 1935 darüber hinaus publizierten Funden handelt es sich um natürliche Trümmer.

Von besonderem Interesse sind zwei kleine Faustkeile (Abb. 107). Der größere besteht aus einem leicht bläulich veränderten (patinierten) Feuerstein (Länge: 10,9 cm) und hat eine weitgehend dreieckige Form, wohingegen der kleinere, aus einem bräunlichen Feuerstein gefertigte Faustkeil von ovaler Form ist (Länge: 8,7 cm). Dieses Stück ist umlaufend scharf gearbeitet, konnte also kaum in der bloßen Hand geführt werden.

Derartige Faustkeile werden in Westeuropa häufig im so genannten Moustérien de tradition acheuléennne gefunden, und zwar in der älteren Phase A. Dieses MtA-A ist nur selten in Mitteleuropa und Nordrhein-Westfalen vorzufinden. Es sind meist einzelne „Faustkeile" der beschriebenen Form, die hier eingeordnet werden. Diese spezielle Ausprägung des „Moustérien" gehört an das Ende des Mittelpaläolithikums in die Zeit vor gut 50 000 Jahren.

Weiterhin gibt es in dem kleinen Inventar von Ternsche noch zwei Doppelschaber, darunter eine gestreckte Form von 10 cm Länge. Ob das Fragment einer an der linken Kante leicht gestumpften Klinge tatsächlich zu diesem Inventar gehört, ist den Fundumständen nach fraglich.

Die nur wenigen sicheren Artefakte von Ternsche wurden 1934 in einem weiten Bereich in der Grube aufgesammelt; so lagen die beiden Faustkeile etwa 400 m auseinander. Dieser Befund sowie ihr unterschiedlicher Erhaltungszustand können folglich kaum zur Klärung der Frage einer Zusammengehörigkeit beitragen, also, ob sie einen einzigen Aufenthalt früher Menschen repräsentieren (vorausgesetzt, man nimmt keine großräumige Verlagerung der Funde im Laufe der Zeit an). Auf dem Areal der späteren Abbaugrube könnten ebenso gut mehrere Aufenthalte von Menschen – von denen dann jeweils nur wenige Artefakte zufällig aufgesammelt wurden – überliefert worden sein, die zeitlich vielleicht einige Hundert oder Tausend Jahre auseinander lagen.

Unter den geborgenen Tierresten sind vor allem typische mitteleuropäische Bewohner der jungeiszeitlichen Steppenlandschaften vertreten: Mammut, Wollnashorn, Wisent, Rentier, Riesenhirsch, Pferd, Höhlenhyäne, Wolf und Fuchs. Unter den Pflanzenresten sind neben Seggen und Binsen auch Reste von Kiefern, Fichten, Polarweide und Zwergbirke überliefert.

Literatur

G. Bosinski, Die mittelpaläolithischen Funde im westlichen Mitteleuropa. Fundamenta A 4 (1967).

B. Herring – B. Rüschoff-Thale, Ein Faustkeil aus Senden, in: D. Bérenger (Hrsg.), Archäologische Beiträge zur Geschichte Westfalens. Festschrift für Klaus Günther zum 65. Geburtstag. Studia Honoraria 2 (1997) 17–26.

H. Hoffmann, Die altsteinzeitlichen Funde von Ternsche, Kreis Lüdinghausen. Westfalen 20 (1935) 215–227.

Bernhard Stapel

Die Herkensteine bei Tecklenburg, Kreis Steinfurt – Waldjäger auf dem „Balkon" des Münsterlandes

Anfahrt

Abfahrt Lengerich-Tecklenburg von der Autobahn A1 zunächst rechts, dann nach links in Richtung Tecklenburg, durch den Ort, bis rechts der Abzweig in Richtung Leede angezeigt wird. Nach etwa 500 m führt der Feldweg „An den Herkensteinen" zum Fundplatz.

Eine der fundreichsten Lesefundstellen des nördlichen Münsterlandes befindet sich auf einer kleinen Kuppe am nördlichen Hang des Teutoburger Waldes nur wenige 100 m von der Autobahn A1 entfernt. Die Anhöhe ist im Westen und Norden von steil abfallenden Hängen begrenzt. Hier tritt der anstehende Osning-Sandstein in zum Teil imposanten Klippen zutage. Diese aufragenden Felsformationen der Herkensteine gaben dem Fundplatz seinen Namen (Abb. 108).

Abb. 108 Herkensteine/Kreis Steinfurt. Die imposanten Klippen der Herkensteine erinnern an von steinzeitlichen Menschen bewohnte Felsdächer.

Seit Anfang der 70er Jahre des vergangenen Jahrhunderts konnten von der Ackerfläche auf der Kuppe ca. 10 000 Funde aufgelesen werden. Grabungen haben bis-

*Abb. 109 Herken-
steine/Kreis
Steinfurt. Mikroli-
then dienten als
Pfeilspitzen oder
Widerhaken.*

lang nicht stattgefunden. Die zahlreichen Fundstücke machen deutlich, dass vor allem während der mittleren Steinzeit (9 600–5 000 v. Chr.) Gruppen von Jägern und Sammlern diese Stelle immer wieder auf ihren jahreszeitlichen Wanderungen aufgesucht haben. Das Fundmaterial setzt sich vornehmlich aus Abfallstücken der Feuersteinbearbeitung wie Abschlägen, Klingen, Restkernsteinen und Trümmern zusammen. Das Rohmaterial konnte in der unmittelbaren Umgebung in Form von kleinen Feuersteinknollen aus Bachtälern aufgesammelt werden. Aussagekräftig für eine zeitliche Einstufung der Fundstelle sind aber kleine geometrisch geformte Waffeneinsätze, so genannte Mikrolithen, die als Pfeilspitzen oder Widerhaken verwendet wurden (Abb. 109). Aufgrund ihrer typischen Gestaltung lassen sich diese Funde im Vergleich mit anderen, durch die Radiokarbondatierungsmethode bestimmten Fundplätzen in eine ältere Phase der mittleren Steinzeit (8 500–7 000 v. Chr.) einordnen.

Eine weitere wichtige Gruppe stellen kleinere, aus Feuersteinrohstücken grob zugerichtete beilartige Geräte dar. Diese Kern- und Scheibenbeile finden sich in Westfalen ausschließlich auf Fundstellen im Mittelgebirgsraum. Sie fehlen demgegenüber in der Münsterländer Tieflandbucht. Geräte zur Holz- oder Knochenbearbeitung und zum Reinigen von Tierhäuten wie zum Beispiel Kratzer, Bohrer und Stichel ergänzen das Fundmaterial.

Eine Pfeilspitze aus der Endphase der letzten Eiszeit, eine so genannte Stielspitze, zeigt, dass bereits eiszeitliche Rentierjäger die Herkensteine als passenden Lagerplatz schätzten. Ein geschliffenes Feuersteinbeil beweist hingegen die wahrscheinlich nur kurzzeitige Anwesenheit jungsteinzeitlicher Bauern.

Warum der Platz eine so große Anziehungskraft auf die damaligen Jäger und Sammler ausgeübt hat, ist nach mehr als 10 000 Jahren nur schwer zu klären. In weniger als 150 m Entfernung sorgt noch heute eine Quelle für eine gute Trinkwasserversorgung. Außerdem bieten die Herkensteine einen weitreichenden Blick über die nördlich anschließende Landschaft. Nach archäobotanischen Untersuchungen war das Gebiet um den Tecklenburger Osning in dieser Phase der mittleren Steinzeit weitgehend von Wäldern aus Kiefern und Birken bewachsen. Der archäologische Vergleich mit anderen Fundplätzen zeigt, dass die Menschengruppen damals von der Jagd auf Standwild wie Hirsch, Reh und Wildschwein und dem Sammeln von Waldfrüchten wie zum Beispiel Haselnüssen lebten. Die seinerzeit wahrscheinlich nur schütter bewachsene Kuppe der Herkensteine bot sich als natürlicher Ansitz oder Aussichtspunkt an, um das Jagdrevier zu überblicken.

Literatur

W. Wienkämper, Mesolithische Fundstellen im Teutoburger Wald zwischen Tecklenburg und Leeden. Führer zu vor- und frühgeschichtlichen Denkmälern 46 (1981) 223–227.

Ders., Mittelsteinzeitliche und jungsteinzeitliche Oberflächenfundstellen im Bereich des Tecklenburger Osning (1991).

Harald Floss

Der Ziegenberg bei Altenrath, Stadt Troisdorf, Rhein-Sieg-Kreis – ein Jagdlager der Ahrensburger Kultur

Anfahrt

An der A 3 die Abfahrt Lohmar nehmen und auf der Hauptstraße nach Norden, nach Lohmar hineinfahren. Von der Ortsmitte führt eine Straße nach Westen über die Agger in Richtung Altenrath. Nach der Überquerung der Agger liegt der Ziegenberg direkt nördlich. Die Grabungsfläche selbst lag – der Straße nach Altenrath weiter folgend – einige Hundert Meter weiter in Richtung Altenrath am Südwestfuß des Ziegenbergs.

Knapp 20 km südöstlich von Köln, auf halbem Wege zwischen der Stadt Lohmar und dem kleinen Ort Altenrath, finden wir eine interessante Fundstelle der ausgehenden Altsteinzeit, den Ziegenberg. Der Ziegenberg ist eine Düne, die sich am Ende der letzten Eiszeit aus herbeigewehten Sanden gebildet hat. Mit einer Höhe von 123 m ü. NN überragt der rundliche Hügel das Tal der Agger (Abb. 110), die nur wenige Kilometer weiter südlich in die Sieg mündet.

Die Entdeckung der altsteinzeitlichen Fundstelle geht auf den Betrieb von Sandgruben in den 1930er Jahren zurück. Im Rahmen von zwei unter der Leitung von Carl Rademacher und Werner Kersten durchgeführten Ausgrabungen

Abb. 110 Altenrath-Ziegenberg/ Rhein-Sieg-Kreis. Ansicht auf die in das Aggertal vorspringende Südspitze des Ziegenbergs. Die spätpaläolithische Fundstelle liegt am Westfuß des Bergs.

Abb. 111 Altenrath-Ziegenberg/ Rhein-Sieg-Kreis. Drei Stielspitzen der Ahrensburger Kultur aus baltischem Feuerstein, Römisch-Germanisches Museum Köln.

konnte seinerzeit ein reiches archäologisches Inventar entdeckt werden, das an das Ende der letzten Eiszeit datiert. Die Funde zeichnen sich durch das Vorkommen einer besonderen Form von Pfeilspitzen aus. Diese Spitzen (Abb. 111) sind kennzeichnend für eine späteiszeitliche Kul-

Abb. 112 Altenrath-Ziegenberg/ Rhein-Sieg-Kreis. Drei Kerne und ein großer Präparationsabschlag (unten rechts) aus baltischem Feuerstein.

tur, die nach einer Fundstelle bei Hamburg „Ahrensburger Kultur" genannt wird. Diese Kultur kennen wir hauptsächlich aus dem nordeuropäischen Flachland, während sie im Mittelgebirgsraum selten vorkommt (s. Beiträge von M. Baales zum Kartstein und „Hohlen Stein" bei Kallenhardt in diesem Band). Der Ziegenberg ist eine der südlichsten Fundstellen dieser Kultur in Deutschland.

In der Endphase der letzten Eiszeit, vor grob 15 000 Jahren, beginnt das Klima, sich kontinuierlich zu erwärmen. Mehr und mehr lösen Wälder die offene Landschaft der eiszeitlichen Steppen ab. Doch dann plötzlich, vor ca. 12 700 Jahren, kehrte die Eiszeit noch einmal zurück. Von Norden her dehnten sich nochmals offene Steppen nach Mitteleuropa aus und wieder zogen Rentiere in unsere Breiten. Diese rund 1 000-jährige Phase kühleren Klimas am unmittelbaren Ende der letzten Eiszeit nennt man nach einer nordischen Pflanze auch die Jüngere Dryaszeit.

Die Menschen der Ahrensburger Kultur lebten hauptsächlich in dieser kühleren Klimaepisode. Sie waren hochspezialisierte Jäger, die mit Hilfe von Pfeil und Bogen und bestimmten Projektilen, den so genannten Ahrensburger Stielspitzen, sehr erfolgreich Jagd auf Rentiere und andere eiszeitliche Groß- und Kleinsäuger, aber auch auf Vögel und Fische machten. Während am Ziegenberg selbst Tierreste nicht erhalten sind, belegen Knochenfunde aus zeitgleichen Lagerplätzen, wie etwa am Kartstein bei Mechernich in der Eifel, die Jagd auf diese eiszeitlichen Tiere.

Der Ziegenberg ist bis heute nach der Anzahl der gefundenen Gerätschaften die größte Fundstelle der Ahrensburger Kultur im Rheinland. Bei den Funden handelt es sich hauptsächlich um Geräte aus scharfkantig brechendem Feuerstein. Die verwendeten Feuersteine stammen nicht aus der unmittelbaren Umgebung, sondern aus dem Dreiländereck bei Aachen und vor allem aus dem Gebiet der norddeutschen Inlandvereisung (Abb. 112), die im Süden bis etwa auf die Höhe Düsseldorfs vorstieß. Dies bedeutet, dass die späteiszeitlichen Menschen vom Ziegenberg hochmobile Jäger waren, die sich zuvor vielleicht einmal an der Maas oder im Ruhrgebiet aufgehalten hatten. Damit können auch unmittelbare Verbindungen zwischen dem Hauptverbreitungsgebiet der Ahrensburger Kultur und dem sehr weit südlich gelegenen Ausläufer am Ziegenberg hergestellt werden. Diese Beobachtung fügt sich auch gut in die Modelle zu den jahreszeitlich bedingten Wanderungen der bejagten Rentiere, die Michael Baales anhand von Funden aus dem Kartstein in der Eifel, vom Niederrhein, Belgien, den Niederlanden und aus Westfalen rekonstruieren konnte.

Neben den typischen Pfeilspitzen finden sich im Fundinventar des Ziegenbergs in großer Zahl so genannte Kratzer. Mit diesen Geräten hat man vor allem Felle bearbeitet. Die Jagd am Ziegenberg muss also erfolgreich gewesen sein. Von der Kuppe des kleinen Hügels aus waren vorbeiziehende Herdentiere sehr gut zu beobachten. Die Menschen haben ihre Umgebung zweifelsohne sehr gut erforscht. Dafür sprechen unter anderem die Geräte aus Quarzit, der zum Beispiel am Ravensberg bei Troisdorf gefunden werden konnte. Ein auffälliges Merkmal vieler Steingeräte ist, dass sie Spuren von Rötel (Hämatit) tragen. Es handelt sich dabei um ein in der altsteinzeitlichen Kunst häufig verwendetes Material, das aber auch beim Gerben zum Einsatz gekommen sein soll. Die hohe Anzahl von mehr als 100 Werkzeugen und deren Vielfalt sprechen für eine längere Besiedlungsdauer. Da viele Steingeräte Hitzespuren aufweisen und zudem Aschereste von Kiefernholz gefunden wurden, kann auf die Existenz von Feuerstellen geschlossen werden.

Der Ziegenberg ist ein bedeutender Fundplatz der ausgehenden Altsteinzeit. Er bezeugt eine Phase der frühen Menschheitsgeschichte, in der die Jäger des Eiszeitalters ein allerletztes Mal unsere Regionen aufsuchten. Nur wenige Hundert Jahre nach ihrer Besiedlung war die Eiszeit endgültig vorbei. Neue Jäger hielten Einzug, Jäger des Waldes. Auch der zur Zeit der Ahrensburger Jäger mit Gräsern und Moosen, vielleicht auch einigen Kiefern und Birken bewachsene Ziegenberg hat sein Gesicht deutlich verändert. Wenn man heute den Fundort besucht, durch den Mischwald schlendert und auf die nahe Agger herabblickt, kann man ein wenig darüber sinnieren, wie es wohl war, als sich vor 12 500 Jahren hier die letzten Jäger der Eiszeit um ihr Lagerfeuer scharten. Und wenn Ihnen dabei das Rauschen der nahen Autobahn A 3 in die Ohren dringt, vielleicht auch darüber, was sich so alles verändert hat, seit dieser Zeit.

Literatur

M. Baales, Umwelt und Jagdökonomie der Ahrensburger Rentierjäger im Mittelgebirge. Monographien des Römisch-Germanischen Zentralmuseums 38 (1996).

H. Floss, Der Ziegenberg bei Altenrath. Ein Fundplatz der Ahrensburger Stielspitzengruppen am Südostrand der Kölner Bucht. Jahrbuch des Römisch-Germanischen Zentralmuseums Mainz 34, 1987, 169–196.

Ders., Altenrath-Ziegenberg, in: G. Bosinski u. a. (Hrsg.), The Palaeolithic and Mesolithic of the Rhineland. Quaternary Field Trips in Central Europe 15, Vol. 2, 14. INQUA-Kongress Berlin (1995) 145–148.

Jürgen Richter

Troisdorf-Ravensberg, Rhein-Sieg-Kreis – über Jahrtausende genutzte Quarzitvorkommen

Anfahrt

Von der A3-Autobahnabfahrt Siegburg abbiegen Richtung Troisdorf. Der Frankfurter Straße folgen, dann rechts in die Römerstraße abbiegen und immer geradeaus weiterfahren über Jahnplatz–Altenrather Straße bis zum Waldhotel Ravensberg. Nördlich des Hotels steigt das Gelände zum Ravensberg mit seinen steinzeitlichen Fundstellen an.

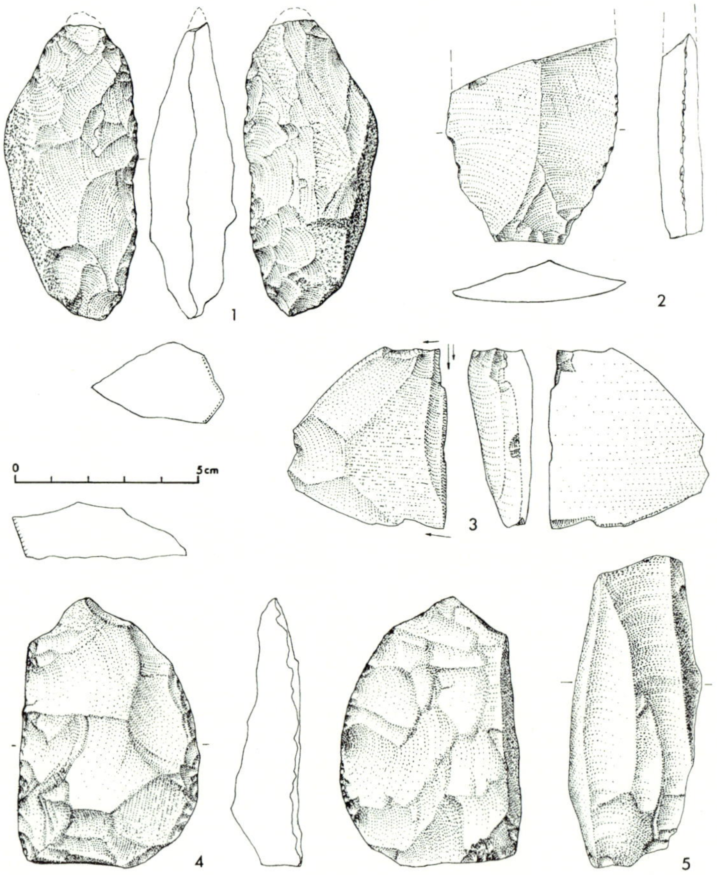

Der Hang des Troisdorfer Ravensbergs wurde wegen seines Quarzitvorkommens über Jahrhunderttausende immer wieder von Menschen aufgesucht, um Rohmaterial für Steinwerkzeuge zu gewinnen.

Eine Probegrabung der Universität Köln durch G. Bosinski im Jahre 1967 ergab, dass die Quarzite in einer Steinsohle in nur 0,50 m Tiefe innerhalb einer Lehm-Sandabfolge vorkommen. Sie waren also für den prähistorischen Menschen leicht zugänglich.

Das Alter der Funde kann nur aufgrund formenkundlicher Vergleiche vermutet werden. Die ältesten Funde, wie zum Beispiel ein Faustkeil mit bikonvexem Querschnitt, gehören vielleicht in das frühe Mittelpaläolithikum (300 000–130 000 vor heute). Ein großer Teil der Artefakte ist dagegen wohl in das späteste Mittelpaläolithikum (Micoquien/Keilmessergruppen) zu datieren; es ist die Zeit der klassischen Neandertaler (60 000–40 000 vor heute). In diesen Fundkomplex gehören ein Keilmesser mit winkliger Arbeitskante und möglicherweise auch ein beidflächig bearbeiteter Schaber (Abb. 113). Auf das Jungpaläolithikum (40 000–12 000 vor heute) weisen Klingen (regelmäßige, langschmale Abschläge) und Stichel hin.

⇦Abb. 113 Troisdorf-Ravensberg/ Rhein-Sieg-Kreis. Quarzitvorkommen auf dem Ravensberg bei Troisdorf nutzten die prähistorischen Menschen über Jahrtausende hinweg. Die hier gezeigten Fundstücke datieren ins späte Mittelpaläolithikum (1, 2, 4) und Jungpaläolithikum (3, 5).

Literatur

R. W. Schmitz, Das Alt- und Mittelpaläolithikum des Neandertals und benachbarter Gebiete (1996).

Barbara Rüschoff-Thale

Neuwarendorf, Kreis Warendorf – Neandertaler + Co. aus den Kottruper Baggerseen

Anfahrt

Auf der B 64 von Münster in Richtung Warendorf, ca. 3,5 km nach dem Abzweig Müssingen biegt man nach links in einen Feldweg (Hinweisschild „Spargelhofverkauf"). Nach ungefähr 400 m fährt man an einer T-Kreuzung nach rechts. Links sind dann nach weiteren 200 m das „Zeitregal" und der Aussichtsturm Kottruper See zu erkennen.

In Neuwarendorf, Stadt Warendorf, entstanden bereits in den 90er Jahren des vorletzten Jahrhunderts durch systematischen und großflächigen Sandabbau nach und nach die heutigen Kottruper Seen (See 1 und 2). Bei diesem Sandabbau – zuerst mit Schaufel und Bagger und später mit schwimmendem Saugbagger – entdeckte man immer wieder archäologische Funde aus verschiedenen Epochen (Abb. 114). Umfangreiche Ausgrabungen leiteten Archäologen aber erst ab den 50er Jahren des letzten Jahrhunderts ein. Diese Untersuchungen führten zu wissenschaftlichen

Abb. 114 Neuwarendorf/Kreis Warendorf. Übersichtsplan der Fundstellen in den Kottruper Seen.

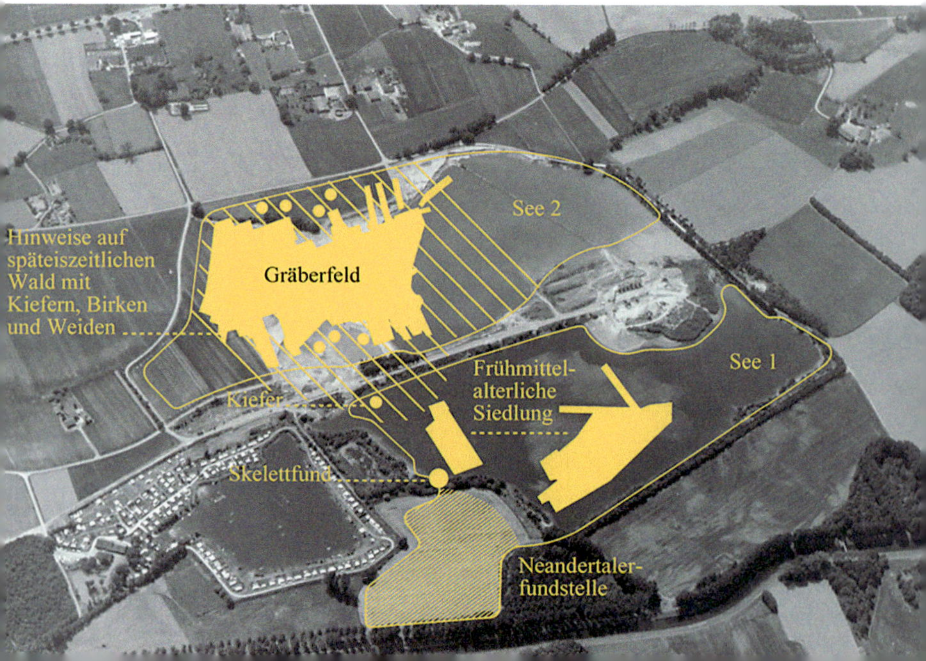

Hinweise auf späteiszeitlichen Wald mit Kiefern, Birken und Weiden

See 2

Gräberfeld

Kiefer

Frühmittelalterliche Siedlung

See 1

Skelettfund

Neandertalerfundstelle

Ergebnissen, die weit über die Grenzen Westfalens hinaus von Bedeutung sind. Archäologen entdeckten unter anderem eine frühmittelalterliche Siedlung und später das bislang größte ergrabene Gräberfeld Nordwesteuropas aus der Bronze- und Eisenzeit.

In den 70er und 80er Jahren fand man zudem unterhalb des Grundwasserspiegels Bäume und Bodenreste, die sich nach naturwissenschaftlichen Untersuchungen als Teile eines ca. 13 600 Jahre alten späteiszeitlichen Waldes herausstellten, dessen ungewöhnlich gute Erhaltung überraschte.

Durch die Weiterentwicklung der Technik konnte am Ende des letzten Jahrhunderts eine zweite Entsandung des bereits abgegrabenen Geländes erfolgen. Erstmals drang man nun zu Schichten vor, die teilweise tiefer als 16 m unterhalb der heutigen Wasseroberfläche liegen. Dabei kamen Steingeräte und Knochen von eiszeitlichen Tieren, wie Moschusochse, Wildpferd, Fellnashorn und Mammut, an die Oberfläche. Besonderes Interesse erregte jedoch das Stück einer menschlichen Schädelkalotte. Josef Gora, ein ehrenamtlicher Heimatpfleger, fand es 1995 auf einer Spülhalde des Sees 1 zusammen mit einem Faustkeil und weiteren Steingeräten aus der Altsteinzeit.

Zu umfassenden anthropologischen Untersuchungen wurde das Schädelfragment an Alfred Czarnetzki, den damaligen Leiter der Osteologischen Sammlung der Universität Tübingen, weitergeleitet. Nach Aussage des Anthropologen kann das Fragment, ein rechtes Scheitelbein *(os parietale)*, einem Neandertaler zugeordnet werden und stimmt vollständig mit dem entsprechenden Schädelknochen des 1856 im Neandertal entdeckten Skelettes überein (Abb. 115). Außerdem entspricht der Verlauf der Gefäßabdrücke auf der Schädelinnenseite einem archaischen Muster, welches beim anatomisch modernen Menschen nicht mehr beobachtet werden kann. Eine Geschlechtsbestimmung war anhand des Schädelfragments nicht mehr möglich. Das Alter des Neandertalers konnte auf 20 bis 30 Jahre festgelegt werden. Zudem fand Czarnetzki am Knochen verschiedene Hinweise auf Krankheiten: entzündliche Prozesse als Reaktionen auf eine Infektion und Veränderungen auf der Schädelinnenseite, die er als Zeichen für eine Hirnhautentzündung (Meningitis) interpretiert. 1997 haben Wissenschaftler der Universität Tübingen die DNA des Neandertalers untersucht. Die gewonnenen Daten deuten, wie bereits schon bei anderen Untersuchungen, auf eine klar getrennte genetische Entwicklung von Neandertalern und anatomisch modernen Menschen hin.

Die Steingeräte, die zeitgleich mit der Schädelkalotte aus See 1 an die Oberfläche gespült wurden, stammen

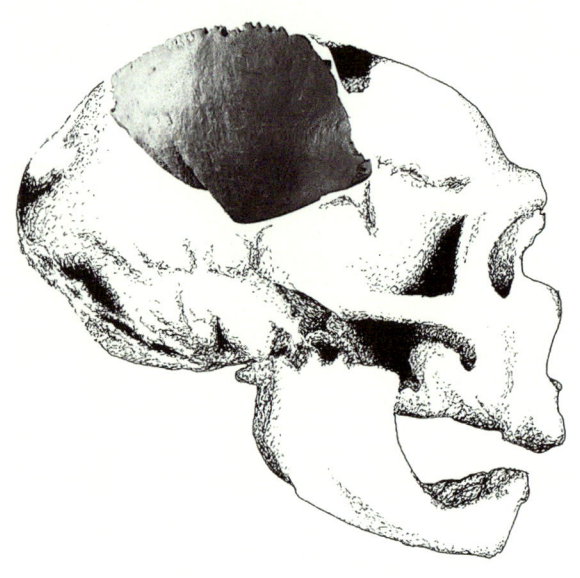

⇦ *Abb. 115 Neu-warendorf/Kreis Warendorf. Schädel eines Neandertalers mit eingepasstem Fragment aus Neuwarendorf.*

⇩ *Abb. 116 Neu-warendorf/Kreis Warendorf. Faust-keil (Länge: ca. 9 cm) aus dem Kottruper See 1.*

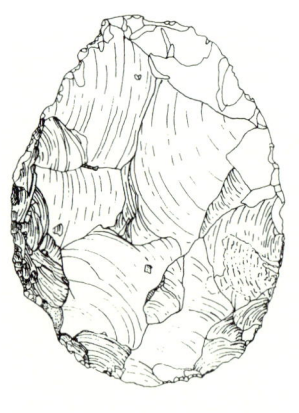
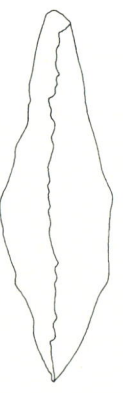
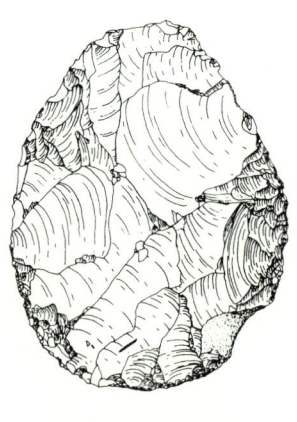

aus dem Mittelpaläolithikum. Ob sie tatsächlich zu einem gemeinsamen Fundkomplex gehören, ist aufgrund der Bergung per Saugbagger nicht sicher, aber höchst wahrscheinlich. Das Ensemble setzt sich aus verschiedenen Abschlägen, Kernen, beidflächig bearbeiteten Geräten, messerartigen Stücken, Schabern und einem herzförmigen Faustkeil zusammen. Nach Verlagerung des Saugbaggers in den See 2 konnte dort ebenfalls eine Fundkonzentration mit Artefakten aus dem Mittelpaläolithikum dokumentiert werden. Eine genaue Datierung der beiden Komplexe ist sehr schwierig, jedoch weisen der Faustkeil (Abb. 116) und die messerartigen Stücke der Fundkonzentration aus See 1, die zeitgleich mit der Schädelkalotte aufgefunden wurden, auf eine jüngere Phase in der mittleren Altsteinzeit hin.

Die geologischen und geomorphologischen Untersuchungen am Fundplatz Neuwarendorf wurden vom Geologischen Dienst NRW durchgeführt. Die umfangreichen Sondagen und mehrere Kernbohrungen sowie deren Auswertungen standen unter der Leitung von Josef Klostermann. Die Kernbohrungen sind teilweise ausgewertet und haben für einen Torf der Schlufffolge aus 5,50 m Tiefe ein Datum von 31 790 v. Chr. erbracht, der somit an den Beginn des Denekamp-Interstadials datiert. Da die mittelpaläolithischen Fundkonzentrationen und auch das Neandertalerfragment bei der zweiten Entsandungsphase an die Oberfläche kamen, das heißt aus einer Tiefe von etwa 6 bis 16 m stammen, ist somit ein Mindestalter für die Fundkomplexe gegeben. Der Neandertaler von Warendorf lebte somit vermutlich in einem Zeitraum zwischen 115 000 und 30 000 Jahren vor heute.

Literatur

A. Czarnetzki – L. Trelliso Carreno, Das Fragment eines Os parietale des klassischen Neandertalers aus Warendorf-Neuwarendorf. Ausgrabungen und Funde in Westfalen-Lippe 10 (im Druck).

J. Klostermann – B. Rüschoff-Thale, Die Neandertaler von Warendorf und ihre Umwelt, in: H. G. Horn u. a. (Hrsg.), Millionen Jahre Geschichte. Fundort Nordrhein-Westfalen. Begleitbuch zur Landesausstellung. Schriften zur Bodendenkmalpflege in Nordrhein-Westfalen 5 (2000) 232–235.

B. Rüschoff-Thale, Die Toten von Neuwarendorf in Westfalen. Bodenaltertümer Westfalens 41 (2004) 4 ff.

Michael Baales

Die Bilsteinhöhle, Stadt Warstein, Kreis Soest

Anfahrt

Auf der B 55 über Meschede oder Erwitte-Lippstadt nach Warstein, dort dem Hinweis auf den Ort Hirschberg auf der L 735 folgen. Nach rund 3 km liegt auf der linken Seite die Schauhöhle Bilsteinhöhle.

1887 wurde bei Wegebauarbeiten am Südhang des Bilsteinfelsens, einem mitteldevonischen Massenkalkvorkommen, die Bilsteinhöhle zufällig entdeckt, eine Schauhöhle, die heute aufgrund reicher Kalksinterbildungen viele Besucher anzieht. Ganz im Süden gilt eine kleine Höhle, die so genannte Kulturhöhle I, als ehemalige Fortsetzung des Nord-Süd ausgerichteten Höhlensystems der Bilsteinhöhle. Der östliche Haupteingang der Kulturhöhle I, eine tiefe Spalte, gliedert sich nach rund 20 m in kleinere Höhlenarme. Ein weiterer, rund 6 m hoher und 3 m breiter Gang zweigt nach etwa 20 m südwestlich ab und führt bald wieder ans Tageslicht. Dieser Eingang ist heute vergittert.

Neben den beiden anderen kleinen Höhlen (Kulturhöhlen II und III), die ebenfalls einst mit dem Bilsteinhöhlensystem verbunden waren, ist vor allem die Kulturhöhle I aufgrund einiger urgeschichtlicher Funde interessant. Diese wurden durch den Geologen E. Carthaus geborgen, der die kleine Höhle noch im Entdeckungsjahr vollständig ausräumen ließ. Die Funde haben demnach mehr oder minder wirr in dem Höhlenlehm gelegen (doch sind im Bereich des Haupteinganges zwei „Nester" an Steinartefakten aufgefallen).

Zu den recht häufigen Funden zählen Tierreste, wie Wollnashorn, Ren, Pferd, Höhlenlöwe, Eisfuchs und Schneehuhn, also typische Vertreter der eiszeitlichen Steppenlandschaften. In seiner Gesamtheit spricht das Faunenspektrum für eine jüngereiszeitliche Datierung zwischen etwa 24 000 bis 14 500 Jahren vor heute. Der reichlich vertretene Höhlenbär starb zum Höhepunkt der letzten Eiszeit vor rund 24 000 Jahren bereits aus und dürfte zu den ältesten Funden der Höhle gehören.

Neben Tierresten wurden auch einige Hinterlassenschaften des urgeschichtlichen Menschen geborgen,

wobei Steinartefakte (Steingeräte und deren Herstellungsabfälle) am häufigsten sind. Bisher sind diese Funde verschiedenen Epochen der späten Alt- und Mittelsteinzeit
zugeordnet worden. Unter den aussagekräftigen Stücken –
dies sind meist Geschossspitzen (Speer- oder Pfeilspitzen)
– sind jedoch nur Stücke der Mittelsteinzeit vertreten. Die
Funde (etwa 300 Stücke) bestehen fast ausschließlich aus
nordischem Feuerstein, der – bedingt durch chemische
Prozesse – völlig weiß patiniert ist. Es handelt sich dabei
um einen Feuerstein, der mit den eiszeitlichen Gletschern
bis ins Ruhrgebiet gelangte und nur einige Kilometer weiter nördlich aufgelesen werden konnte. Ein anderes Stück
besteht aus Kieselschiefer, der aus der näheren Umgebung
stammen könnte.

Wichtig sind Mikrolithen, kleine geometrische Pfeilspitzen der Mittelsteinzeit. Diese begann am Ende der letzten
Eiszeit vor rund 11 640 Jahren und dauerte bis zum Beginn
der Jungsteinzeit vor rund 7 500/7 000 Jahren. Unter den
Mikrolithen der Kulturhöhle I gibt es Formen, die schon in
die späte Mittelsteinzeit, die Zeit des Klimaoptimums
unserer „Nacheiszeit" vor rund 8 500 Jahren, gehören
(Abb. 117). Es sind dies so genannte Trapez- oder Viereck-
spitzen, eine querschneidige Pfeilspitze und auch einfache
Spitzen. Daneben sind einige Abfallstücke der Mikroli-
thenherstellung (Kerbreste), an Schmalkanten bearbeitete

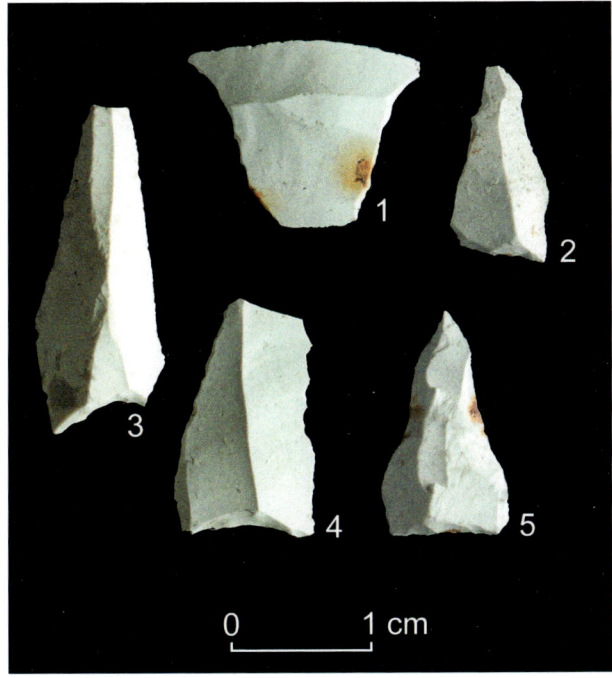

*Abb. 117 Bilstein-
höhle/Kreis Soest.
Pfeilspitzen des
späten Mesolithi-
kums aus dick
weiß patiniertem
nordischem Feuer-
stein: querschneidi-
ge Pfeilspitze (1),
Trapez- oder Vier-
eckspitzen (2 – 5).*

Klingen und Lamellen (so genannte endretuschierte Stücke) sowie ein kurzer Kratzer überliefert. Weiterhin fanden sich unbearbeitete, recht regelmäßige Klingen und Lamellen sowie Abschläge und Kerne. Hitzespuren an einigen Stücken deuten darauf hin, dass die Menschen in der Kulturhöhle I ein Feuer unterhielten.

Es ist zu vermuten, dass sich unter den zahlreichen Tierresten auch Jagdbeutereste der letzten Jäger und Sammler der späten Mittelsteinzeit befinden, doch müssen diese erst noch unter den vorhandenen Tierknochen identifiziert werden.

Aus jüngeren Zeiten stammen ein Kupferdolch der Glockenbecherzeit, die Scherbe eines urnenfelderzeitlichen Keramikgefäßes sowie zahlreiche Funde der vorrömischen Eisenzeit, darunter auch einige Menschen-, besonders Schädelreste.

Literatur

M. Baales, Urgeschichtliche Funde, in: S. Enste (Zus.), Die Bilsteinhöhlen bei Warstein (2004) 12–15.

E. Carthaus, Die Bilsteinhöhlen bei Warstein. Festschrift zur 21. allgemeinen Versammlung der Deutschen Anthropologischen Gesellschaft am 11.–16. August 1890 zu Münster in Westfalen, überreicht von der Westfälischen Gruppe der Gesellschaft (1890).

E. Henneböle, Die Vor- und Frühgeschichte des Warsteiner Raumes. Beiträge zur Warsteiner Geschichte 2 (1963).

Martin Heinen

Wegberg-Berg, Kreis Heinsberg – eine späteiszeitliche Jagdstation auf dem Feltenberg

---

Anfahrt

Autobahn A 52 Richtung Roermond, Ausfahrt Hostert, rechts auf die B 230 Richtung Waldniel, an der zweiten Kreuzung links auf die L 3 Richtung Wegberg, nach gut 6 km rechts in den Ortsteil Berg einbiegen und nach ca. 600 m an einer kleinen Kreuzung parken; von hier aus erreicht man auf der schmalen Talstraße des Mühlenbachtals nach wenigen Hundert Metern den Fuß des Feltenbergs.

Am Nordrand der Stadt Wegberg zeichnet sich die Landschaft durch ein abwechslungsreiches Relief mit Talauen und Hochflächen aus. Eine besonders prägnante Geländesituation bietet der Feltenberg im Stadtteil Berg, der sich als spornartiger Geländerücken nach Nordwesten in den Naturpark Maas-Schwalm-Nette vorschiebt. Als ein Rest der Jüngeren Hauptterrasse 3 ist der Feltenberg im Laufe der letzten drei Kaltzeiten durch fluviatile Ausräumungsvorgänge aus dem Terrassenkörper herausmodelliert worden. An beiden Längsseiten entstanden dabei Täler, in denen heute die Schwalm und der Mühlenbach fließen. Fluss und Bach treffen an der Spitze des Geländesporns aufeinander und vereinigen sich hier.

Im Querschnitt zeigt der Rücken einen asymmetrischen Aufbau. Seinen höchsten Punkt besitzt er an der Westflanke, die steil um 15 m zum ca. 200 m breiten Schwalmtal abfällt. Nach Osten läuft er deutlich flacher aus und an seinem Fuß schließt sich die fast ebenso breite Talaue des Mühlenbachs an.

Auf dem Scheitelpunkt besitzt der Berg eine langschmale, fast ebene Fläche, von der aus ein guter Einblick in beide Täler möglich ist. Diese günstige Lage war bereits den Menschen des Jung- und Spätpaläolithikums bekannt, die den Höhenrücken aus jagdstrategischen Gründen als Lagerplatz wählten. Von ihrer mehrmaligen Anwesenheit zeugen heute fast 1 500 Steinartefakte, die sich auf unterschiedliche Konzentrationen verteilen.

Von einem einzelnen, dick weiß patinierten Schaber abgesehen, der zeigt, dass bereits der Neandertaler den

Feltenberg begangen hat, lässt sich die früheste Nutzung des Geländesporns als Jagdstation für das Jungpaläolithikum nachweisen. An einer Stelle, ca. 20 m von der steil abfallenden Westflanke entfernt, finden sich hier Artefakte, die – ursprünglich eingebettet in eine Sandlössschicht – im Zuge des Ackerbaus an die Oberfläche gelangen. Sie unterscheiden sich durch ihre blaugraue Patina und auffällige Größe von den wesentlich häufigeren spätpaläolithischen Funden. Besonders markant sind die kräftigen Klingen, unter denen sich Exemplare von bis zu 14 cm Länge befinden (Abb. 118). Alle bisher geborgenen Abschlagprodukte bestehen aus Maasschotter-Feuerstein und stammen allem Anschein nach von einer einzigen großen Knolle. Diese dürfte den Schottern der Älteren Hauptterrasse entnommen worden sein, die am Fuß des Geländesporns unter den Ablagerungen der Jüngeren Hauptterrasse aufgeschlossen waren. Bislang liegen nur Klingen und Abschläge vor, die zusammen mit der kleinräumigen Fundverteilung und der Herkunft der Artefakte von einer Knolle auf einen einmaligen, kurzzeitigen Schlagplatz schließen lassen.

Der Befund spiegelt ein typisches Verhaltensmuster steinzeitlicher Jäger während der Jagd wider. Der Höhenrücken diente als Ansitz bzw. als Beobachtungsposten, von dem aus in den Tälern nach Wild Ausschau gehalten wurde. Während die Jäger hier oben saßen und die Umgebung beobachteten, nutzten sie die Zeit zur Verarbeitung von Feuerstein. Hergestellt wurden vornehmlich Klingen, aus denen man erst später an anderer Stelle Werkzeuge

Abb. 118 Wegberg-Berg/Kreis Heinsberg. Jungpaläolithische Klingen vom Fundplatz.

herstellte. Dieses Verhalten lässt sich auch für andere, in vergleichbarer topographischer Situation gelegene paläolithische Fundplätze nachweisen, wobei die Ansitz-Station auf dem Feltenberg die bisher nördlichste dieser Art des Jungpaläolithikums in Nordrhein-Westfalen ist. Das Fehlen charakteristischer Geräte erschwert eine genaue zeitliche Einordnung des Fundkomplexes. Nach der Größe der Klingen zu urteilen, ist jedoch ein älteres Jungpaläolithikum am wahrscheinlichsten. Vergleichbare Exemplare finden sich auf dem Aurignacien-Fundplatz Lommersum nördlich von Euskirchen (s. Beitrag von J. Richter in diesem Band).

Die große Mehrheit der Funde vom Feltenberg zeigt, dass der Geländerücken nach der jungpaläolithischen Nutzung erst wieder viele Tausend Jahre später, gegen Ende des Paläolithikums, aufgesucht wurde. Jäger der Federmessergruppen scheinen den Platz während des Alleröd-Interstadials häufig begangen und an verschiedenen Stellen ihr Lager aufgeschlagen zu haben. Die Fundverteilung lässt annehmen, dass die Lager seltener auf dem höchsten Punkt des Bergs als etwas unterhalb davon am flachen Osthang standen.

Wie schon im Jungpaläolithikum muss das Zusammentreffen mehrerer Faktoren ausschlaggebend für die Wahl des Feltenbergs als Jagdstation gewesen sein. Außer dem bereits genannten guten Überblick über die Täler werden die Schotter der Älteren Hauptterrasse als Rohmaterialquelle, das unterhalb verfügbare Frischwasser und wohl auch das Vorhandensein reicher Nahrungsressourcen in den Talauen den spätpaläolithischen Menschen auf den Geländesporn geführt haben.

Das Spektrum der ausnahmslos unpatinierten Steinartefakte lässt erkennen, dass es sich um Lager handelte, in denen vor allem Arbeiten in Zusammenhang mit der Jagd durchgeführt wurden. Vom Jagdvorgang selbst zeugen mehr als ein Dutzend charakteristischer Rückenspitzen bzw. Federmesser sowie einige rückengestumpfte Messer (Abb. 119, erste und zweite Reihe). Das Zerlegen der ins Lager eingebrachten Beute erfolgte mit unretuschierten Klingen und Abschlägen, die sich oft durch typische Kantenaussplitterungen auszeichnen. Bei der Bearbeitung der Häute fanden die mit über 20 Exemplaren recht zahlreichen kurzen Kratzer Verwendung (Abb. 119, dritte Reihe). Das spätpaläolithische Inventar enthält mehr als 30 Stichel, die damit die häufigsten Geräte auf dem Feltenberg sind (Abb. 119, vierte Reihe). Sie dienten dem Schaben von Knochen, Geweih und sonstigen härteren Materialien. Des Weiteren dürften sie auch zum Entfernen von Schäftungsresten im Rahmen der Ausbesserung beschädigter Pfeilen genutzt worden sein. Unter den weniger zahlreichen Geräten, die innerhalb des Lagers zum Einsatz kamen, befinden sich Bohrer, lateral- und endretuschierte Artefakte sowie ausgesplitterte Stücke.

Zu den interessantesten Aspekten des Fundplatzes zählt zweifellos die Analyse des verwendeten Silexmaterials. Etwa 90 % des vor Ort verarbeiteten lithischen Rohstoffs gehoren zur Gruppe der Maasschotter-Feuersteine, die unter anderem in den Hauptterrassenschottern am Unterhang zu finden waren. Ob sie alle aus den lokalen Quellen oder teilweise von weiter entfernten Lagerstätten stammen, kann nicht gesagt werden. Eine recht genaue Herkunftsangabe ist hingegen für eine dunkelgrauschwarze, stellenweise mit hellen Pünktchen durchsetzte und von

Abb. 119   Wegberg-Berg/Kreis Heinsberg. Spätpaläolithische Rückenspitzen, -messer, Kratzer und Stichel vom Fundplatz.

einer weißgelben, kreidigen Rinde ummantelte Flintvarietät möglich. Es handelt sich um Orsbach-Feuerstein, dessen primäre Lagerstätte in der Nähe des namengebenden Ortes westlich von Aachen liegt und der über eine Distanz von fast 45 km auf den Feltenberg gebracht wurde. Mindestens eine federmesserzeitliche Jägergruppe muss also aus dem deutsch-niederländischen Grenzgebiet nach Norden ins Schwalmtal gewandert sein, um hier für einige Tage oder Wochen der Jagd nachzugehen.

Bemerkenswerter noch als der Feuerstein aus dem Aachener Raum ist die Herkunft eines äußerst homogenen schwarzen Silexmaterials mit sehr glatten und stark glänzenden Spaltflächen sowie einer gelblichen, bis 3 mm dicken Kortex (Rinde). Dieser als Obourg-Flint bestimmte Rohstoff stammt aus der Gegend nordöstlich von Mons in Belgien und wurde über mindestens 180 km zum Feltenberg transportiert. Die große Entfernung zwischen der Lagerstätte und dem Wegberger Fundplatz dokumentiert anschaulich die hohe Mobilität spätpaläolithischer Jäger und Sammler.

Eine kleinere Anzahl von Artefakten aus baltischem Feuerstein zeigt, dass auch eine andere, aus dem Norden oder Nordosten kommende Gruppe am Ende der Eiszeit den Geländerücken aufgesucht hat. Bis zur Fundstelle muss sie über 50 km zurückgelegt haben, da nordischer Geschiebeflint brauchbarer Qualität erst in den Grundmoränen nördlich der Ruhr zur Verfügung stand.

Das vorliegende Rohmaterialspektrum macht deutlich, dass sich im Spätpaläolithikum aus sehr unterschiedlichen Regionen kommende Jäger auf dem Feltenberg aufhielten. Möglicherweise waren seine Vorzüge als Jagdplatz bekannt, weshalb er im Zuge der alljährlichen zyklischen Wanderungen immer wieder aufgesucht wurde.

Literatur

M. Heinen u. a., Ein Federmesserfundplatz im Tal der Niers bei Goch, Kr. Kleve. Rekonstruktion eines kurzzeitigen Jagdaufenthaltes. Archäologisches Korrespondenzblatt 26, 1996, 111–120.

Jürgen Richter

Weilerswist-Lommersum, Kreis Euskirchen – eine jungpaläolithische Freilandstation

Anfahrt

Von der B 51 nach Euskirchen; dort auf der U 37 nach Norden in Richtung Kessenich–Bodenheim–Lommersum. Nach etwa 5 km liegt das jungpaläolithische Siedlungsareal westlich der Straße, am Westhang eines flachen Tals.

Neben einigen wenigen, verlagerten Funden aus der Balver Höhle bildet der Fundplatz Lommersum das einzige Vorkommen des Aurignacien in Nordrhein-Westfalen. Das Aurignacien ist nach dem Fundort Aurignac in Frankreich benannt und bezeichnet eine kulturelle Einheit des frühen Jungpaläolithikums in Europa. Es ist vermutlich mit dem Auftreten des anatomisch modernen Menschen verknüpft. Eine Schwierigkeit besteht allerdings darin, dass das Aurignacien schon um 40 000 vor heute beginnt, die ältesten Funde anatomisch moderner Menschen in Europa aber um 34 000 (Oase Cave/Rumänien) bzw. 32 000 (Mladec/ Tschechische Republik) datieren. Da der Fundplatz Lommersum nach den ^{14}C-Datierungen in diesen letzten Abschnitt des Aurignacien gehört, dürfte er auf die früheste Anwesenheit des modernen Menschen in Nordrhein-Westfalen zurückgehen.

Aufsammlungen von J. Bensberg aus Lommersum führten zur Entdeckung der Freilandstation. Die Ausgrabungen durch J. Hahn (1969, 1971–1974, 1977) erbrachten mehrere Fundschichten innerhalb der bis zu 5 m mächtigen Lössbedeckung am Rande der Zülpicher Börde. Die oberen Fundschichten erwiesen sich als verlagert, in den unteren aber konnte ein Teil eines Basislagers mit Feuerstellen, Stein- und Knochenartefakten sowie Jagdbeuteresten aufgedeckt werden (Abb. 120). Besonders kennzeichnend für die Zeit des Aurignacien sind der rot gefärbte Siedlungshorizont und die Nutzung von Knochenkohle zur Unterhaltung des Feuers. Die Forschungsergebnisse wurden in einem umfangreichen Buch mit archäologischen und naturwissenschaftlichen Beiträgen veröffentlicht.

Die Gesamtheit der Befunde lässt folgende Rückschlüsse zu: In Lommersum hatte eine Menschengruppe von 20 bis 50 Personen wohl einen Monat oder länger am Ende der

Abb. 120 Weilerswist-Lommersum/ Kreis Euskirchen. Blick auf den jungpaläolithischen (Aurignacien) Siedlungshorizont der Freilandstation.

kalten Jahreszeit Station gemacht, als sie aus ihren Winterquartieren in den tiefer gelegenen Lösssteppen der Niederrheinischen Bucht nach Süden, Richtung Mittelgebirge, zog. Man erwartete und jagte die Rentierherden, die ihren Sommereinständen entgegen nach Süden wanderten. Auf die gleiche Weise wurde auch eine kleine Wildpferdherde erlegt.

Das Jagdwild der frühen Jungpaläolithiker und ihre Lebensumwelt entsprachen weitgehend den Verhältnissen zur Zeit der letzten Neandertaler. Doch ist die jungpaläolithische Steinindustrie anders und es kommt eine große Anzahl von Knochenwerkzeugen und Schmuckformen hinzu. Die größte Neuerung ist jedoch die Kunst, die in Südwestdeutschland ihren Ausdruck in Form von Kleinplastiken und in Frankreich darüber hinaus auch in Form von Höhlenmalereien findet.

Literatur

J. Hahn, Genese und Funktion einer jungpaläolithischen Freilandstation: Lommersum im Rheinland. Rheinische Ausgrabungen 29 (1989).

Bernhard Stapel

Westerkappeln, Kreis Steinfurt – Jagdplätze an der Düsterdieker Niederung

Anfahrt

Von Westerkappeln fährt man nach Nordwesten in Richtung Recke/Neuenkirchen. Nach dem Abzweig Recke biegt man unmittelbar vor dem Mittellandkanal in einen Feldweg nach rechts ein. Die Fundstelle befindet sich dann nach ca. 2,5 km beiderseits des Weges (Abb. 121).

Im Bereich der Gemeinde Westerkappeln wird die ausgedehnte Niederung, die sich zwischen dem Schafberg bei Ibbenbüren und Neuenkirchen erstreckt, durch einen schmalen Sandriegel unterbrochen. Das Dünengebiet trennt das Vinter Moor im Norden von der Düsterdieker Niederung im Süden.

Im Zuge von Kultivierungsmaßnahmen wurden hier im Jahre 1955 von ehrenamtlichen Sammlern Spuren spätpaläolithischer Jäger entdeckt. Auf einem Areal von rund 18 ha Größe fanden sich mindestens elf Lagerplätze der Federmessergruppen (11 800–10 750 v. Chr.). Leider war ein Großteil der Fundstelle bereits durch Tiefpflügen zerstört worden. So konnte 1966 nur ein kleineres, noch weit-

Abb. 121 Westerkappeln/Kreis Steinfurt. Der Dünenrücken, auf dem sich die Fundstelle befand, ist heute nur noch als flache Bodenwelle zu erkennen.

gehend intaktes Teilstück, das durch Sandabbau gefährdet war, durch das Westfälische Museum für Archäologie unter der Leitung von K. Günther untersucht werden.

In einer Düne fand sich durchschnittlich 50 cm unterhalb der Oberfläche eine durch Holzkohle grau gefärbte Fundschicht, aus der neben wenigen verbrannten Knochen, Holzasche und einzelnen Rötelfarbstücken vor allem Feuerstein- und Felsgesteinartefakte geborgen wurden. Die Funde waren allerdings auf der 30 m x 6 m bis 12 m großen Grabungsfläche nicht gleichmäßig verteilt. Es ließen sich vielmehr vier große Fundkonzentrationen feststellen, die von Arealen mit weniger Funden umgeben waren. Diese vier Dichtezentren sind als Überreste von Schlagplätzen zu interpretieren, an denen Feuersteingeräte hergestellt wurden. Ein fundarmer Streifen in der Mitte der Grabungsfläche trennt zwei Teilbereiche von jeweils 15 m Durchmesser und zwei Fundverdichtungen.

Bei einer Zone mit rötlich verfärbtem Sand und Holzkohle handelt es sich wahrscheinlich um den Rest einer Feuerstelle. Weitere Lagerfeuer deuten Konzentrationen krakelierten, brandrissigen Flints an. Vier ovale Verfärbungen fielen wegen einer mit Holzkohle verfüllten grabenartigen Eintiefung auf, die sie am Rand begleitete. Sie wurden zunächst als Standspuren ovaler Hütten gedeutet. Nach dem heutigen Kenntnisstand wird man sie eher als Hinterlassenschaften von fossilen Baumwürfen, das heißt mit Wurzelballen umgestürzte Bäume, interpretieren müssen. Ähnlich unsicher ist die Erklärung für eine 1,10 m tiefe Grube, die bis in das heutige Grundwasserniveau reichte. Sie soll als Wasserschöpfloch oder Vorratsgrube gedient haben.

Unter den geborgenen Funden dominieren Halbfertigprodukte und Abfallstücke der Feuersteingeräteherstellung, wie Klingen, Abschläge, winzige Absplisse und Kernsteine. Dazu treten – wenn auch selten – Überreste von Jagdwaffen, so genannte Rückenmesser oder Rückenspitzen aus Silex (Abb. 122). Diese charakteristischen Geschossspitzen waren namengebend für die Federmessergruppen, zu der auch die Funde von Westerkappeln zu rechnen sind. Viel häufiger sind Geräte zur Bearbeitung von Holz, Geweih oder Tierhäuten, die im archäologischen Sprachgebrauch als Kratzer oder Stichel bezeichnet werden. Felsgesteingerölle, die aus eiszeitlichen Ablagerungen oder aus dem Wiehengebirge stammen, wurden als Schlagsteine für die Zerlegung von Feuersteinknollen verwendet. Schließlich sind noch einige Schleifsteine zu erwähnen, die zur Herstellung von Geräten aus organischen Bestandteilen wie zum Beispiel Knochen dienten.

Die typische Form der Jagdwaffen und der anderen Feuersteinwerkzeuge, aber auch eine Radiokarbondatierung, die aus Holzkohle der Fundschicht gewonnen werden

Abb. 122 Wester-kappeln/Kreis Stein-furt. Besonders cha-rakteristisch sind Rückenspitzen (auch als Federmes-ser bezeichnet), die als Pfeilbewehrung dienten.

1 cm

konnte, datieren den Fundplatz Westerkappeln in eine wärmere Schlussphase am Ende der letzten Eiszeit, in das Alleröd (11 800–10 750 v. Chr.). Aufgrund von archäo-botanischen Untersuchungen ist bekannt, dass zur dama-ligen Zeit am nördlichen Rand der Mittelgebirge bereits mehr oder weniger geschlossene Wälder aus Birken und Kiefern verbreitet waren, dabei allerdings immer noch unterbrochen von einzelnen offenen Stellen. Im Schatten der Bäume wuchsen verschiedene Gräser- und Seggensor-ten sowie Heidekrautgewächse. Tierknochen haben sich im Sandboden in Westerkappeln nicht erhalten. Von ande-ren Fundstellen des Alleröd, unter anderem im Mittel-rheingebiet, weiß man jedoch, dass die damaligen Jäger vor allem Elch, Hirsch und Biber nachstellten.

Vor 14 000 bis 13 000 Jahren suchten also kleine Men-schengruppen der Federmessergruppen immer wieder den Platz am Rande der Düsterdieker Niederung für einen kur-zen Aufenthalt auf. Sie zerlegten Feuersteinknollen, repa-rierten ihre Jagdwaffen und verarbeiteten die Felle, Kno-chen und Geweihstangen der von ihnen erlegten Tiere. Dann zogen sie weiter zu anderen Lagerplätzen in ihrem weitläufigen Jagdrevier.

Literatur

M. Baales, Der spätpaläolithische Fundplatz Kettig. Untersuchun-gen zur Siedlungsarchäologie der Federmesser-Gruppen am Mittelrhein. Monographien des Römisch-Germanischen Zentral-museums 51 (2002).

K. Günther, Der Federmesser-Fundplatz von Westerkappeln, Kreis Tecklenburg. Bodenaltertümer Westfalens 13 (1973) 5–76.

Ders., Der altsteinzeitliche Fundplatz Westerkappeln-Westerbeck. Führer zu vor- und frühgeschichtlichen Denkmälern 46 (1981) 235–238.

Stephan Sensen

Mit den Museen Burg Altena auf Zeitreise durch die Geschichte des märkischen Sauerlandes

In malerischer Lage, hoch über der alten Drahtzieherstadt Altena an der Lenne, thront eine der schönsten Höhenburgen Deutschlands. Die Burg Altena ist der geschichtliche und kulturelle Mittelpunkt der Region (Abb. 123). Sie beherbergt zwei Museen: das Museum Weltjugendherberge mit den original erhaltenen Räumlichkeiten der 1912 eingerichteten ersten Jugendherberge der Welt und das 1875 gegründete Museum der Grafschaft Mark, das älteste regionalgeschichtliche Museum Westfalens. Seit 2000 präsentieren sich die Museen Burg Altena mit einer inhaltlich und gestalterisch neu konzipierten Dauerausstellung. Entstanden ist ein modernes Museum, das die Besucher an vielen Stellen mit einbezieht und sie mit auf eine Zeitreise durch die traditionsreiche Geschichte des märkischen Sauerlandes nimmt. Der Spannungsbogen der neuen Ausstellung reicht von der Ur- und Frühgeschichte über das Mittelalter, die Frühe Neuzeit und das Industriezeitalter bis in die Gegenwart.

Zu den umfangreichen Sammlungen des Museums der Grafschaft Mark gehörten immer schon auch archäologi-

Abb. 123 Auf Burg Altena, einer der schönsten Höhenburgen Deutschlands, befinden sich das Museum Weltjugendherberge und das Museum der Grafschaft Mark.

sche Bestände aus der Eiszeit. Seit der Museumsgründung gelangten kontinuierlich archäologische Objekte in den Besitz des Museums, so zum Beispiel eiszeitliche Tierknochen aus den zahlreichen Karsthöhlen des Massenkalkzuges oder steinzeitliche Werkzeuge und Waffen. Bei der Präsentation dieser Exponate in der neuen Dauerausstellung wurde ein neuer Weg eingeschlagen. Geologische und archäologische Objekte werden nicht mehr getrennt gezeigt, sondern in aufeinander bezogene Zusammenhänge gestellt. Dabei wird folgenden Fragen nachgegangen: Welche Gesteinsarten kommen im märkischen Sauerland besonders häufig vor? Wie hat der Mensch diese natürlichen Ressourcen im Laufe der Jahrtausende genutzt? Die Antworten darauf werden im Kommandantenhaus der Burg Altena gegeben, das die ersten vier Abteilungen des Museums beherbergt.

Der Rundgang beginnt mit einem kleinen Einführungsraum zum Gestein des märkischen Sauerlandes. Welche Gesteinsschichten wo an die Oberfläche treten, zeigt eine geologische Übersichtskarte. Ein erdzeitgeschichtliches Vitrinenregal präsentiert die wichtigsten Gesteinsarten im Original. Es fällt auf, dass die Grauwacke und der Massenkalk dominieren, die beide vor allem im Mitteldevon vor ungefähr 370 bis 380 Mio. Jahren entstanden sind. Die Grauwacke, ein hartes sandsteinähnliches Sediment, kommt überall dort vor, wo sich im Mitteldevon tieferes Meer befand. Der von zahlreichen Korallen und Schwämmen gebildete Massenkalk entstand hingegen in flachen Meereszonen. Im Massenkalkzug findet man auch Stellen mit 345 Mio. Jahre altem Kieselschiefer aus dem Unterkarbon.

Der steinzeitliche Mensch stellte aus den regional vorhandenen Gesteinen Werkzeuge und Waffen her. Als gut geeignet erwiesen sich die Grauwacke und der Kieselschiefer, nicht verwendbar war dagegen der poröse und bröckelige Massenkalk. Anschaulich dokumentiert die Verknüpfung geologischer Exponate mit archäologischen Fundstücken, gefertigt aus dem stark verfestigten Naturstein Grauwacke, die Nutzung dieses Rohstoffes. So wurden in der Jungsteinzeit von 4 500 bis 1 800 v. Chr. effektive Werkzeuge und Waffen daraus hergestellt. Setzkeile, Steinbeile und Streitäxte zeugen davon. In der Mittelsteinzeit um 8 000 bis 4 500 v. Chr. war der Kieselschiefer ein Ersatz für den im märkischen Sauerland nicht vorkommenden Flint- oder Feuerstein. Drei Vitrinen zeigen, wie die Menschen dieses Material zu ihren Zwecken nutzten: Zu sehen sind unter anderem Absplitterungen, außerdem ein Schäftungsversuch, der verdeutlicht, wie aus den kleinen steinernen Klingen beispielsweise eine Speerspitze hergestellt werden konnte.

Im Massenkalkzug des nördlichen märkischen Sauerlandes sind Verkarstungen ein verbreitetes Phänomen. Einsickerndes Regenwasser führt zur Bildung unterirdischer Risse und Höhlen. Nicht selten entstehen daraus Tropfsteinhöhlen. Besonders eindrucksvoll sind die Dechenhöhle, die Heinrichshöhle und die Reckenhöhle mit ihren Stalagtiten und Stalagmiten in Form von Tropfsteinsäulen und -orgeln, Sintervorhängen und -fahnen. Inwieweit der steinzeitliche Mensch diese Höhlen bewohnt oder als Kultstätten genutzt hat, konnten die Wissenschaftler noch nicht abschließend klären. Fakt ist jedoch, dass dort nicht nur eiszeitliche Tierknochen gefunden wurden, sondern auch Objekte, die auf die Nutzung der Karsthöhlen durch Menschen hinweisen.

Höhepunkt der ur- und frühgeschichtlichen Themen ist ein Exkurs zu den Tropfsteinhöhlen im märkischen Sauerland, der als nicht begehbares Spiegelkabinett in das Zwischengeschoss des Kommandantenhauses hinein komponiert wurde. Die Spiegelung, deren Effekte von der linken Seite aus betrachtet am eindrucksvollsten zur Geltung kommen, simuliert ein unüberschaubar großes Tropfsteinhöhlensystem. Es ist das Bühnenbild, vor dem originale Tropfsteine, eiszeitliche Tier- und Menschenknochen sowie weitere archäologische Funde präsentiert werden

Abb. 124 Das Spiegelkabinett in den Museen Burg Altena stellt eine Tropfsteinhöhle dar, die die Kulisse für die Präsentation originaler Tropfsteine, eiszeitlicher Tier- und Menschenknochen sowie weiterer Funde ist.

(Abb. 124). Besonders imposant wirken Mammutknochen sowie ein aus der Balver Höhle stammendes komplettes Skelett eines Höhlenbären. Die Inszenierung stimmt den Besucher ein, stellt einen erzählerischen Zusammenhang her und erleichtert den Zugang zur Thematik.

Literatur

M. Sönnecken, Vor- und Frühgeschichte im Kreis Lüdenscheid. Heimatchronik des Kreises Lüdenscheid (1971) 7–41.

Ders., Funde aus der Mittel-Steinzeit im Märkischen Sauerland. Veröffentlichungen des Heimatbundes Märkischer Kreis 7 (1985).

Kontakt

Museen Burg Altena
Fritz-Thomée-Straße 80, 58762 Altena

Tel.: 0 23 52 / 9 66-7021 (Museumspädagogik)
Tel.: 0 23 52 / 9 66-7033 (Information)
Tel.: 0 23 52 / 9 66-7034 (Verwaltung, Buchen von Führungen)
Fax: 0 23 52 / 2 53 16
E-Mail: museen@maerkischer-kreis.de
www.burg-altena.de

Öffnungszeiten

Di–Fr: 9.30–17.00 Uhr
Sa, So, feiertags: 11.00–18.00 Uhr
Mo: geschlossen (außer Ostern, Pfingsten, 26. 12.)
24., 25., 31. Dezember und 1. Januar: geschlossen

Susanne Jülich und Svea Rathje

Das Sauerland-Museum des Hochsauerlandkreises in Arnsberg

In der wunderschönen historischen Altstadt von Arnsberg liegt das geschichtsträchtige Gebäude des Landsberger Hofes mit dem Sauerland-Museum. Präsentiert wird hier die Geschichte des kurkölnischen Sauerlandes und des alten Herzogtums Westfalen.

Über eine Treppe gelangt der Besucher in einen Kellerraum, der der regionalen Vor- und Frühgeschichte gewidmet ist (Abb. 125). Hier finden sich Relikte der ersten Menschen im Sauerland. Tierknochen gewähren einen Einblick in die damalige Tierwelt.

Die Exponate erhellen vielfältige Lebensbereiche der ersten Bewohner des Sauerlandes. Repliken von Jagdwaffen der altsteinzeitlichen Jäger und Sammler zeigen die Entwicklung von Lanzen- und Speerspitzen sowie die Erfindung der Speerschleuder. Sie verschaffte den eiszeitlichen Jägern aufgrund ihrer großen Durchschlagskraft und Reichweite bessere Jagdbedingungen und erleichterte damit ihr Überleben. Pfeil und Bogen sowie die zugehörigen unterschiedlichsten Pfeilformen bilden einen weiteren Meilenstein in der Jagdtechnik. So diente beispielsweise der Kolbenpfeil zur Jagd auf Vögel: Da der Pfeil keine

Abb. 125   Ein Blick in die vor- und frühgeschichtliche Abteilung des Sauerland-Museums, Arnsberg.

245

scharfe Spitze besaß, wurde das Tier unverletzt durch den Schock des Aufpralls erlegt.

Repliken von Handwerksgerät, wie Ahlen, und Schmuck, beispielsweise aus Muscheln, erzählen vom Leben der Menschen abseits von Jagen und Sammeln.

Originale Fundstücke aus der Eiszeit stammen aus den verschiedenen Schichten der Balver Höhle. Ausgestellt sind Werkzeuge und Waffen des Neandertalers, wie Faustkeile und Keilblätter. Neben den Steinwerkzeugen fand man in der Höhle unzählige Knochen eiszeitlicher Tiere. Sie ermöglichen einen guten Einblick in die damalige Tierwelt und ihre Veränderung im Laufe der Jahrtausende.

In die Ausstellung von Originalen und Repliken der Altsteinzeit eingebunden sind ein dreidimensionales Lebensbild (Diorama) einer Neandertaler-Familie, Nachbildungen von Höhlenmalereien an der Decke des Gewölbekellers und das imposante Skelett eines Höhlenbären. Sie lassen das Leben in der Eiszeit vor allem für die kleinen Besucher lebendig werden. Exponate und Modelle nachfolgender Kulturen zeigen die weitere Entwicklung von Werkzeugen, Waffen und Siedlungsweisen auf.

Das Sauerland-Museum bietet zum Thema Eiszeit/ Steinzeit Programme für Kindergruppen und Schulklassen an, die zwischen anderthalb und zwei Stunden dauern.

Literatur

Heimatbund Neheim-Hüsten e. V. (Hrsg.), Heimat entdecken mit Bernhard Bahnschulte, zusammengestellt und eingeleitet von Werner Saure (1998) 61–87.

Kontakt

Sauerland-Museum des Hochsauerlandkreises
Alter Markt 24–26, 59821 Arnsberg

Tel.: 0 29 31/40 98
Fax: 0 29 31/41 14
E-Mail: sauerland-museum@t-online.de
www.sauerland-museum.de

Öffnungszeiten

Di–Fr: 9.00–17.00 Uhr
Sa: 14.00–17.00 Uhr
So: 10.00–18.00 Uhr
Mo: geschlossen
feiertags, außer 24., 25., 31. Dezember und 1. Januar:
wie sonntags geöffnet

Wighart von Koenigswald

Eiszeitliche Riesenhirsche im Museum Alexander Koenig in Bonn

Im Zoologischen Forschungsinstitut und Museum Alexander Koenig, das der Vielfalt der heutigen Tierwelt gewidmet ist, stehen die Skelette von zwei Riesenhirschen, typischen Vertretern der eiszeitlichen Tierwelt, die vor rund 10 000 Jahren verschwunden ist. Mit einer Spannweite von fast 4 m übertrifft das große Schaufelgeweih das aller heutigen Hirsche. Die Besonderheit der hier ausgestellten Gruppe besteht darin, dass neben dem prächtigen Hirsch mit seinem Geweih auch eine Hirschkuh mit ihrem geweihlosen und viel zarter gebauten Schädel steht. Die meisten Museen zeigen nur geweihtragende Schädel.

Die beiden Exemplare stammen aus Irland (Abb. 126). Zwar war diese Art auch im Rheinland verbreitet, doch wurden dort keine vollständigen Skelette gefunden, wohl aber viele Knochen und mehrere sehr schöne geweihtragende Schädel, zwei davon in Datteln oder Bottrop. Bei den Geweihen der Riesenhirsche aus dem Rheinland sind die Sprossen der Schaufeln oft nach innen gerichtet (Abb. 127).

Die großen Schaufelgeweihe werfen viele Fragen auf. Sind die Riesenhirsche näher mit den Elchen, die ja auch Schaufelgeweihe haben, oder mit den Rothirschen verwandt? Wozu dienten diese großen Geweihe, wurden sie zum Kommentkampf eingesetzt? Unter welchen Lebensbedingungen konnten sich die Hirsche derartige Geweihe überhaupt erst leisten?

Die meisten Hirscharten lassen sich gut am Geweih unterscheiden, die verwandtschaftlichen Beziehungen zwischen den verschiedenen Gattungen aber werden am Geweih nicht deutlich, weil sich die Schaufelgeweihe mehrfach unabhängig entwickelt haben. Zur Gliederung sind deshalb die Mittelfußknochen wichtiger, vielmehr ihre reduzierten Seitenstrahlen. Je nachdem, ob die Mittelfußknochen dieser Seitenzehen, die als Afterklauen im Fußabdruck sichtbar sind, von oben oder von unten her reduziert wurden, lassen sich zwei Gruppen bei den Hirschartigen unterscheiden. Zur einen Gruppe gehören Elch, Reh und Rentier, zur anderen Rothirsch, Damhirsch und Riesenhirsch. Die Vorläufer der Riesenhirsche hatten im frühen Mittelpleistozän noch große Stangengeweihe. Ebenso entwickelten auch die Jungtiere der jungpleistozä-

nen Riesenhirsche in den ersten Jahren noch Stangengeweihe, die aber nur selten gefunden werden.

Bei fast allen Hirschen ist der Kopfschmuck den Männchen vorbehalten. Nur Rentiere machen eine Ausnahme.
Das Geweih zeigt die Stärke der Hirsche an und dient in
erster Linie als Signal bei der Partnerwahl für die Weibchen. Die Größe des Geweihs regelt auch die Rangstellung der Hirsche untereinander. Rothirsche schlagen beim
Kommentkampf ihre Geweihstangen derart kräftig gegeneinander, dass es in herbstlichen Nächten weit zu hören
ist. Riesenhirsche dürften eher versucht haben, sich beim
Kommentkampf mit den großen Schaufeln gegenseitig
wegzuschieben. Dieses unterschiedliche Verhalten lässt
sich zweifach begründen: Zum einen sind die Geweihe in
der Knochensubstanz schwammig und dürften deswegen
bei harten Schlägen leicht gebrochen sein. Zum anderen
sind die weit ausladenden Schaufeln für schnelle Bewegungen wenig geeignet, denn ihr Gewicht könnte den
eher kleinen Körper der Tiere mit herumgerissen haben.

Zum Kampf muss es aber in vielen Fällen gar nicht erst
gekommen sein, weil die Geweihe allein durch ihre spezielle Form hervorragend als Imponierwaffe wirkten. Würde man einen Riesenhirsch mit gesenktem Kopf, etwa
beim Fressen, von vorne sehen, dann hat er dem Anschein
nach nur ein ausladendes, aber dünnes Stangengeweih.
Hebt dieser Hirsch aber den Kopf, dann werden die großen Schaufeln sichtbar und vergrößern plötzlich den Kör-
perumriss; Konkurrenten oder auch Feinde, wie der Wolf
oder der Vielfraß, werden in die Flucht geschlagen.

Die Geweihe sind ein Meisterwerk der Biotechnik.
Obwohl sich die rechte und die linke Schaufel durchaus in
Zahl, Form und Richtung der langen Sprossen unterschei-

*Abb. 126 Eis-
zeitliche Riesen-
hirsche im Museum
Alexander Koenig,
Bonn.*

Abb. 127 Brüggen/Kreis Viersen. Den beeindruckenden Riesenhirschschädel mit Geweih können Besucher im Museum Alexander Koenig, Bonn, bewundern.

den können, sind sie bestens im Gleichgewicht. Ebenso ist das Gewicht zwischen vorne und hinten genau über dem Hinterhaupt ausgeglichen, wodurch der Hirsch seinen Kopf optimal bewegen kann. Beim Wachstum des Geweihs wird dieses Gleichgewicht kontrolliert und eingestellt.

Obwohl die Riesenhirsche so imposant sind und den eiszeitlichen Jägern sicher bekannt waren, wurden bislang nur ganz wenige Darstellungen in der Höhlenmalerei entdeckt; so beispielsweise in der Höhle von Cougnac im französischen Departement Lot.

Das unglaublich große Schaufelgeweih kann bis zu 40 kg wiegen und wurde, wie die Geweihe fast aller Hirsche, jedes Jahr nach der Brunft abgeworfen. In der kommenden Saison musste es wieder neu und nach Möglichkeit noch größer gebildet werden. Das heißt, ein Hirsch musste jedes Jahr 40 kg Mineralsalze mit der Nahrung aufnehmen, um ein entsprechend imposantes Geweih zu bilden; nur so konnte er den Hirschkühen imponieren und die Rangstellung gegenüber den Rivalen verbessern. Das ist nur in einem Lebensraum denkbar, der eine geeignete Nahrung in großem Umfang bot. Was die Riesenhirsche gefressen haben, ist nicht im Einzelnen bekannt, aber in Irland und Dänemark lässt sich beobachten, dass die Riesenhirsche in den kurz zuvor von den abtauenden Gletschern freigegebenen Gebieten besonders gut gediehen. Demnach muss die krautreiche Ruderalflora, die diese Schuttflächen besiedelte, ein ideales Nahrungsangebot gewesen sein. In Irland gab es in dieser Landschaft viele Toteislöcher, kleine Seen, die dort entstanden, wo überdeckte Eisblöcke abtauten. In solchen Toteislöchern, die sich später mit Torf füllten, wurden die vielen vollständigen Skelette gefunden, die in den Museen zu sehen sind.

Gegen Ende der letzten Eiszeit waren die Riesenhirsche weit verbreitet, verschwanden aber, als sich der Wald des Holozäns ausbreitete. Im Uralgebiet fanden die Riesenhirsche noch vor rund 7 000 Jahren einen geeigneten Lebensraum, erloschen dann aber auch dort.

Die lange vertretene Annahme, dass die Riesenhirsche ausgestorben seien, weil ihr Geweih immer größer und damit auch für den Organismus zu aufwendig geworden sei, wird durch die Tatsache widerlegt, dass diese Hirschart vor etwa 200 000 bis 300 000 Jahren mit ähnlich großen Geweihen durchaus zum Leben und Überleben fähig war. Die Hypothese, die eiszeitlichen Jäger hätten diese Tierart durch Überjagung ausgerottet, ist durch keinerlei Funde zu begründen. Es ist sehr viel wahrscheinlicher, dass dieser auffallenden Tierart, ähnlich wie anderen Bewohnern der Mammutsteppe, durch die ökologischen Veränderungen am Ende der letzten Eiszeit der Lebensraum entzogen wurde. Aber auch diese ökologische Begründung ist nicht ganz zufriedenstellend. Riesenhirsche sind nämlich gelegentlich auch in den vorangegangenen Warmzeiten in Mitteleuropa, als das Land von Wäldern bedeckt war, vorgekommen. Sie waren also gar nicht unbedingt auf die Vegetation einer kaltzeitlichen Mammutsteppe angewiesen.

Literatur

W. von Koenigswald, Lebendige Eiszeit (2002).

Kontakt

Zoologisches Forschungsinstitut und Museum
Alexander Koenig
Museumsmeile Bonn
Adenauerallee 160, 53113 Bonn

Tel.: 02 28/91 22-0 (Zentrale)
Tel.: 02 28/91 22-211 (Besucherinformation)
Fax: 02 28/91 22-212
E-Mail: info.zfmk@uni-bonn.de
www.museumkoenig.uni-bonn.de

Öffnungszeiten

Di, Do–So: 10.00–18.00 Uhr
Mi: 10.00–21.00 Uhr
Mo, 24., 25. und 31. Dezember: geschlossen
(außer an gesetzlichen Feiertagen)

Michael Schmauder und Ralf W. Schmitz

Der Neandertaler und weitere eiszeitliche Funde im Rheinischen LandesMuseum Bonn

Seit 1820 ist es die Aufgabe des Rheinischen LandesMuseums Bonn, damals noch unter dem Namen „Museum Rheinisch-Westfälischer Alterthümer in Bonn", die Kulturgüter des Rheinlandes zu sammeln und zu bewahren, um sie für die Öffentlichkeit zu erschließen und auszustellen. Traditionell sind es vor allem die archäologischen Funde aus der annährend 600 000 Jahre zurückreichenden Geschichte des Menschen im Rheinland, die den Sammlungsschwerpunkt bilden. Schon früh gehörten daher zum Bestand auch altsteinzeitliche Funde.

Der Kartstein („Überleben – Schöner Leben")

Mit dem Namen des Bonner Anatomen Hermann Schaaffhausen (1816–1893) ist der Beginn der wissenschaftlichen Untersuchung des Kartsteins bei Mechernich verbunden. Aus verschiedenen Kampagnen stammen unter anderem

Abb. 128
Neandertal/Kreis Mettmann. Klingen und Geschossspitzeneinsätze aus dem Gravettien, Rheinisches LandesMuseum Bonn.

altpaläolithische Steinartefakte und Faunenreste. Von den insgesamt 31 relevanten im Rheinischen LandesMuseum Bonn verwahrten Objekten, die im Travertin verbacken waren, bestehen 28 aus Quarz und drei aus Quarzit.

Das Formenspektrum umfasst elf Kerne, vier Abschläge, sieben angeschlagene Gerölle, sechs Abschlag- und Geröllfragmente, einen Chopper (hackmesserähnliches Werkzeug) sowie einige Schaber. Die Funde datieren in die drittletzte Warmzeit, die der Saale-Kaltzeit vorangeht, was einem Datum von etwa 320 000 Jahren vor heute entspricht. Die Steingeräte zählen damit neben den Funden aus Rheindahlen (s. Beitrag von M. Schmauder in diesem Band) zu den ältesten Nachweisen menschlicher Besiedlung im Rheinland. Welche Menschen – später *Homo erectus* oder frühe Formen der Neandertaler – die Geräte im Bereich der ehemaligen kalkablagernden Quelle verwendeten und zurückließen, kann aufgrund fehlender Menschenreste nicht entschieden werden (s. Beitrag von M. Baales zum Kartstein in diesem Band).

Der Neandertaler ("Den Geheimnissen auf der Spur")

Der im August 1856 im Neandertal entdeckte Urmenschenrest ist seit 1877 das herausragendste Sammlungsgut des Rheinischen LandesMuseums Bonn. Einmal mehr war es das Engagement H. Schaaffhausens, dem der

Abb. 129 Neandertal/Kreis Mettmann. Beidseitig retuschierter Schaber, Keilmesser, Levalloiskern und Kratzer vom Groszak-Typ aus der Zeit der Neandertaler, Rheinisches LandesMuseum Bonn.

Verbleib dieses einzigartigen Fundes im Rheinland zu verdanken ist.

Seit 1991 werden die Skelettreste des Neandertalers durch ein internationales Forscherteam unter der Leitung von R. W. Schmitz mit modernsten Verfahren und unter einer Vielzahl von Gesichtspunkten untersucht. Neben Arbeiten zu Schnittspuren auf dem Schädeldach als mögliche Indizien für Totenriten, zu Ernährung, Krankheiten, Verletzungen und Mangelerscheinungen dieses Menschen ergab eine ^{14}C-Datierung, dass der Fund mit rund 42 000 Jahren zu den letzten Neandertalern Mitteleuropas zählte.

Weiterhin gelang es 1997, am Typus-Exemplar (also dem Fund von 1856) erstmals Teile der Erbsubstanz eines Frühmenschen zu entschlüsseln. Auffallendstes, inzwischen an anderen Neandertalern bestätigtes Ergebnis ist, dass sich die Erbgut-Sequenz des Neandertalers in einer erheblichen Anzahl von Einzelbausteinen (Basen) von dem des heutigen Menschen unterschied. Dies ist ein Hinweis darauf, dass sich die Entwicklungslinien von Neandertalern und anatomisch modernen Menschen schon vor ungefähr 450 000 Jahren getrennt hatten. Der Anteil des Neandertalers an der Entstehung des modernen Menschen, der ab ca. 38 000/34 000 vor heute in Europa erscheint, dürfte daher eher gering sein. Mit der Einwanderung des modernen Menschen geht aber auch die Zeit des Neandertalers zu Ende, wobei bis heute weitestgehend unklar ist, wie sein Verschwinden zu erklären ist.

Ebenfalls im Jahr 1997 gelang R. W. Schmitz und J. Thissen nach langjährigen Recherchen die Lokalisierung der ehemaligen Fundstelle des Neandertalers; im Jahr 2000 konnten diese Ausgrabungen des Rheinischen Amtes für Bodendenkmalpflege fortgesetzt werden. In den Sedimenten der zerstörten Höhlen Kleine Feldhofer Grotte und Feldhofer Kirche wurden zahlreiche Steinwerkzeuge aus der Zeit um etwa 25 000 vor heute sowie aus der Spätzeit der Neandertaler vor rund 40 000 bis 50 000 Jahren entdeckt (Abb. 128, Abb. 129).

Hinzu kommen über 70 menschliche Knochenfragmente. Die Fundstücke ergänzen zum Teil das Skelett des robusten Neandertalermannes von 1856, wobei ein Jochbein, ein weiteres Schädelstück und ein Splitter des linken Oberschenkelknochens sich direkt an das Skelett des namengebenden Neandertalers ansetzen ließen (Abb. 130).

Darüber hinaus lässt sich ein Teil der Fundstücke einem neu entdeckten, zweiten Neandertaler zuordnen (s. Beitrag von G.-C. Weniger zum Neandertal in diesem Band). ^{14}C-Datierungen und genetische Analysen am zweiten Individuum vermochten die zuvor am Typus-Exemplar gewonnenen Ergebnisse zu bekräftigen.

Weitere paläolithische Funde im Rheinischen LandesMuseum Bonn

1927/29 konnten von R. Rein im südlichen Teil des Steinbruchs im Neandertal (Gemarkung Hochdahl) bei der Untersuchung einer durch Tierknochen bekannten Fundstelle mehrere aus Quarzit hergestellte Artefakte geborgen werden. Insbesondere sind ein 19 cm langer Faustkeil (s. Abb. 46) und ein annährend 13 cm langer und gut 11 cm breiter Cleaver (Spalter) (Abb. 131) erwähnenswert.

Bei den Faunenresten handelt es sich um Steppenelefant/Mammut, Wollhaariges Nashorn, Ren und Höhlenbär. Die zeitliche Position der Funde ist nicht gesichert, doch spricht einiges dafür, sie vor der letzten Eiszeit anzusetzen. Dies bedeutet, dass frühe Formen der Neandertaler oder vielleicht sogar Menschen der Art *Homo erectus* als Hersteller der Steingeräte in Frage kommen.

Zu den wichtigen Funden, die durch aufmerksame Bürger und passionierte Sammler in den Besitz des Rheinischen LandesMuseums Bonn gelangten, zählen auch die beiden Faustkeile aus Erkrath. Diese lassen sich dem Micoquien/Keilmessergruppen der letzteiszeitlichen Neandertaler zuordnen (Abb. 132).

Möglicherweise in den gleichen Kontext gehört ein 12,5 cm langer, sorgfältig gearbeiteter Faustkeil aus Feuerstein, den man 1963/64 in Elmpt, Ortsteil Wald, auf der Kiesladung eines Lastwagens fand. Die ursprüngliche

Abb. 130 Schädelkalotte des Neandertalers von 1856 und anpassendes Jochbeinfragment aus der Grabung 2000, Rheinisches LandesMuseum Bonn.

⇧ *Abb. 131
Hochdahl/Kreis
Mettmann. Cleaver
aus Quarzit (Länge:
ca. 13 cm), Rheini-
sches LandesMu-
seum Bonn.*

⤢ *Abb. 132
Erkrath/Kreis Mett-
mann. Faustkeil aus
Quarzit (Länge:
10,4 cm), Rheini-
sches LandesMu-
seum Bonn.*

Fundlage ließ sich nicht mehr rekonstruieren, so dass unklar bleibt, ob es sich um ein Einzelstück handelt oder ob hier eine neandertalerzeitliche Fundstelle dem Kiesabbau zum Opfer fiel.

Es war wiederum H. Schaaffhausen, der die ersten umfangreichen Ausgrabungen des jungpaläolithischen Platzes vom Martinsberg bei Andernach (im Themenbereich „Überleben – Schöner Leben") durchführte. Wie in Gönnersdorf diente auch der Siedlungsplatz am Martinsberg als Basislager, von dem aus die Jäger und Sammler des Magdalénien (um 15 500 vor heute) zu ihren Streifzügen aufbrachen. Eines der bemerkenswertesten Zeugnisse frühen Kunstschaffens im Rheinland ist die Darstellung eines Vogels mit Schnabel, Augen, Flügelkanten und Schwanzfedern, die aus dem Ende einer Abwurfstange eines Rentiers geschnitzt ist (im Themenbereich „Epochen") (Abb. 133).

Internationale Bedeutung besitzt die Doppelbestattung aus Bonn-Oberkassel (im Themenbereich „Von den Göttern zu Gott"; s. Beitrag von W. von Koenigswald in diesem Band). Dem etwa 55-jährigen Mann und der rund 25-jährigen Frau waren eine kleine, dünne Figur aus Knochen oder Geweih, die vermutlich einen Hirsch oder ein Reh darstellt, und ein 20 cm langer, polierter Knochenstab mit Tierkopf beigegeben (s. Abb. 1). Als Teil einer Tracht diente wohl der abgeschnittene Zahn eines Rothirsches. Neben den Menschenknochen fand sich auch das Skelett eines der frühesten Hunde Europas. Im Jahr 1993 begann eine erneute intensive Erforschung der Oberkasseler Doppelbestattung durch J. Thissen und R. W. Schmitz. Neben der

Untersuchung der Funde stand die erfolgreiche Wiederauffindung der verloren geglaubten Fundstelle im Mittelpunkt. Eine Datierung von Flugsanden ergab eine Zeitstellung vor rund 12 000 Jahren. Parallel ausgeführte ^{14}C-Datierungen durch ein Team um M. Street vom Römisch-Germanischen Zentralmuseum Mainz lassen auf ein Alter von rund 14 000 Jahren schließen.

Diese Neudatierungen bedeuten, dass die Doppelbestattung aus Oberkassel nicht mehr – wie zuvor – in ein Magdalénien vor den Funden von Andernach und Gönnersdorf einzuordnen ist, sondern deutlich später. Unterstützt wird dieser Zeitansatz auch durch die flache Tierfigur, zu der eine Parallele aus Weitsche in Niedersachsen vorliegt, die mit Steinartefakten der auf das Magdalénien folgenden Federmessergruppen vergesellschaftet ist.

Abb. 133 Andernach/Kreis Koblenz. Ca. 10 cm große Vogeldarstellung (aus Rengeweih) aus dem Magdalénien, Rheinisches LandesMuseum Bonn.

Bereits in die frühe Nacheiszeit datieren die beiden durch J. Thissen entdeckten Hirschgeweihmasken aus Bedburg-Königshoven (s. Abb. 53), zu denen Parallelen aus Star Carr in Ostengland, Hohen Viecheln und Plau in Mecklenburg sowie Berlin-Biesdorf vorliegen. Die Funktion dieser „Geweihmasken" ist nicht eindeutig zu klären, doch spricht vieles dafür, dass es sich um einen Kopfschmuck handelt, der zu einer Schamanentracht gehörte. Wahrscheinlich wurde dieser bei der Ausübung bestimmter Rituale, die der Idee der Verschmelzung von Mensch und Tier folgen, getragen. Aus der Völkerkunde sind vergleichbare Masken mehrfach belegt.

Literatur

R. W. Schmitz – J. Thissen, Aktuelle Untersuchungen zum endpleistozänen/frühholozänen Fundplatz Bonn-Oberkassel. Ein Vorbericht. Archäologische Informationen 19, 1996, 197–203.

Dies., Neandertal. Die Geschichte geht weiter (2000).

Kontakt

Rheinisches LandesMuseum Bonn
Colmantstraße 14–16, 53115 Bonn

Tel.: 02 28 / 20 70 -0
Fax: 02 28 / 20 70 -150
E-Mail: rlmb@lvr.de
www.lvr.de/FachDez/Kultur/Museen/RLMB/

Öffnungszeiten

Di: 10.00–18.00 Uhr
Mi: 10.00–21.00 Uhr
Do–So: 10.00–18.00 Uhr
Mo: geschlossen

Martin Walders und Wighart von Koenigswald

Zum Fährtenlesen ins Museum für Ur- und Ortsgeschichte Bottrop

Das 1961 gegründete Museum für Ur- und Ortsgeschichte Bottrop erhielt mit dem Bau des Museumszentrums Quadrat 1976 endlich eine Erweiterung für die zahlreichen eiszeitlichen Funde aus dem Emschertal. In der Eiszeithalle mit der Darstellung des Eiszeitalters und seiner Lebensräume begegnen wir unter anderem den rekonstruierten Skeletten des Mammuts (Abb. 134), des Fellnashorns und zweier Höhlenbären. Die Ausstellung setzt sich in der Außenanlage mit einem Ausschnitt der Kältesteppe fort, in der ein rekonstruiertes Fellnashorn an einem Bachufer weidet.

Die seit 1958 auf inzwischen über 12 000 Tierreste angewachsene Eiszeitsammlung, überwiegend während der Bauarbeiten am Rhein-Herne-Kanal und auf Baustellen im Einzugsbereich der Emscher in Bottrop geborgen, gehört zu den größeren Sammlungen dieser Art in Deutschland. Die in Nassbaggerungen geborgenen Funde lassen sich nicht eindeutig einem der beiden fossilreichen Horizonte der Emscher-Niederterrasse zuordnen. Sowohl der ältere Knochenkies als auch die etwas jüngeren Schneckensande enthalten eine typische Kaltzeitfauna mit Mammut, Rentier, Fellnashorn, Pferd und Steppenwisent. Beide Horizonte datieren aufgrund ihrer Fauna und der Entwicklungshöhe

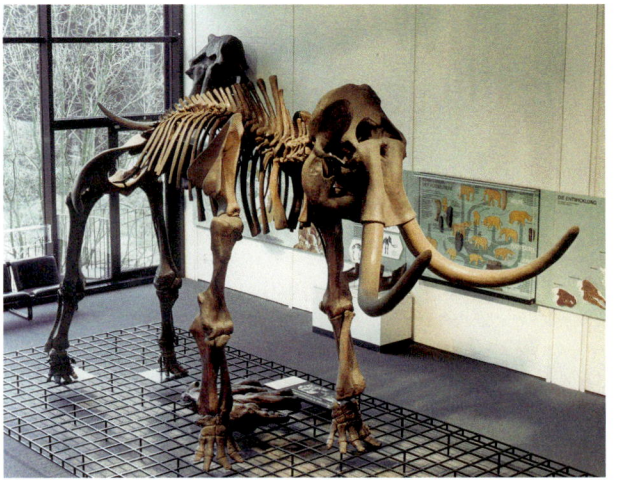

Abb. 134   Im Emschertal bei Bottrop konnten die Reste von über 70 Mammuten geborgen werden. Hier im Bild ein aus den Originalknochen von etwa sechs Individuen rekonstruiertes Skelett eines Mammutbullen, Museum für Ur- und Ortsgeschichte Bottrop.

Abb. 135 Bottrop-Welheim. Die Abdrücke einer Vorder- (oben) und Hinterpfote des eiszeitlichen Löwen gehören zu einer weltweit einmaligen Fährte mit insgesamt 32 Trittsiegeln dieser Großkatze. Im Kontext mit den Fährten eiszeitlicher Rentiere (rechts) und anderer Weidegänger wie Wisent und Pferd bildet sie ein einzigartiges Dokument des Lebens vor ca. 35 000 Jahren, das im Quadrat besichtigt werden kann.

einiger Arten in die letzte Kaltzeit, und zwar das beginnende Weichsel-Glazial. Einige Fundstücke warmzeitlicher Tierformen, so des Waldnashorns, weisen nach, dass der Knochenkies stellenweise von älteren Ablagerungen der Eem-Warmzeit unterlagert wird. Da auch einige Reste des Steppenelefanten überliefert sind, ist zu vermuten, dass sich im Emschertal sogar noch saalezeitliche Ablagerungen erhalten haben. In diese Zeit könnte auch der seltene Bottroper Fund einer Saigaantilope gehören.

Die Beobachtungen zum genauen Alter der Emscherablagerungen sind deshalb von Bedeutung, weil bereits 1963 während einer Baggerung im Rhein-Herne-Kanal ein Jagdlager des Neandertalers entdeckt werden konnte. Die bis 1976 auf fast 400 Werkzeuge, Halbfabrikate und Werkabfälle angewachsene mittelpaläolithische Sammlung enthält einen hohen Anteil nachweislich zur Holzbearbeitung benutzter Geräte. Folglich können zur Zeit des Aufenthalts keine hochglazialen Bedingungen geherrscht haben.

Ein weiterer bedeutender Fund gelang 1992 beim Bau der Kläranlage in Bottrop-Welheim. Beim Herrichten eines der Klärbecken wurde in einigen Metern Tiefe ein alter Auelehm der Emscher freigelegt. In dem gleichmäßigen grauen Lehm fielen einige Sandflecken auf, die Vertiefungen ausfüllten. Aus ihrer Anordnung und Form konnte man auf Trittsiegel von Tieren schließen, die durch den Lehm gelaufen waren, als er noch feucht war.

Die Fläche konnte großräumig freigelegt und abgegossen werden. Nach der Tiefe der Eindrücke dürften zunächst einige Pferde und Bisons durch den noch recht feuchten Lehm gelaufen sein. Dann hielten sich mehrere Rentiere auf rund 150 m² auf. Einige überquerten das Areal, andere hinterließen in der Nordwestecke zahlreiche Spuren. Sicher war keines dieser Tiere anwesend, als ein Wolf in die nordwestlichen Ecke kam und wieder verschwand. Die größte Überraschung war das Auftreten eines Höhlenlöwen, der mehr als 30 eindeutige Trittsiegel hinterließ. Er zog – nach der Länge seiner Schritte zu beurteilen – gemächlich über die Fläche, rutschte mit einem Fuß in eine der tief ausgetretenen Bisonspuren und ging mit einer leichten Änderung der Richtung weiter (Abb. 135). Seine möglichen Beutetiere hielten sich in sicherem Abstand auf. Das Geschehen auf dieser Fährtenplatte lief in nur wenigen Tagen ab und beleuchtet den für Laien verblüffenden Tatbestand, dass Rentiere und Löwen im gleichen Biotop vorgekommen sind. Der Auelehm müsste sehr bald von Sand überdeckt worden sein, denn hätte der Lehm längere Zeit freigelegen, wären die Spuren verwischt worden und der Lehm wäre ausgetrocknet und hätte Risse bekommen.

Das Alter für diesen Auelehm wurde auf etwa 35 000 Jahre ermittelt. Ein 35 m² großer Ausschnitt der Fährtenfläche versetzt den Besucher der Eiszeithalle in die Rolle eines eiszeitlichen Jägers und Fährtenlesers.

Literatur

A. Heinrich, Geologie und Vorgeschichte Bottrops (1987).

W. von Koenigswald (Hrsg.), Eiszeitliche Tierfährten aus Bottrop-Welheim. Münchener Geowissenschaftliche Abhandlungen Reihe A, 27, 1995, 1–80.

R. W. Schmitz, Die mittelpaläolithischen Fundplätze Herne und Bottrop im Emschertal. Archäologisches Korrespondenzblatt 18, H. 4, 1988, 311–321.

Kontakt

ⓘ

Quadrat Bottrop
Museum für Ur- und Ortsgeschichte Bottrop
Im Stadtgarten 20, 46236 Bottrop

Tel.: 0 20 41/2 97 16
www.quadrat-bottrop.de

Öffnungszeiten

Di–So: 10.00–18.00 Uhr
Mo: geschlossen

Michael Strauß

Eiszeitliche Säugetierfunde im Dobergmuseum in Bünde

Das Dobergmuseum/Geologisches Museum Ostwestfalen-Lippe beschäftigt sich in seiner Dauerausstellung mit der Geologie des Dobergs und seines regionalgeologischen Umfeldes. Der 105 m hohe Doberg, im Südosten von Bünde gelegen, ist ein paläontologisches Bodendenkmal.

Als regionalgeologisches Umfeld des Dobergs wird hier ein Gebiet verstanden, das sich etwa vom Stemmweder Berg im Nordwesten bis zum Extertal im Südosten und vom Teutoburger Wald bei Halle im Südwesten bis zum Schaumburger Wald im Nordosten erstreckt. Die Gesteinsablagerungen dieses Gebietes stammen aus dem Erdmittelalter, den Eiszeiten und der Nacheiszeit.

Die didaktisch besonders aufbereitete Ausstellung ist mit modernster Technik ausgestattet. Sie verfügt über viele interaktive Stationen, in denen die Museumsbesucher selbst in die Rolle eines Geowissenschaftlers schlüpfen und eigene Beobachtungen anstellen können. Zum Beispiel können Strandprozesse oder der Transport von Sedimenten in Fließgewässern experimentell in Gang gesetzt und beobachtet werden.

Abb. 136 Eine Vitrine mit eiszeitlichen Säugetierfunden im Dobergmuseum, Bünde.

In der Eiszeitabteilung werden unter anderem seltene Knochenfunde eiszeitlicher Säugetiere gezeigt (Abb. 136), von denen einige exemplarisch hier vorgestellt werden.

Rechter Oberschenkelknochen eines Wollnashorn aus den Weserkiesen, Kieswerk Tramira, Dankersen/Minden: In den eiszeitlichen Kältesteppen Mitteleuropas war das Wollnashorn weit verbreitet. Es erreichte eine Länge von 3,50 m. Seine beiden spitz zulaufenden Hörner stellten eine gefährliche Verteidigungswaffe dar, dienten wahrscheinlich aber auch als Schneeschaufel, um Futterpflanzen unter der Schneedecke freizulegen. Beim ausgestellten Fund handelt es sich um den Mittelteil des Oberschenkelknochens eines Wollnashorns, das wahrscheinlich aus der Saale- oder Weichsel-Kaltzeit stammt. Das Knochenstück weist deutliche Bissspuren auf. Wahrscheinlich wurden die Gelenkköpfe von eiszeitlichen Fleckenhyänen abgenagt. Wollnashörner starben vor ca. 20 000 Jahren aus.

Oberschädelrest eines Höhlenbären aus den Weserkiesen, Kieswerk Tramira, Dankersen/Minden: Die Höhlenbären, die zum Ende der letzten, der Weichsel-Kaltzeit ausstarben, wurden etwa bis über 2 m lang und erreichten eine Schulterhöhe von etwa 1,70 m. Der Höhlenbär ernährte sich als Allesfresser, vornehmlich jedoch von Pflanzen. Die Schneidezähne des ausgestellten Oberkiefers sind herausgefallen (Abb. 137). Eck- und Backenzähne sind teilweise vorhanden. Die schmalen Fangzähne und die geringe Breite des Schädels sprechen für ein weibliches Tier. Der Fund ist besonders bemerkenswert, da er im Gegensatz zu den meisten anderen Resten von Höhlenbären im offenen Gelände und nicht in einer Höhle entdeckt wurde. Das Tier, das vermutlich in der Weichsel-Kaltzeit lebte, ist demnach außerhalb einer Höhle verendet.

Halswirbelknochen eines Steppenwisents aus den Weserkiesen bei Minden: Das Steppenwisent entwickelte sich aus einem „Ur-Bison" innerhalb der Kältesteppen Asiens und wanderte von dort aus nach Europa ein. Wahrscheinlich zogen Steppenwisente in Herden durch mehrere Gebiete. Sie starben am Ende der letzten Eiszeit aus.

Rückenwirbelknochen, Stoß- und Backenzähne eines Wollhaarmammuts aus den Weserkiesen bei Minden: Das Wollhaarmammut war ideal an die Kälte und Trockenheit des eiszeitlichen Klimas angepasst. Sein dichtes Fell bestand aus bis zu 90 cm langem Deckhaar, das zusammen mit dem kürzeren dünneren Unterfell den gesamten Körper als dichten Pelz bedeckte. Unter der Haut war eine dicke Fettschicht. Die mächtigen Stoßzähne waren nach innen gebogen und dienten nicht nur der Verteidigung, sondern auch als „Schneeschieber", mit dem Pflanzen zur Nahrungsaufnahme freigelegt werden konnten. Mammuts starben am Ende der letzten Eiszeit aus.

Abb. 137 Danker-sen/Kreis Minden. Nahezu vollständi-ger Oberkiefer eines Höhlenbären aus den Weserkie-sen, Dobergmu-seum, Bünde.

Geweihstange eines Rentieres aus den Weserkiesen bei Minden: Während der letzten Eiszeit war das Rentier in Asien und Mitteleuropa weit verbreitet. Heute lebt es noch im nördlichen Bereich Skandinaviens oder im Norden Kanadas. Ein Rentier kann eine Schulterhöhe von bis zu 1,40 m und eine Gesamtlänge von bis zu 2,20 m errei-chen. Das Fell der Rentiere ist im Winter heller als im Sommer und bietet so eine gewisse Tarnung.

Literatur

Ch. Mörstedt – M. Strauß, Expedition Doberg, Stippvisiten Spezi-al, hrsg. vom Kreisheimatverein Herford e. V. (2005).

K. Skupin u. a., Die Eiszeit in Nordwestdeutschland. Zur Verei-sungsgeschichte der Westfälischen Bucht und angrenzender Gebiete (1993).

Kontakt

Dobergmuseum
Fünfhausenstraße 8–12, 32257 Bünde

Tel.: 0 52 23 / 79 33 03 (während der Öffnungszeiten)
E-Mail: infoservice@museum-buende.de
www.museum-buende.de

Öffnungszeiten

Di–So: 10.00–18.00 Uhr
Mo: geschlossen

Rainer Springhorn

Die Sammlungen des Eiszeitalters im Lippischen Landesmuseum Detmold

Von naturkundlich interessierten und engagierten Bürgern im Juni 1835 gegründet, verfügt das Lippische Landesmuseum über die älteste umfassend naturhistorische Sammlung in Nordrhein-Westfalen. Lediglich die Spezialsammlungen des Mineralogisch-Petrologischen Institutes der Universität Bonn (1818) und des Geologisch-Paläontologischen Institutes der Universität Münster i. W. (1820) sind älter. Aufgrund dieser langen Sammlungstradition erstaunt es nicht, umfangreiche Belege der Großsäugerfauna der Eiszeit im Museumsfundus zu finden. Auf besonders eindrucksvolle Stücke und einige Fundkomplexe dieser Sammlung soll hier eingegangen werden. Zuvor werden indessen Hinweise auf Artefakte des Landesmuseums gegeben, die der Altsteinzeit (Paläolithikum) zuzuordnen sind. Diese wurden zuletzt 1985 von Schwabedissen beschrieben, der seinerseits auf die akribischen Aufsammlungen von Adrian, publiziert 1982, zurückgreifen konnte. Günther stellte 1988 einige Fundstücke nochmals vor. Neuere Materialien stammen aus dem Beginn der 1990er Jahre und wurden von Trier 1990 sowie Kempcke 1994 veröffentlicht.

Aus den erdgeschichtlichen Stufen der Saale-Kaltzeit und Eem-Warmzeit bis etwa zur Mitte der Weichsel-Kaltzeit besitzen die älteren Detmolder Sammlungen etwas mehr als zwei Dutzend Gesteinswerkzeuge, die in das Mittelpaläolithikum gestellt werden. Diese Fundstücke sind sehr wahrscheinlich dem Neandertaler, *Homo sapiens neanderthalensis*, zuzuweisen. Es handelt sich um einen so genannten Levalloiskern aus Detmold-Nienhagen, um Schaber und Spitzen vom Viethberg bei Detmold-Heidenoldendorf sowie um Blattspitzen und Blattschaber aus Lage-Hörste. Ein gutes Dutzend weiterer Feuersteingeräte vom Fundplatz Lage-Hörste, die sich durch höhere Differenziertheit in der Abschlagtechnik von den älteren Artefakten unterscheiden, werden ins Jungpaläolithikum datiert und gehören der ausgehenden Weichsel-Kaltzeit an. Aus einem spätpaläolithischen Zeithorizont stammen neuere Funde der Freilandstation von Jerxen-Orbke (Stadt Detmold), die von Kempcke 1994 dokumentiert wurden. Dieser Werkplatz erbrachte ein reiches Konvolut aus Kern-

Abb. 138 Höling bei Obermarsberg/ Hochsauerland-kreis. Nahezu voll-ständig bezahnter Oberschädel eines Höhlenbären (Ursus spelaeus) aus dem Jungplei-stozän, Lippisches Landesmuseum Detmold.

steinen, Schabern, Kratzern, Klingen und Bohrern sowie Abschlägen und krakelierten Flintfragmenten. In das ausklingende Paläolithikum datieren auch Kernsteine und Abschlagmaterialien eines Fundplatzes am Oetternbach nördlich Lage-Hardissen. Diese Gerätschaften werden alle dem modernen Menschen, dem *Homo sapiens sapiens*, zugeschrieben. Ein 14 Artefakte umfassender Fundkomplex aus unmittelbarer Nachbarschaft der Externsteine (Stadt Horn-Bad Meinberg, Ortsteil Holzhausen) besteht aus Stielspitzen, Klingen und einem Kern der Ahrensburger Kultur aus der Jüngeren Dryas, der allerletzten Phase der Eiszeit.

Die für die Weichsel-Kaltzeit typische Großsäugerfauna ist aus Lippe und den angrenzenden Regionen mit wichtigen Arten in der Sammlung des Lippischen Landesmuseums vertreten: Mammut, Wollnashorn, Wildpferd, Wisent, Riesenhirsch und Höhlenbär. Andere wesentliche Spezies des Eiszeitalters, wie Moschusochse, Steinbock, Höhlenlöwe, Höhlenhyäne, Vielfraß und Wolf, fehlen indessen. Da es im Kreis Lippe keine geräumigen Höhlen gibt, die Raubtieren und Menschen als Unterschlupf dienen konnten, erklärt sich das Ausbleiben entsprechender Knochenfunde. Einzige Ausnahme ist der Schädel eines Dachsrüden aus dem „Holzknechtschacht" bei Kohlstädt (Gemeinde Schlangen), der 1982 im Höhlenlehm, vermutlich der Jüngeren Dryas, gefunden und vom Verfasser im Jahr 2000 publiziert wurde. Die verschiedenen Skelettfragmente vom Höhlenbären stammen alle aus Karsthöhlen des Sauerlandes, der Fränkischen Alb und der Steiermark. Die fossilen Belege für die eingangs erwähnten großen Pflanzenfresser wurden fast ausnahmslos aus Sanden und Kiesen der Bega, Emmer, Werre und Weser als Zufallsfunde im Rahmen von Baggerarbeiten bei Sand- und Kiesabgrabungen geborgen. Lediglich ein Wildpferd-Fund aus Talauelehmen der nördlichen Egge konnte relativ

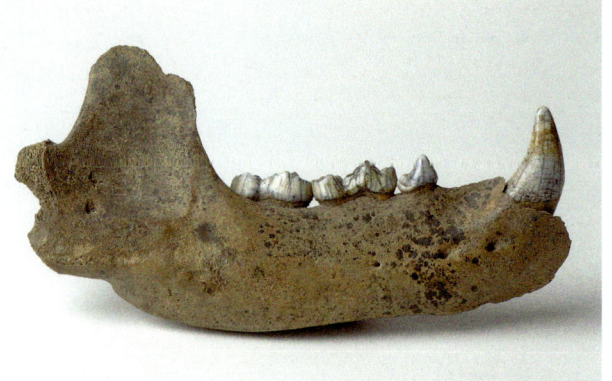

Abb. 139 Weiß-kuhl-Höhle, Diemel/Hochsauerlandkreis. Rechter Unterkiefer des Höhlenbären (Ursus spelaeus) aus dem jungeiszeitlichen Höhlenlehm, Lippisches Landesmuseum Detmold.

genau, nämlich ins nacheiszeitliche Präboreal (Mesolithikum), datiert werden.

Besondere Bedeutung innerhalb der zahlreichen Belege von Knochen und Zähnen des Höhlenbären kommt einem Fundkomplex aus der Höhle „Weiße Kuhle" im Höling bei Marsberg an der Diemel (Hochsauerlandkreis, Nordrhein-Westfalen) zu. Er wurde in den Jahren 1957/58 von dem Detmolder Bildhauer F. Seitz dem Lippischen Landesmuseum geschenkt. Ein sehr gut erhaltener Schädel (Abb. 138), Knochen der Vorder- und Hinterextremität sowie beträchtliche Teile der Wirbelsäule stammen von einem großen männlichen Tier. Seine Schädellänge beträgt 45,3 cm, die Länge der Oberkieferzahnreihe (Eckzahn bis letzter Backenzahn) 16,5 cm und die größte Breite über den Jochbögen 29,6 cm. Der größte bekannte Höhlenbärenschädel aus der Drachenhöhle von Mixnitz (Steiermark, Österreich) misst 53,5 cm; der in der Detmolder Sammlung vorliegende Schädel von dieser Fundstelle besitzt lediglich eine Länge von 35,3 cm bei einer Jochbogenbreite von 21,1 cm.

Von der Fundstelle „Weiße Kuhle" liegt auch ein vorzüglich erhaltener, mit Ausnahme der Schneidezähne vollständig bezahnter rechter Unterkiefer eines ebenfalls erwachsenen Höhlenbären vor (Abb. 139). Im Vergleich zu dem zuvor erwähnten großen Tier fällt die geringe Größe des Kieferknochens auf; auch wenn es sich um eine Bärin gehandelt haben dürfte, ist die geringe Länge des Kieferknochens von 19,5 cm erstaunlich. Aus der Forschung ist allerdings die enorme Größenvariabilität des Höhlenbären schon lange bekannt.

Ein kleinerer Fundus von Höhlenbärenmaterial stammt aus der Balver Höhle zwischen Volkringhausen und Balve im Hönnetal (Märkischer Kreis, Nordrhein-Westfalen). Bei diesen Stücken handelt es sich ausnahmslos um isolierte Eck- und Backenzähne des Ober- und Unterkiefers. Bereits

1880 wurden von den Herren Dr. Petri und Schmitz aus Detmold ebenfalls einzelne Eck- und Backenzähne bei Letmathe (Märkischer Kreis, Nordrhein-Westfalen) gefunden. Die Etikettierung weist leider keine genaue Lokalität aus, doch liegt die Vermutung nahe, dass diese Höhlenbärenzähne aus der Dechenhöhle stammen. Unter den Säugetierfossilien der Dechenhöhle sind Knochen des Höhlenbären vorherrschend.

Sehr viele isolierte Höhlenbärenknochen und -zähne besitzt das Detmolder Museum aus der Zoolithenhöhle der Fränkischen Alb. Das gesamte Material wurde seit 1977 über viele Jahre von der Detmolder Hobbypaläontologin Johanna Nast während ihres Urlaubs zusammengetragen. Sie schenkte ihre Sammlung dem Landesmuseum im Juni 1999.

Eine im Kreis Lippe einmalige, leider kaum erforschte Fundstelle eiszeitlicher Organismen befand sich nördlich der Ortschaft Kalldorf am Krückeberg, südlich von Vlotho. Es handelt sich um einen Kalksinter (Kalktuff), der offensichtlich bereits 1929 nicht mehr zugänglich war. Aufgrund „sparsamer Schneckengehäuse" stellte sie Weerth allerdings ins nacheiszeitliche „Alluvium". In der Sammlung des Lippischen Landesmuseums befinden sich indessen Belegstücke dieser Lokalität mit gut erhaltenen Blattfossilien von Eiche *(Quercus robur)* und Hasel *(Corylus avellana)*. Auch das linke Unterkieferbruchstück des Wollnashorns *(Coelodonta antiquitatis)* stammt aus diesem Travertin. Es weist zumindest einen Abschnitt der Quellkalkablagerungen als wenigstens jungeiszeitlich (Weichsel-Glazial) aus. Aber auch ein höheres Alter der

Abb. 140 Petershagen/Kreis Minden-Lübbecke. Vollständig bezahnter Oberschädel eines Wollnashorns (Coelodonta antiquitatis) aus den Weserkiesen, Lippisches Landesmuseum Detmold.

Fundstelle ist nicht auszuschließen, denn ein Vergleich beispielsweise mit dem Travertinlager von Ehringsdorf (Thüringen), in dem neben zahlreichen anderen eiszeitlichen Pflanzen- und Tierarten auch die drei genannten Arten auftreten, würde einen Bereich des Kalldorfer Travertins sogar mindestens ins Saale-Weichsel-Interglazial (Eem-Warmzeit) datieren. Hiermit wäre dann ein geologisches Zeugnis aus der Blütezeit des Neandertalers gegeben. Aus dieser Warmzeit stammt auch ein rechtes Oberschenkelbein des Waldnashorns *(Dicerorhinus kirchbergensis)*, das wohl schon im 19. Jh. in einem bituminösen Zwischenlager der Lippekiese bei Lippstadt (Kreis Soest, Nordrhein-Westfalen) geborgen wurde. Weitere Einzelfunde des kaltzeitlichen Wollnashorns, unter anderem ein sehr gut erhaltener, nahezu vollständig bezahnter Oberschädel (Slg. Siegfried Klix) (Abb. 140), stammen aus jungpleistozänen Weserkiesen bei Petershagen (Kreis Minden-Lübbecke, Nordrhein-Westfalen) sowie aus spätpleistozänen Flugsanden vom Rande der Augustdorfer Senne (Kreis Lippe, Nordrhein-Westfalen).

In den Weserkiesgruben bei Petershagen wurde auch ein vorzüglich erhaltener Schädel eines Steppenwisents *(Bison priscus longicornis)* gefunden (Slg. Rolf Bökemeier).

Im Depot des Landesmuseums lagern zahlreiche, isoliert aufgefundene Stoßzahnbruchstücke, Backenzähne und Skelettelemente des Mammuts *(Mammuthus primigenius)*. In Ermangelung eines vollstandigen Skelettfundes

Abb. 141 Im Lippischen Landesmuseum Detmold wurde ein Mammut (Mammuthus primigenius) rekonstruiert mit Skelettresten aus jungeiszeitlichen Sedimenten der Emmer, Werre und Weser.

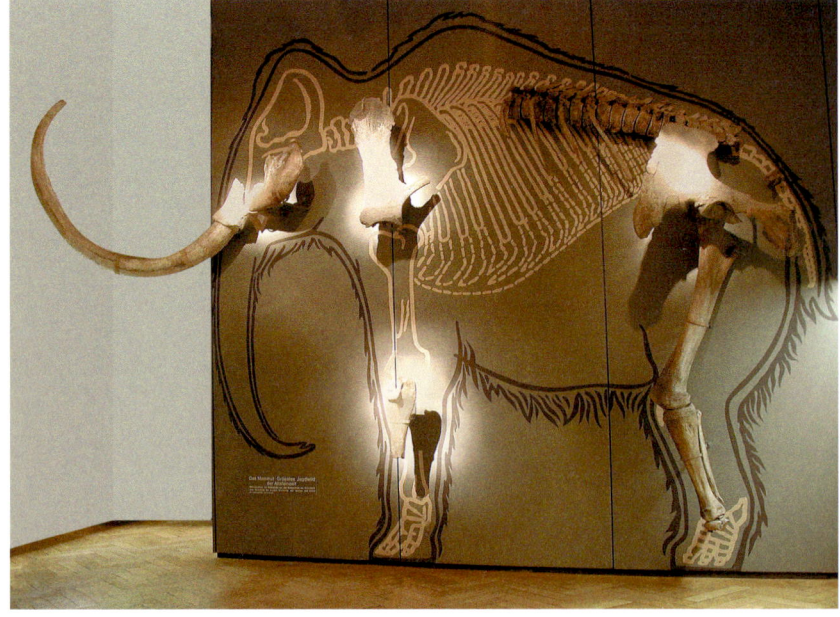

wurden Knochen verschiedener Tiere vor dem Hintergrund der Umrisszeichnung eines Mammuts in Originalgröße positionsgetreu auf eine Wand montiert (Abb. 141). Der bruchstückhafte Rekonstruktionsversuch animiert die Museumsbesucher in besonderer Weise.

Literatur

G. Rabeder u. a., Der Höhlenbär, Species 4 (2000).

R. Springhorn, Führer durch die Naturhistorische Abteilung des Lippischen Landesmuseums (1980).

Ders., Ein Dachsschädel (Carnivora, Mustelidae) aus dem Holzknechtschacht bei Kohlstädt im südlichen Teutoburger Wald. Lippische Mitteilungen aus Geschichte und Landeskunde 69, 2000, 263–270.

Kontakt

Lippisches Landesmuseum Detmold
Ameide 4, 32756 Detmold

Tel.: 0 52 31/9 92 50
E-Mail: mail@lippisches-landesmuseum.de
www.lippisches-landesmuseum.de

Öffnungszeiten

Di–Fr: 10.00–18.00 Uhr
Sa, So: 11.00–18.00 Uhr
Mo, 24., 25., 31. Dezember, 1. Januar und 1. Mai: geschlossen

K. Heiner Deutmann

„Zurück in die Steinzeit" – Urgeschichte im Museum für Kunst und Kulturgeschichte Dortmund

Der archäologische Fund eines mittelalterlichen Münz-schatzes führte 1883 zur Errichtung des Städtischen Museums mit einer Abteilung für „Denkmäler der römisch- und heidnisch-germanischen Kultur". Der erste hauptamt-liche Direktor und Archäologie-Pionier, Albert Baum, schuf durch seine frühen Rettungsgrabungen im westfälischen Umland mit reichem Keramikmaterial aus der Bronze- und Eisenzeit den Grundstock der heutigen Abteilung für Ur- und Frühgeschichte. Dazu kamen in den letzten 100 Jahren Sammel- und Zufallsfunde aus der Bevölkerung in den Museumsbestand. Ab 1983 sorgte das Museum für Kunst und Kulturgeschichte mit der Wiederaufnahme der Bodendenkmalpflege selbst für weitere Funde.

Seit 1993 liefern die erfolgreichen Grabungsaktivitäten der Unteren Denkmalbehörde, veranlasst durch verstärkte Neubaumaßnahmen, kontinuierlich neues Fundmaterial aus fast allen ur- und frühgeschichtlichen Zeitstufen.

Abb. 142   Blick auf den nachgestellten Arbeitsplatz eines jungsteinzeitlichen Feuersteinschmie-des, Museum für Kunst und Kulturge-schichte in Dort-mund.

Die Ausstellung präsentiert Steinwerkzeuge, Grab- und Gebrauchskeramik sowie seltene Metall- und Holzobjekte thematisch und chronologisch geordnet von der Altsteinzeit bis ins Frühmittelalter aus dem Großraum Dortmund und der angrenzenden Gebiete.

Die Zeitreise „Zurück in die Steinzeit" verläuft von den Ausgrabungsergebnissen der germanischen Handwerkersiedlung von Dortmund-Oespel über die Altfunde des Römerlagers Oberaden hin zur Schatzkammer mit Münzschätzen vor- und spätrömischer Zeit. An die eisenzeitlichen Keramik- und Metallobjekte und das Modell einer Siedlung aus dem Nordosten Dortmunds schließt sich die Bronzezeit im Untergeschoss mit dem eindrucksvollen Spektrum der Grabfunde von Dortmund-Oespel/Marten, einem der größten Hügelgräberfelder der Region, an. Die Jungsteinzeit zeigt sich mit einer großen Sammlung steinerner Beile und Äxte und unter anderem auch mit dem Modell eines Langhauses aus Dortmund-Oespel. Im Mittelpunkt der mittel- und altsteinzeitlichen Thematik stehen die Gerätschaften und Waffen aus Feuerstein und Kieselschiefer, der bedeutendste Fundplatz ist die Balver Höhle. Den Abschluss bilden die frühmittelalterlichen Grabfunde von Dortmund-Wickede und Herne-Sodingen am Ausgang der Abteilung.

Die Präsentation einer Auswahl verschiedener Dortmunder Funde dokumentiert ihre Verbreitung über das gesamte Stadt- und Nachbargebiet.

Ein in Originalgröße angelegtes Modell einer Ausgrabungsszene vermittelt Abläufe und Techniken der Feldarchäologie. Ebenfalls im Modell ist der Arbeitsplatz eines jungsteinzeitlichen Feuersteinschmiedes dargestellt (Abb. 142); in einer Aktivitätszone kann der Besucher Funde in die Hand nehmen und sich selbst in der Steinbearbeitungstechnik des Bohrens und Schleifens üben.

Zu den Glanzstücken der Abteilung gehören neben dem Dortmunder Goldschatz 444 spätrömischer Fundmünzen sicher auch die einzigartigen eichenhölzernen *pila muralia* aus dem Römerlager Oberaden. Es handelt sich dabei um Pfosten, die an beiden Enden zugespitzt und in der Mitte mit einer Taillierung versehen sind; eine Verwendung als Schanzpfähle ist denkbar.

Vor dem gegebenen Hintergrund vorliegender Publikation soll an dieser Stelle etwas näher auf die paläolithische Thematik in der Ausstellung, speziell zur Balver Höhle, eingegangen werden.

Die Balver Höhle liegt am Oberlauf der Hönne, einem Nebenfluss der Ruhr. Der heute mit 18 m Breite und 12 m Höhe beeindruckend große Eingangsraum verzweigt sich im Inneren in zwei Arme. Vor seiner Ausräumung im 19. Jh. war der Höhlenraum bis fast zur Decke mit einer

Sedimentschichtung gefüllt. Ausgrabungen, unter anderem von Virchow, v. Dechen und Bahnschulte (1843/44, 1870/71, 1925/26/29, 1939, 1959), konnten die altsteinzeitlichen Schichtfolgen dokumentieren. Das geborgene Fundmaterial, das zu über 90 % aus Kieselschiefer besteht, enthielt einige jungpaläolithische Stücke, darunter eine Pferdekopfgravierung, deren Echtheit bislang noch nicht zweifelsfrei geklärt werden konnte; eine frühe Kopie ist im Museum ausgestellt (Abb. 143). In größerer Anzahl wurden typische Werkzeugformen ausgegraben, die in die mittelpaläolithischen Zeitstufen Micoquien und Moustérien gehören, also zwischen 50 000 und 80 000 Jahre alt sind. Sie belegen eine, wenn auch unterbrochene, über 30 000 Jahre dauernde Nutzung der Höhle.

Der größte Teil des Fundmaterials, teilweise aus eigenen Grabungen, kam ins Landesmuseum in Münster (heute Herne). Große Mengen von nicht stratifizierten, also nicht einer Fundschicht zuzuordnenden Fundstücken gelangten in viele westfälische Museen, wie Arnsberg, Balve, Menden, Schwerte und Hamm.

Im Dortmunder Museum befinden sich fast 1 200 Stücke, die hier in einer Auswahl gezeigt werden. Bis auf große Faustkeile und spezielle Keilmesserformen kommen alle Werkzeugtypen, wie Fäustel, Spitzen, Bohrer und die vielen Varianten von Schabern, im ausgestellten, vor der Höhle aufgesammelten Fundmaterial vor. Hervorzuheben sind eine 8 cm lange, exakt gearbeitete Levalloisspitze aus

Abb. 143 Blick in die Themenvitrine Balver Höhle, Museum für Kunst und Kulturgeschichte in Dortmund.

gebändertem Kieselschiefer mit feinen Kantenretuschen und ein 13 cm langes Faustkeilblatt, ebenfalls kantenretuschiert.

Vom Dortmunder Stadtgebiet selbst sind bislang noch keine paläolithischen Funde bekannt, das älteste Fundstück ist ein mesolithischer Mikroklingenkern aus Dortmund-Syburg.

Literatur

K. Günther, Alt- und mittelsteinzeitliche Fundplätze in Westfalen. Einführung in die Vor- und Frühgeschichte Westfalens 6, Teil 2 (1988).

Museum für Kunst und Kulturgeschichte Dortmund (Hrsg.), Museum für Kunst und Kulturgeschichte Dortmund. Museumsstück (2003).

Kontakt

Museum für Kunst und Kulturgeschichte
Hansastraße 3, 44137 Dortmund

Tel.: 02 31/50-26028
Fax: 02 31/50-25511
E-Mail: mkk@stadtdo.de
www.museendortmund.de/mkk

Öffnungszeiten

Di, Mi, Fr, So: 10.00–17.00 Uhr
Do: 10.00–20.00 Uhr
Sa: 12.00–17.00 Uhr
Mo: geschlossen

Walter Tanke

Der Ausstellungsbereich „Eiszeit" im Museum für Naturkunde Dortmund

Während der letzten Eiszeit war Dortmund ebenso wie der größte Teil Westfalens von den Ausläufern der massigen Gletscher aus dem Norden bedeckt. Von den Vorstößen des Eises in den Kaltzeiten blieben als Relikte Findlinge zurück, die im Dortmunder Raum bis zu Kopfgröße erreichten und gelegentlich im heutigen Stadtgebiet bei Bauarbeiten angetroffen werden.

Weitaus interessanter sind jedoch die Überreste eiszeitlicher Tiere, die in den vergangenen Jahrzehnten sowohl in Baugruben als auch beim Abteufen von Bergwerksschäch-

Abb. 144 Das Höhlenbärenskelett gehört zu einer der Attraktionen des Museums für Naturkunde in Dortmund.

ten in den oberflächennahen Schichten gefunden wurden. Es handelt sich um Reste von Mammut, Wollnashorn, Höhlenbär, Wolf, Hirsch, Wildpferd und andere mehr.

Im Bereich der erdgeschichtlichen Schausammlung zeigt das Museum fossile Überreste von Elch, Rentier, Mammut, Wollnashorn, Wildschwein, Biber, Höhlenbär und Höhlenlöwe. Das aufgestellte Skelett eines Höhlenbären (Abb. 144) gibt ebenso wie das gewaltige Geweih eines Riesenhirsches einen Eindruck von der Größe dieser Tiere, die neben Mammut und Wollnashorn in der Region lebten.

Im Rahmen von Führungen zeigt das Museum zum Thema „Mammut, Höhlenbär und Co. – Tiere der Eiszeit" neben der Ausstellung in der Schausammlung auch noch vielfältige Fundstücke aus den Magazinen.

Literatur

M. Th. Kaiser u. a., Ein neues pleistozänes Wirbeltiervorkommen im Paläokarst Mittelhessens (Breitscheid-Erdbach, Lahn-Dill-Kreis). Geologisches Jahrbuch Hessen 126, 1998, 71–79.

Kontakt

Museum für Naturkunde
Münsterstraße 271, 44145 Dortmund

Tel.: 02 31 / 50-24856
Fax: 02 31 / 50-24852
E-Mail: naturkundemuseum@stadtdo.de
www.museendortmund.de/naturkundemuseum

Öffnungszeiten

Di–So: 10.00–17.00 Uhr
Mo, 24., 25., 31. Dezember und 1. Januar: geschlossen

Ulrike Stottrop

Eiszeitliche Objekte in der geologischen Dauerausstellung „terra cognita" im Ruhrlandmuseum Essen

Das Essener Ruhrlandmuseum kann auf eine 100-jährige Geschichte zurückblicken. Mit seinen natur- und kulturgeschichtlichen Sammlungen zählt es zu den großen Museen des Ruhrgebiets. Es umfasst die Abteilungen Geologie, Archäologie, Geschichte und Fotografie. Zu den Außenstellen der geologischen Abteilung gehören das 1984 eröffnete Mineralien-Museum in Essen-Kupferdreh mit einer eigenen Präparationswerkstatt für die Öffentlichkeit sowie der Geologische Wanderweg am Baldeneysee. Die Vielzahl eiszeitlicher Funde des Ruhrlandmuseums ist auf die rege Sammeltätigkeit von Ernst Kahrs, von 1914 bis 1945 Direktor des Ruhrlandmuseums, zurückzuführen. Neben Karl Brandt vom Emschertal-Museum in Herne war er ein Pionier der regionalen Eiszeitforschung.

Mit insgesamt über 400 000 Objekten gehört die geowissenschaftliche Sammlung zu den besten Museumssammlungen Deutschlands. Sie steht im Mittelpunkt der 2001 eröffneten Ausstellung „terra cognita". Die bedeutendsten Naturobjekte, die „Kronjuwelen" des Sammlungsbestandes, werden unter verschiedenen Gesichtspunkten präsentiert: als Dokumente des wissenschaftlichen Erkenntnisprozesses, der ästhetischen Wahrnehmung und der kulturgeschichtlichen Interpretation. Ziel der Ausstellung ist es, die Objekte in ihrer unterschiedlichen Deutungsmöglichkeit und Lesbarkeit zu zeigen, neue Zugänge zu den Hinterlassenschaften aus dem Archiv der Erde zu eröffnen und: die Kunst des Zeigens zu praktizieren. Zitate aus Lyrik und Prosa begleiten die Präsentation.

Faszinierend ist die Vorstellung, dass vor 200 000 Jahren eine Gletscherzunge das heutige Essen erreichte. In Norddeutschland war derselbe Eispanzer bis zu 2 km dick! Auf ihrem Weg von Skandinavien und dem Baltikum durch die heutige Ostsee hobelten die Gletscher den Untergrund regelrecht ab und schleppten so die Steine – Geschiebe – ihres Weges mit sich. Dort, wo der Gletscher schmilzt, werden sie wieder abgelagert. Für die Belange der Eiszeitforschung sind sie wichtige Dokumente, geben sie doch Hinweise auf Verbreitung und Wege des ehemaligen Inlandeises. Darüber hinaus ermöglichen die in Sedimentärgeschieben enthaltenen Versteinerungen einen faszinie-

renden Einblick in die Entwicklung des Lebens über mehr
als 600 Mio. Jahre. Im Ruhrlandmuseum werden Hunderte solcher Geschiebe aufbewahrt. Aber auch ansonsten
kann das Museum aus dem Vollen schöpfen: Knochen vom
Wollhaarigen Nashorn, von Moschusochsen und vom
Mammut, von Höhlenbären, Rentier und Riesenhirsch,
von Ur und Wisent, Pferd und Löwe. Haare eines im Permafrost Sibiriens gefundenen Mammuts, Faustkeile, Pfeilspitzen aus Feuerstein, winzige Löss-Schnecken, Boden-
profile mit eindrucksvollen Spuren, die der Druck des Eises
hinterlassen hat. Sie alle erzählen von der wechselvollen
Geschichte der Kalt- und Warmzeiten des Eiszeitalters.

In der „terra cognita" haben zahlreiche Objekte des
Eiszeitalters in unterschiedlichen Bedeutungszusammen-
hängen ihren Platz gefunden. Im Eingangsbereich sind sie
noch namenlos und Teil eines bunten Nebeneinanders
naturkundlicher Objekte in der „Wunderkammer der
Schöpfung", Beginn der Reise in die Geschichte der Natur
und ihrer Kultur (Abb. 145). Hier knüpft die Präsentation
an die Tradition der Raritätenkabinette an, die am Beginn
der Wissenschaften stehen: an das Wundern und Staunen
über die Wunder der Natur, „die Gott im Großen geschaffen hat". So finden sich das Fußskelett eines Höhlenbären
und ein Spurenfossil, die Geweihstange eines Riesenhirsches und die Atemröhre einer Muschel oder die Becken-
schaufel eines Mammuts und eine Quarzkristallstufe.

In einer rund 4 m langen, schmal gestreckten Bodenvitrine sind Rheingerölle zu sehen, die ein Sammler
Wochenende für Wochenende in einer Kiesgrube am

Abb. 145 Das Ruhrlandmuseum Essen lädt ein zum Staunen – der Spiralnebel unserer Galaxie und die Wunderkammer der Schöpfung, Beginn der Reise in die Geschichte der Natur und ihrer Kultur.

Niederrhein aufgelesen hat. Geologen können anhand dieser Gerölle das Einzugs- und Abtragungsgebiet des eiszeitlichen Rheins rekonstruieren. Ihr Rundungsgrad kündet von der Wegstrecke, die dieses Geröll zurückgelegt hat. *Der grüne Schopf der Wasserpflanzen, von der Strömung dem Stein in die Stirn gekämmt, – die Gedanken machen das Wasser eisig.* Vielleicht lässt diese Strophe aus einem Gedicht von Günter Eich, an der Schmalseite der Vitrine auf dem Boden aufgebracht, erahnen, was der geowissenschaftliche Blick auf diese Objekte nicht erfassen kann.

Wie der Knochen eines Riesen wirkt der Oberschenkelknochen eines Mammuts, wenn er im Kontext der Bedeutung naturkundlicher Objekte unter dem Stichwort „Zaubersteine" präsentiert wird. Im Mittelalter wurden Mammutknochen als Beweis für die einstmalige Existenz von Riesen interpretiert und Mammutstoßzähne dem sagenumwobenen Einhorn zugeordnet. Ein Haarbüschel eines Mammutkadavers, der 1908 am Ufer der Sanga-Jurach in Jakutien auftau(ch)te, gelangte 1957 über Wilhelm Löscher, den Vorsitzenden der Geologischen Gesellschaft Essen, in die Sammlung des Ruhrlandmuseums und wird in der „terra cognita" gleich vis-à-vis der Halbskelettrekonstruktion eines Mammuts in unmittelbarer Nähe eines „Beinhauses eiszeitlicher Tiere" präsentiert (Abb. 146).

In diesem Teil der Ausstellung geht es um den wissenschaftlichen Blick auf die Objekte der Natur. Es geht um die Frage, wie die Dinge geordnet werden und nach welchen Kriterien. Wer steht hinter einer Sammlung, einem Museum? Wie wird präpariert, wie rekonstruiert? Themenschubladen mit Texten und Objekten greifen die vielfältigen Aspekte auf, die den Objekten in ihrem Museumsdasein anhaften. *Knochen vom Höhlenbären und vom Renntier aus der Höhle, in der der berühmte Schädel gefunden wurde: Neandertal/Düsseldorf* lautet die handschriftliche Notiz zu einigen Knochenfragmenten, die ein (noch) unbekannter Sammler in einer Zigarrenkiste, im Innendeckel mit einer reizvollen bunten Grafik geschmückt, aufbewahrt hat. Sammlungen haben einen Gegenstand, ihre Systematik und Ordnung. Darüber hinaus haben sie auch ihre Behältnisse und Verpackungen, die, wie in diesem Fall, mit dem eigentlichen Sammlungsgegenstand konkurrieren. Eine andere Themenschublade widmet sich der fotografischen Dokumentation von Fundsituationen im Gelände, hier am Beispiel eiszeitlicher Funde, die in den 1920er Jahren beim Bau von Kanälen, Schleusen und Hafenanlagen gesammelt wurden.

Beispielhaftes Objekt ist der Fußknochen eines Höhlenlöwen aus dem Stadthafen in Essen-Vogelheim.

Immer wieder haben sich Künstler von der Natur inspirieren lassen und die Nähe zu den Naturwissenschaften gesucht. „terra cognita" präsentiert eine Auswahl ausgesuchter Naturobjekte, die in ihrem ästhetischen Erscheinungsbild die Faszination, die von ihnen ausgeht, nachvollziehbar macht. Ein Lackprofil, das in hohem Maße Bildeigenschaften aufweist, zeigt fein laminierte eiszeitliche Sande, die vom Druck der über sie hinweggleitenden Gletscher in feinste Falten gelegt wurden.

Was uns heute als fossil erstarrt erscheint, war einst höchst lebendig. Laufen, Fressen, Verdauen, Beißen, Zeugen sind nur einige dieser höchst natürlichen Lebensäußerungen. Auch mit diesen Spuren vergangenen Lebens befasst sich die Ausstellung. Dass auch Mammuts Zahnschmerzen hatten, zeigt ein krankhaft veränderter Backenzahn, während ein anderes Exponat das Stadium des Zahnwechsels dokumentiert. Und welche Zähne für welche

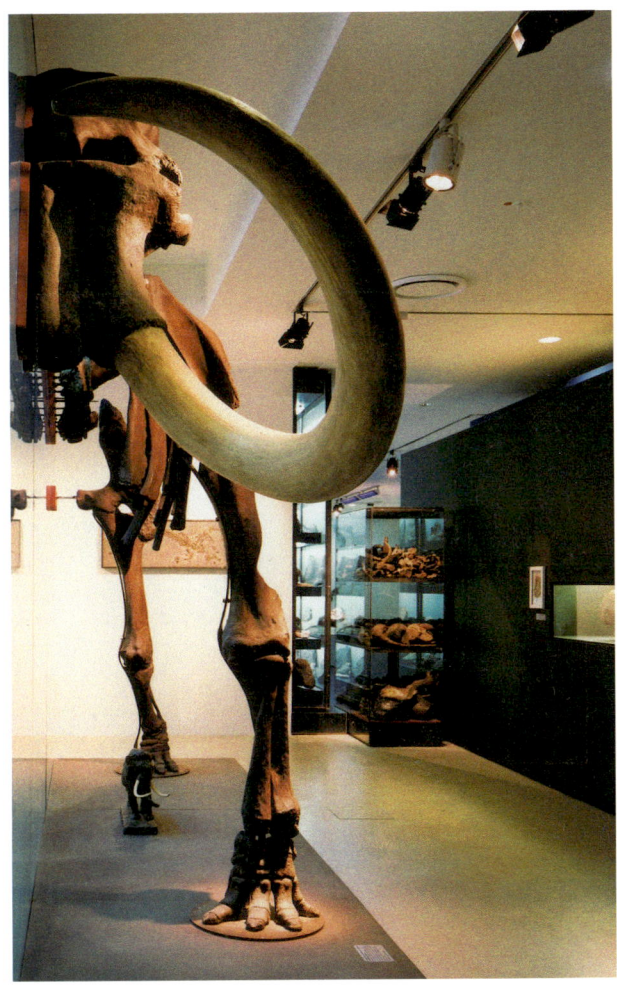

Abb. 146 Rund 3,50 m hoch ist die Skelettmontage eines eiszeitlichen Mammuts im Ruhrlandmuseum Essen.

Nahrung geeignet waren, veranschaulichen unter anderem auch die Kieferfragmente von Pferd und Höhlenbär.

Die Fossilien selbst künden vom steten Werden und Vergehen. Nur die besten und wertvollsten Stücke sind ausgestellt. Sie erzählen, welche „Baupläne" die Natur entwickelte, um Leben zu organisieren. Neben dem Skelett eines Wollhaarigen Nashorns, dessen Knochen beim Bau des Rhein-Herne-Kanals gefunden wurden, sind Säugetiere durch ihre Schädel vertreten: Höhlenhyäne, Höhlenbär, Pferd, Auerochse und Ur dokumentieren die wechselvolle Geschichte der Kalt- und Warmzeiten des Eiszeitalters.

Die Geschichte der Erde ist eine Geschichte ständiger Bewegungen. Die Exponate dieses Ausstellungsbereichs möchten das vor Augen führen. Lavabomben, ein Stein gewordener Blitz, Falten, mit Lack auf Leinwand aufgebrachte Profile von Erdschichten wie beispielsweise ein eiszeitlicher „Brodelboden" machen dieses Spiel von Veränderung, Verschiebung und Überlagerung unmittelbar anschaulich. Ein Windkanter und ein gekritztes Geschiebe erzählen hier von formgebenden Vorgängen der Eiszeit.

Literatur

Ruhrlandmuseum Essen (Hrsg.), Das Eiszeitalter im Ruhrland, zusammengestellt von Gerhard Bosinski (1982).

Ruhrlandmuseum Essen – „terra cognita". Leporello zur geologischen Dauerausstellung (2001) (am Eingang zur Ausstellung kostenlos erhältlich).

Kontakt

Ruhrlandmuseum
Goethestraße 41, 45128 Essen

Tel.: 02 01/88-45200 (Sekretariat)
Tel.: 02 01/88-45314 (Kasse)
Fax: 02 01/88-45128
E-Mail: info@ruhrlandmuseum.de
www.ruhrlandmuseum.de

Öffnungszeiten

Di–So: 10.00–18.00 Uhr
Fr: 10.00–24.00 Uhr
Mo: geschlossen

Ralf Blank

Das Museum für Ur- und Frühgeschichte Wasserschloss Werdringen in Hagen

Das Museum für Ur- und Frühgeschichte Wasserschloss Werdringen der Stadt Hagen befindet sich in einer von uralten Bäumen umgebenen Burganlage aus dem 13. Jh. Eingebettet in ein einzigartiges Naturschutzgebiet liegt die romantische Wasserburg im mittleren Ruhrtal inmitten einer reizvollen Seenlandschaft mit zahlreichen Denkmälern aus prähistorischer Zeit bis zur Neuzeit (Abb. 147).

Die Umgebung des Wasserschlosses wurde während der Eiszeit geformt. Dies belegen eindrucksvoll die abgestuften Terrassen, die sich in unterschiedlicher Höhe entlang der Ruhr erstrecken. Sie zeigen den Flussverlauf von den Kalt- und Warmphasen der Eiszeit bis zum Holozän. Steil ragen dagegen die Sandsteinfelsen des Ardey-Gebirges empor und schließen das Ruhrtal nach Norden ab.

Auf über 750 m² Ausstellungsfläche sowie zusätzlichen Veranstaltungsräumen präsentiert das Museum paläontologische und archäologische Funde aus Südwestfalen, die ein beeindruckendes Bild der bis zu 450 Mio. Jahre zurückreichenden Natur- und Menschheitsgeschichte zeichnen. Im Eingangsbereich – das Erdgeschoss ist der

Abb. 148 Ein mächtiges, über 4 m hohes Mammut empfängt die Besucher des Museums für Ur- und Frühgeschichte Wasserschloss Werdringen. Zahlreiche weitere Modelle und Rekonstruktion begleiten den Rundgang durch die Ausstellung.

Geologie und Paläontologie vorbehalten – werden die Besucher von einem riesigen eiszeitlichen Mammut empfangen (Abb. 148). Eiszeitlich geht es auch weiter im zweiten Geschoss. Dort befinden sich das originalgetreue Modell eines Wollhaarnashorns sowie eines Rentiers.

In den Massenkalkhöhlen des Sauerlandes wurden zahllose Knochen eiszeitlicher Tiere entdeckt: Höhlenbär, Höhlenhyäne, Mammut, Riesenhirsch, Wollhaarnashorn, Rentier und viele mehr. Die Präsentation von Jagdwaffen – Stoßlanze, Wurfspeer, Speerschleuder und Bogen – vermittelt die Technik der eiszeitlichen Jäger.

Hunderte von Steinwerkzeugen sind aus der Balver Höhle im Hönnetal ausgestellt. Sie reichen von Faustkeilen über Spitzen bis hin zu Klingen und Kratzern. Während der Eiszeit suchten auch Neandertaler immer wieder diese Höhle auf. Aus der Volkringhauser Höhle im Hönnetal stammen sowohl Werkzeuge der mittleren als auch der jüngeren Altsteinzeit. Funde von Eiszeitjägern aus dem älteren Abschnitt der jüngeren Altsteinzeit, wie sie in dieser Höhle entdeckt wurden, sind in Westfalen selten.

In der Oeger Höhle im Lennetal bei Hagen-Hohen-limburg fanden sich Geweihteile von Hunderten Rentie-ren. Zahlreiche typische Jagdwaffenprojektile, wie Rück-en- und Stielspitzen, zeigen, dass das Sauerland am Ende der Eiszeit häufig von Menschen aufgesucht wurde. Dies setzte sich in der folgenden Mittelsteinzeit fort. 2004 wur-den in einer Höhle bei Hagen die Skelettreste von Men-schen aus der frühen Mittelsteinzeit entdeckt. Die im Museum zum Teil ausgestellten Funde sind nach ^{14}C-Datierungen rund 10 700 Jahre alt und stammen damit aus einem älteren Abschnitt der Nacheiszeit. Sie stellen zurzeit den frühesten Nachweis von modernen Menschen im Ruhrgebiet und in Westfalen dar.

Das Museum bietet darüber hinaus ein vielfältiges museumspädagogisches Programm.

Literatur

G. Bosinski u. a., Arbeiten zum Paläolithikum und zum Mesolithi-kum in Nordrhein-Westfalen, in: H. G. Horn u. a. (Hrsg.), Millio-nen Jahre Geschichte. Fundort Nordrhein-Westfalen. Begleitbuch zur Landesausstellung. Schriften zur Bodendenkmalpflege in Nordrhein-Westfalen 5 (2000) 91–102.

L. Kindler u. a., Die Balver Höhle: Alte Funde – Neue Ergebnisse, in: H. G. Horn u. a. (Hrsg.), Von Anfang an. Archäologie in Nord-rhein-Westfalen. Begleitbuch zur Landesausstellung. Schriften zur Bodendenkmalpflege in Nordrhein-Westfalen 8 (2005) 318–321.

Kontakt

Museum für Ur- und Frühgeschichte
Wasserschloss Werdringen
Werdringen 1, 58089 Hagen

Tel.: 0 23 31/3 06 72 66 (Museumskasse)
Tel.: 0 23 31/2 07 27 40 (Verwaltung)
Fax: 0 23 31/2 07 24 47
E-Mail: info@historisches-centrum.de
www.museum-werdringen.de

Öffnungszeiten

Di–So: 10.00–17.00 Uhr

Mo: geschlossen

Nach Absprache ist das Museum für Schulklassen, Gruppen, Führungen und Kindergeburtstage auch außerhalb der regulä-ren Öffnungszeiten geöffnet.

Susanne Birker

Was Knochenkohle im Gustav-Lübcke-Museum in Hamm über das Leben der Neandertaler verrät

Die archäologischen Sammlungen des Gustav-Lübcke-Museums zählen zu den ältesten Sammlungen ihrer Art in Nordwestdeutschland. Ausgrabungen und die Dokumentation von archäologischen Fundstellen haben eine lange, bis in das 19. Jh. zurückreichende Tradition.

So ist das Aufbewahren von Fundstücken und das Archivieren von Informationen zu Fundstellen und Fundumständen seit langem ein wichtiger Bestandteil der Museumsarbeit. Auch wenn das Fundstück für Laien wenig attraktiv oder wissenschaftlich nutzbringend erscheint, wird es für kommende Generationen erhalten.

Seit 1939 befinden sich Knochenkohlestücke aus einer Feuerstelle der Balver Höhle im Gustav-Lübcke-Museum (Abb. 149). Ihre Bedeutung für das Leben und Handeln der Neandertaler kann erst durch neuere Forschungen und Experimente verdeutlicht werden.

Der in den 1930er Jahren in Hamm tätige Museumsdirektor (1925–1946) Ludwig Bänfer war selbst nicht an den

Abb. 149   Balver Höhle/Märkischer Kreis. Knochenkohle aus der Grabung Bahnschulte 1939, Gustav-Lübcke-Museum, Hamm.

Abb. 150 Postkarte von Bernhard Bahnschulte an den damaligen Museumsdirektor des Gustav-Lübcke-Museums Ludwig Bänfer mit einem kleinen „Statusbericht" zu den Grabungsarbeiten in der Balver Höhle, Gustav-Lübcke-Museum, Hamm.

Ausgrabungen in der Balver Höhle beteiligt und nur gelegentlicher Besucher vor Ort. Als Vertrauensmann für Bodenaltertümer der Nachbarregion war er an den Vorgängen in der Balver Höhle jedoch stark interessiert und stand in regem fachlichem Austausch mit dem Ausgräber der Balver Höhle, Bernhard Bahnschulte.

Im Gustav-Lübcke-Museum befindet sich der Briefwechsel zwischen Ludwig Bänfer und Bernhard Bahnschulte. Er ermöglicht einen unmittelbaren und sehr persönlichen Eindruck der damaligen Verhältnisse. So schreibt Bernhard Bahnschulte am 7. April 1939 eine Postkarte an Ludwig Bänfer mit folgendem Inhalt (Abb. 150):

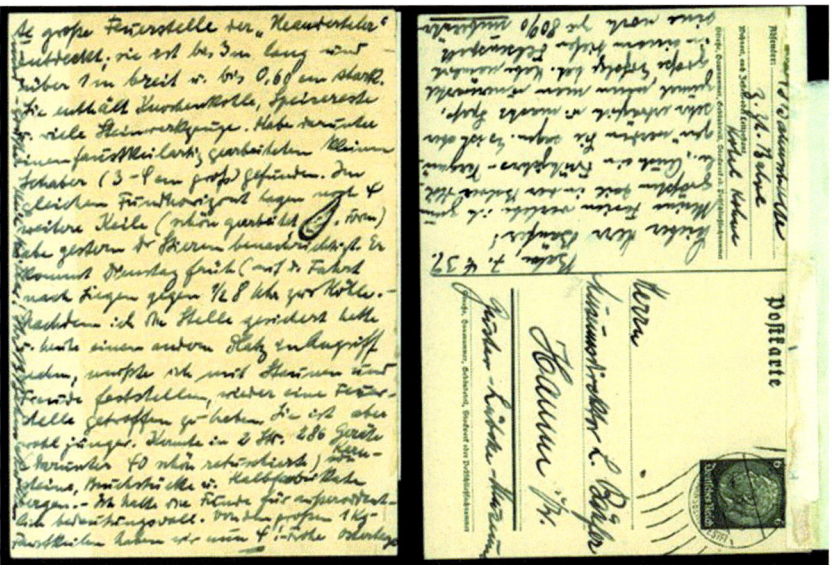

Lieber Herr Bänfer

Meine Ferien verbringe ich zum größten Teil in der Balver Höhle. Auch ein Frühjahrs-Vergnügen werden Sie sagen. Es ist aber sehr erträglich und macht Spaß zumal wenn man unerwartet großen Erfolg hat. Habe nämlich in einem Felsspalt eine noch bis zu 80 % unberührte große Feuerstelle der „Neandertaler" entdeckt, sie ist bis zu 3 m lang und über 1 m breit und bis 0,60 m stark. Sie enthält Knochenkohle, Speisereste und viele Steinwerkzeuge (…). Habe gestern Dr. Stieren benachrichtigt (…). Ich konnte in 2 Std. 286 Geräte (darunter 40 schön retuschierte) Kernsteine, Bruchstücke und Halbfabrikate bergen. Ich halte die Funde für außerordentlich bedeutungsvoll. (…) Frohe Ostertage und Grüße (…)

Ihr B. Bahnschulte

Die Balver Höhle gehört zu den fundreichsten altsteinzeitlichen Stationen Europas. Ausgrabungen in der Höhle wurden durch den Geologen J. Andree 1925, 1926 und 1929 durchgeführt. 1939 und 1940 erfolgten Untersuchungen von Bahnschulte, der auf ungestörte Ablagerungen mit mehreren reichhaltigen Fundschichten im Eingangsbereich der Höhle stieß. Bahnschultes Ergebnisse wurden 1959 von Klaus Günther durch eine Kontrollgrabung der Universität Münster ergänzt und im Rahmen seiner Dissertation 1964 veröffentlicht. Dort sind unter anderem 43 flächen- und kantenretuschierte Werkzeuge erwähnt, die sich noch heute im Gustav-Lübcke-Museum befinden.

Zu der 1939 geborgenen und in Zigarrenkisten verwahrten Knochenkohle vermerkt Günther 1964: ... *bis auf einen Kasten nicht mehr auffindbar.* Tatsächlich war ihm nicht bekannt, dass Bernhard Bahnschulte bereits 1939 einige Knochenkohlestücke in das Gustav-Lübcke-Museum nach Hamm gegeben hatte. Seitdem wird die Knochenkohle hier gemeinsam mit Steinwerkzeugen der Grabung Bahnschultes aufbewahrt und seit der Eröffnung des Neubaus 1993 ausgestellt. Zu den Knochenkohlestücken finden sich folgende Informationen im Inventareingangsbuch: *Knochenkohle Inv. Nr. 5160/C. schwarz gebrannt, d. h. nicht in der Luft, aus der Brandstelle 1 in der Balver Höhle. Grabung Bahnschulte Mai 1939, erhalten am 19. 5. 39. Viele kleine angekohlte Knochenstücke, z. Teil mit abgerollten Kanten.*

Die Knochenkohle stammt aus einer der oberen Schichten (da vor dem 19. Mai 1939 ausgegraben), die Bahnschulte als „unberührte" große Feuerstelle der Neandertaler gegenüber Bänfer erwähnt. Sie ist mit Knochenkohlestücken versetzt. – Soweit zur Fundgeschichte und dem Weg der Knochenkohle ins Gustav-Lübcke-Museum.

Aber was hat es nun mit dieser Knochenkohle auf sich? Verkohlte Knochen wurden auch an anderen eiszeitlichen Fundorten geborgen. Es handelt sich dabei nicht um ins Feuer geworfene Speiseabfälle, sondern allem Anschein nach um absichtlich zurechtgeschlagene Knochenstückchen von 1 bis 3 cm, selten von 5 cm Länge. Bei Bodenuntersuchungen gelang mehrfach der Nachweis von Fett. Durch Fettreste an den Knochen konnte ein effektives Dauerfeuer unterhalten werden. In einer eiszeitlichen Umwelt, geprägt von einer Strauchtundra, war „Heizfett" vermutlich sogar einfacher zu beschaffen als Holz, fiel es doch ohnehin bei der Verwertung der Jagdbeute an. Aus Erfahrung weiß man, dass Holz schnell abbrennt und ein Holzfeuer konstant unterhalten werden muss, wohingegen das bis in die Gewebe der Knochen dringende heiße, flüssig gewordene Fett lang anhaltend und deutlich heißer brennt. Je höher der Anteil an Knochen in einem Feuer, umso länger dauert der Brennvorgang und umso einfacher lässt es sich unterhalten. Dabei wirken die porösen Knochen vom Prinzip her wie der Docht einer Öllampe.

So zeigt die Verwendung von Knochenkohle in einer abgebrannten altsteinzeitlichen Feuerstelle, dass die Neandertaler die Ressourcen ihrer kaltzeitlichen Umwelt optimal zu nutzen verstanden. Sie lässt darauf schließen, wie intensiv die Menschen in der Altsteinzeit ihre Beute verwerteten und vielleicht letztlich auch, wie fürsorglich an jene in der Gruppe gedacht wurde, die ihren Platz nahe des Feuers noch nicht oder nicht mehr verlassen konnten.

Literatur

B. Auffermann – J. Orschiedt, Die Neandertaler. Eine Spurensuche. Sonderheft Archäologie in Deutschland (2002).

J. Bo u. a., Gustav-Lübcke-Museum. Führer durch die Sammlung (1998).

Kontakt

Gustav-Lübcke-Museum
Neue Bahnhofstraße 9, 59065 Hamm

Tel.: 0 23 81 / 17-5701 (Sekretariat)
Tel.: 0 23 81 / 17-5714 (Kasse)
Fax: 0 23 81 / 17-2989
E-Mail: Gustav-Luebcke-Museum@stadt.hamm.de
www.hamm.de/gustav-luebcke-museum

Öffnungszeiten

Di–So: 10.00–18.00 Uhr
Mo: geschlossen

Gabriele Wand-Seyer

Das Emschertal-Museum im Schloss Strünkede in Herne

Die Sammlung des Emschertal-Museums Herne umfasst eine größere Anzahl von Knochen pleistozäner Tiere, darunter solche vom Mammut, Nashorn, Wisent, Moschus- und Auerochsen sowie der Höhlenhyäne. Es handelt sich überwiegend um Lesefunde, die beim Bau des Rhein-Herne-Kanals und bei der Begradigung des Emscherlaufes zu Beginn des 20. Jhs. zutage kamen.

Das Emschertal-Museum präsentiert diesen Bestand zum einen im Heimat- und Naturkunde-Museum Wanne-Eickel. Dort wird das Material gezeigt, das auf dem Gebiet der ehemaligen Stadt Wanne-Eickel gefunden wurde.

Das Fundmaterial aus der früheren Stadt Herne ist in der Abteilung für Ur- und Frühgeschichte im Schloss Strünkede in Herne zu sehen. Ergänzt wird diese Präsentation durch das Skelett eines Höhlenbären aus der Heinrichshöhle bei Hemer-Sundwig und das Skelett eines in Irland gefundenen Riesenhirsches (Abb. 151).

Abb. 151 Blick auf die Skelette von Riesenhirsch und Höhlenbär in der Abteilung für Ur- und Frühgeschichte im Schloss Strünkede in Herne.

Literatur

G. Wand-Seyer, Fundchronik Herne (1997).

Kontakt

Emschertal-Museum
Schloss Strünkede
Karl-Brandt-Weg 5, 44629 Herne

Heimat- und Naturkunde-Museum Wanne-Eickel
Unser-Fritz-Straße 108, 44653 Herne

Tel.: 0 23 23/16-2611
Fax: 0 23 23/16-2660
E-Mail: emschertal-museum@herne.de
www.herne.de

Öffnungszeiten

Di–Fr, So: 10.00–13.00 Uhr, 14.00–17.00 Uhr
Sa: 14.00–17.00 Uhr
Mo: geschlossen

Julia Hallenkamp-Lumpe, Susanne Jülich,
Svea Rathje und Barbara Rüschoff-Thale

Ein Streifzug durch die Eiszeit im Westfälischen Museum für Archäologie in Herne

Das Westfälische Museum für Archäologie in Herne ist das zentrale Schaufenster der Archäologie in Westfalen. Mit seiner einzigartigen Konzeption und Gestaltung gehört das Landesmuseum mit zu den modernsten Museen Europas. Es bietet seinen Besuchern einen erlebnisreichen Gang durch 250 000 Jahre Menschheitsgeschichte in Westfalen und lässt sie mit allen Sinnen viele bedeutende Ereignisse miterleben. In diesem Haus vereinen sich die besten und interessantesten Stücke, welche die archäologische Forschung aus dem Boden Westfalens bergen konnte, mit einer faszinierenden musealen Gestaltung. Hier wird Archäologie hautnah erfahrbar, denn die Dauerausstellung ist als Grabungslandschaft konzipiert. Die Funde und Befunde sind in vielen Fällen so präsentiert, wie die Ausgräber sie am Tage der Entdeckung vor Augen hatten.

Die gesamte Menschheitsentwicklung wird im Museum interaktiv in einer von insgesamt fünf Info-Stationen erfahrbar. Im Forscherlabor können die Besucher selbst an die detektivische Arbeit gehen, die die wissenschaftliche Auswertung einer Ausgrabung mit sich bringt, und nachvollziehen, wie die Archäologen zu ihren Ergebnissen kommen.

Beim Gang über den Zeit-Steg enthüllt die Grabungslandschaft, welches Geheimnis die schönen fremden Frauen vor 2 500 Jahren mit ins Grab nahmen oder warum Keramiktöpfe in Kirchenwänden steckten. In die Außenwände der Ausstellung sind Fenster eingelassen, die sich beim Nähertreten zum „Blick in die Welt" öffnen. Hier werden Ereignisse wie der Bau der Pyramiden oder das Aufkommen der Weltreligionen zeitgleichen Ereignissen in Westfalen gegenübergestellt. Die Entwicklung des Menschen und sein Leben in der Eiszeit nehmen den ersten Teil bei diesem Streifzug durch die Zeit ein.

Nachdem man den Wald der Geschichte durchschritten und das Feuertor fast hinter sich gelassen hat, trifft man auf die ältesten Exponate. Bei den 950 000 Jahre alten Stücken aus Dorsten, Kreis Recklinghausen, Schermbeck, Kreis Wesel, und Bottrop-Kirchhellen sind sich die Forscher jedoch nicht sicher, ob es sich um natürliche oder kulturelle Überreste handelt. Die ältesten eindeutigen Spuren von Menschen in Westfalen stammen von Neandertalern, die bereits vor mehr als 200 000 Jahren die Landschaft durchstreiften. Diese robusten Menschen hatten sich körperlich und mit ihren handwerklichen und geistigen Fähigkeiten den häufig widrigen Umweltbedingungen des eiszeitlichen Mitteleuropas angepasst. Sie fertigten Waffen, mit denen sie Mammuts erlegen konnten, stellten Kleidung her, die sie vor der Kälte schützte, sie sprachen miteinander und beerdigten ihre Toten. Von diesen Menschen selbst ist nur wenig erhalten geblieben: Der bislang einzige Knochen eines Neandertalers auf westfälischem Gebiet wurde 1995 entdeckt. Ein Saugbagger hatte ihn bei Warendorf aus einer Tiefe von mehr als 6 m an die Oberfläche befördert. Eine DNA-Analyse bestätigte die anthropologische Bestimmung: Es handelt sich tatsächlich um einen Neandertaler. Das Alter des Fundes liegt bei 115 000 bis 30 000 Jahren. Im Museum wird dieser besondere Fund in einem eigenen Grabungszelt präsentiert. Ein Hörspiel versetzt den Besucher zurück in die Zeit vor 150 Jahren, als Wissenschaftler intensiv über die Existenz dieser Menschenart diskutierten. Doch belegt nicht nur dieses Knochenfragment, dass die Neandertaler in dieser Region heimisch waren. Schon früher war man wiederholt auf

Abb. 152 Rhede/ Kreis Borken. Faustkeil aus Mammutknochen (Länge: 14 cm), Westfälisches Museum für Archäologie, Herne.

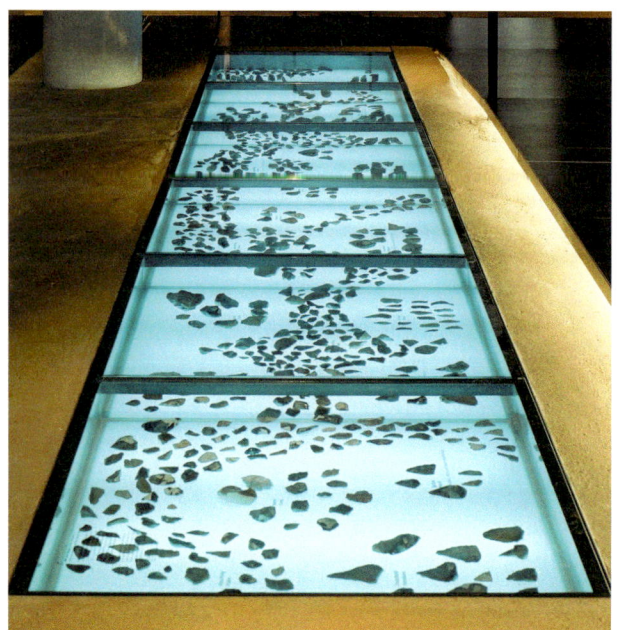

Abb. 153   Im Westfälischen Museum für Archäologie, Herne, kann man in einer Bodenvitrine die Werkzeuge des Neandertalers aus Haltern am See bewundern.

ihre Werkzeuge gestoßen. Das bislang älteste Stück ist der Faustkeil von Velen-Ramsdorf, Kreis Borken, der vielleicht schon 250 000 Jahre alt ist. Einen besonderen Fund stellt auch der Faustkeil von Rhede, Kreis Paderborn, dar. Er ist zwischen 280 000 und 40 000 Jahre alt und wurde nicht aus einem Stein gearbeitet, sondern aus dem Oberschenkelknochen eines Mammuts geschnitzt. Dieser Faustkeil ist bislang einmalig in Mitteleuropa (Abb. 152).

Andere Werkzeuge des Neandertalers, vor allem Schaber, Kratzer und Abschläge aus Feuerstein, treten häufig in großer Anzahl auf. Aus den Erdschichten unterhalb des heutigen Grundwasserspiegels fördern die Saugbagger der Kiesgewinnungsanlagen auch solche Geräte ans Tageslicht. Eine große Sammlung solcher Artefakte stammt aus Haltern am See, Kreis Recklinghausen. Sie fand in einer blau ausgeleuchteten Bodenvitrine in der Grabungslandschaft des Westfälischen Museums für Archäologie eine neue Heimat (Abb. 153).

Ein ganz besonderer Fundplatz auf westfälischem Gebiet ist die Balver Höhle im Hönnetal. Ihr ist im Museum ein eigener Raum mit Höhlenatmosphäre, Kalkstein aus dem Hönnetal und echtem Höhlenlehm von dort gewidmet (Abb. 154). Die 12 m hohe Höhle war noch im 19. Jh. nahezu vollständig mit Lehmschichten gefüllt, die die Relikte verschiedener Siedlungs- und Begehungsphasen konservierten. Die archäologische Erforschung der Höhle begann 1844 mit Ausgrabungen durch Bergwerksdirektor Noeggerath und hält bis heute an. Die Entstehung und Nutzung der Balver Höhle bis heute wird in einem Film eindrucksvoll vermittelt.

Von großer Bedeutung für die Archäologen war die ungestörte Schichtenfolge in der Höhle, die es ihnen ermöglichte, die Funde in ihrer zeitlichen Abfolge zueinander zu betrachten. In den unteren Horizonten haben Archäologen Geräte der Neandertaler entdeckt, in den oberen hatte der moderne Mensch seine Spuren hinterlassen.

Bemerkenswert sind die aufgefundenen Tierknochen. Ihre große Menge und die Vielfalt der vertretenen Spezies lassen eine Rekonstruktion der eiszeitlichen Umwelt zu. Zerschlagene Knochen von zahlreichen Mammuts bestätigen, dass diese Tiere von Jägern getötet und zerteilt wurden. Eine Besonderheit unter den Funden ist eine Knochenspitze.

Vor etwa 40 000 Jahren wanderte der anatomisch moderne Mensch in Europa ein und trat als Jäger und Sammler in Konkurrenz zum Neandertaler. Die körperliche Anpassung des modernen Menschen an das kalte Klima war weniger ausgeprägt als beim Neandertaler. Seine Anpassung erfolgte verstärkt über seine Erfindungen. Noch ist unklar, welchen entscheidenden Vorteil der anatomisch moderne Mensch gegenüber dem Neandertaler besessen hat. Sicher ist nur, dass der Neandertaler sich mehr und mehr aus seinem ursprünglichen Verbreitungsgebiet zurückzog und vor etwa 30 000 bis 40 000 Jahren auch in seinen letzten Rückzugsgebieten ausstarb.

Werkzeuge des frühen modernen Menschen aus Kieselschiefer und Feuerstein finden sich in Westfalen selten. Sie lagen meist in den oberen Schichten von Höhlen und wurden im 19. Jh. beim Ausräumen des Höhlenlehms nicht beachtet. Einige Exemplare aus der Zeit zwischen 35 000 bis 12 000 v. Chr. konnten im Hönnetal aus der Balver Höhle, der Feldhofhöhle und der Honerthöhle geborgen werden.

Am Ende der letzten Kaltzeit verschwanden die großen Tiere der kalten Steppe. Nun spezialisierten sich die Menschen auf andere Tiere. Eine neue Waffe, die Speerschleuder, verschaffte dem Menschen bei der Jagd ungeheure Vorteile. Sie diente als Verlängerung des Armes. Mit ihr konnte ein extra für die Schleuder konstruierter Speer doppelt so weit und viel kräftiger geworfen werden als es zuvor ohne dieses technische Hilfsmittel möglich gewesen war. In der Balver Höhle entdeckten Archäologen die Spitze eines solchen bis zu 2 m langen Speeres. Sie besteht aus einem Stück Rentiergeweih und stammt aus der Zeit zwischen 16 000 bis 12 000 v. Chr.

Die Erfindung von Pfeil und Bogen war ein weiterer Meilenstein in der Waffentechnik. Hinweise auf diese neue Waffe geben die häufig unscheinbaren kleinen Flintstücke, die als Spitzen an die Holzpfeile montiert wurden. Besondere Spitzen für Pfeile stellen die so genannten Federmesser dar, von denen einige 14 000 bis 10 800 v. Chr. Jahre alte Exemplare in Senden, Kreis Coesfeld, gefunden wurden. Die vergangenen Holzschäfte der Pfeile sind im Museum durch Plexiglasschäfte ersetzt worden, die so die vollständige Waffe visualisieren.

Ein 5 m langer, 13 600 Jahre alter Kiefernstamm mit einem Durchmesser von 1 m blieb in Warendorf, Kreis Warendorf, durch den am Ende der letzten Kaltzeit schnell ansteigenden Grundwasserspiegel erhalten. Neben diesem Exponat sind auch Birken und Weiden, Kiefernzapfen, Baumpilze und Bodenreste ausgestellt. Sie zeigen eindrücklich die Umwelt am Ende der letzten Eiszeit. Hörspiele geben Einblicke in das Leben der Menschen in dieser Zeit. Klimakurven verdeutlichen die starken Klimaschwankungen, mit denen die Menschen zu kämpfen hatten.

Durch die fortschreitende Erwärmung wuchsen immer mehr Wälder in Westfalen, und Moore breiteten sich aus. Die Tierwelt veränderte sich dramatisch und die Menschen

Abb. 154   Den reichen Funden aus der Balver Höhle ist im Westfälischen Museum für Archäologie, Herne, ein eigener inszenierter Raum gewidmet.

mussten ihre Jagdtechniken den neuen Bedingungen anpassen. Pfeil und Bogen stellten weiterhin die bedeutendste Waffe dar. Kleine spitze Abschläge aus Feuerstein, so genannte Mikrolithen, aus Tecklenburg-Ledde, Kreis Steinfurt, hatten die Menschen zwischen 9 600 und 6 500 v. Chr. mit Birkenpech an die Holzschäfte ihrer Pfeile geklebt. In Haltern am See, Kreis Recklinghausen, fanden sich gezähnte Knochenspitzen, die ebenfalls als Speeroder Pfeilspitzen dienten.

Der Steg durch die Grabungslandschaft des Westfälischen Museums für Archäologie führt noch weiter durch die Zeit. Er zeigt spannende archäologische Funde aus den Epochen, die der Eiszeit folgten, und endet erst am Bombenschutt aus dem Zweiten Weltkrieg.

Literatur

W. Bachmann, Westfälisches Museum für Archäologie in Herne, in: Baumeister – Zeitschrift für Architektur 100. Jahrgang, B 3, März 2003, 46 ff.

Y. Freigang, Das neue Westfälische Museum für Archäologie in Herne. Industriedenkmalpflege und Geschichtskultur 2, 2002, 26 ff.

Westfälisches Museum für Archäologie (Hrsg.), Das Museum (2004).

Kontakt

Westfälisches Museum für Archäologie
Landesmuseum
Europaplatz 1, 44623 Herne

Tel.: 0 23 23 / 9 46 28-0
Fax: 0 23 23 / 9 46 28-33
E-Mail: archaeologiemuseum@lwl.org
www.lwl.org/LWL/Kultur/WMfA_Herne/

Öffnungszeiten

Di, Mi, Fr: 9.00–17.00 Uhr
Do: 9.00–19.00 Uhr
Sa, So, feiertags: 11.00–18.00 Uhr
Mo, 24., 25., 31. Dezember und 1. Januar: geschlossen

Jutta Törnig-Struck

Die Eiszeit im Hönnetal – zu Besuch im Museum für Stadt- und Kulturgeschichte Menden

Im Halbdunkel des Raumes bäumt sich ein Höhlenbär auf; von der anderen Seite nähert sich ein weiterer gewaltiger Bär. Im Hintergrund sind Nachbildungen von Höhlenmalereien aus Südfrankreich und Nordspanien zu sehen (Abb. 155).

Die schon zur Zeit ihres Aufbaus 1920 legendären Skelette zweier Höhlenbären im Mendener Museum stellen noch heute eine wirkungsvolle Inszenierung dar, die, geprägt vom Zeitgeist, mittlerweile selbst Geschichte geworden ist. Sie ist Teil der Abteilung „Eiszeit im Hönnetal", die im März 2005 mit einem neuen Konzept und in zeitgemäßer Umgestaltung der Öffentlichkeit vorgestellt wurde.

Ein warmes Ockergelb an Boden und Wänden umfängt den Besucher, wenn er den neu gestalteten Raum betritt. Es ist die Farbe des Höhlenlehms. Obwohl es sich nur um einen einzigen Raum des 1912 als Heimatmuseum begründeten Hauses handelt, beherbergt das Mendener Museum eine umfangreiche und bedeutende Sammlung eiszeitlicher Funde. Die Höhlen des Hönnetals, ihre Entstehung und vielfache Nutzung, bilden optisch wie inhaltlich den Ausgangspunkt der umgestalteten Abteilung. Sie

Abb. 155 Die eindrucksvolle Inszenierung zweier Höhlenbären im Museum für Stadt- und Kulturgeschichte Menden – hier auf einer Ansichtskarte aus den 1960er Jahren.

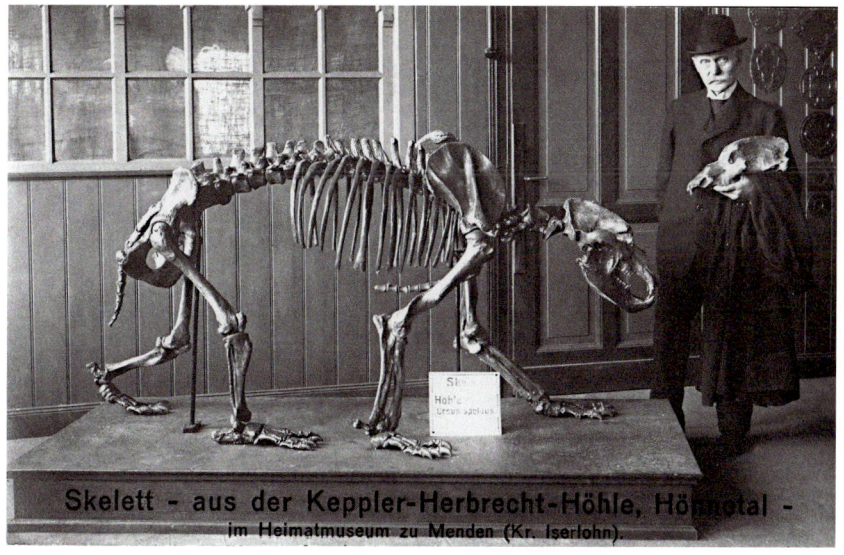

Skelett - aus der Keppler-Herbrecht-Höhle, Hönnetal -
im Heimatmuseum zu Menden (Kr. Iserlohn).

Abb. 156 Ein leidenschaftlicher „Knochensammler" – Friedrich Glunz, der Gründer des Mendener Museums für Stadt- und Kulturgeschichte, vor einem der Höhlenbärenskelette aus der Keppler-Höhle um 1920.

gewährt lebendige Einblicke in die Tierwelt und das Leben der Menschen während der letzten Eiszeit, der Weichsel-Eiszeit, die vor rund 110 000 Jahren begann und vor rund 12 000 Jahren endete.

Im Jahr 1918 begann der Gründer des Mendener Museums, Friedrich Glunz (Abb. 156), in den Höhlen des Hönnetals nach eiszeitlichen Tierknochen und Werkzeugen der Steinzeit zu graben. Seine Leidenschaft führte zu reicher Ausbeute: Bereits zehn Jahre später verfügte das Museum über mehr als 6 000 Exponate eiszeitlicher Fossilien. In der Ausstellung veranschaulicht ein aus zwei alten Transportkisten zusammengestellter Tisch mit Höhlenplänen und Schreibmaterial die Schwierigkeiten der archäologischen Pionierarbeit jener Tage. Eine nachgebaute Grabungsstelle mit einfachen Werkzeugen und lehmversinterten Knochen vermittelt einen Eindruck von der Fundsituation in einer Höhle.

Schräg gegenüber der berühmtesten „Kulturhöhle" des Hönnetals, der Balver Höhle, und auf demselben Höhenniveau wie diese befand sich die heute zerstörte Keppler-Höhle. Sie barg eine ungeheure Fülle an Knochenmaterial, das Rückschlüsse auf die gesamte Tierwelt der Eiszeit im heimischen Raum ermöglichte. Neben dem Höhlenbär waren Wollnashorn, Riesenhirsch, Höhlenlöwe, Bison, Auerochse, Wolf, Wildpferd, Ren, Höhlenhyäne und kleinere Säugetiere wie Polarfuchs und Schneehase vertreten.

In einer alten Wandvitrine zeigt das Museum einen Ausschnitt seiner reichen Sammlung: Schädel und Knochen des Höhlenbären sind dort zu Dutzenden aufeinander gestapelt. Um den Besuchern die Größe eines Mammuts zu verdeutlichen, wurde der vordere Teil eines Skeletts in Lebensgröße an die Wand gemalt.

Das gefährlichste Raubtier der Eiszeit war der Höhlenlöwe. Der Name ist irreführend, denn der Löwe hat die Höhlen nur gelegentlich aufgesucht. Die seltenen Funde von Knochen des Höhlenlöwen in der Keppler-Höhle geben daher viele Rätsel auf. Möglicherweise wurden sie von Hyänen eingeschleppt oder durch Wasser eingeschwemmt.

Während der Eiszeit suchten die Neandertaler zeitweise Schutz in den Höhlen des Hönnetals, zogen aber auch durch das Ruhr- und das Hönnetal. Die ausgestellten Werkzeuge, von denen der größte Teil aus der Balver Höhle stammt, erzählen von der gefährlichen Jagd, von der mühsamen Bearbeitung des Feuersteins und von der Nahrungszubereitung.

Literatur

K. Günther, Vor- und Frühgeschichte im Mendener Raum, Sonderdruck aus: P. Koch (Bearb.), Menden – eine Stadt in ihrem Raum (1973).

L. Kindler u. a., Die Balver Höhle: Alte Funde – Neue Ergebnisse, in: H. G. Horn u. a. (Hrsg.), Von Anfang an. Archäologie in Nordrhein-Westfalen. Begleitbuch zur Landesausstellung. Schriften zur Bodendenkmalpflege in Nordrhein-Westfalen 8 (2005) 318–321.

H. Polenz, Ausgegrabene Geschichte. Auf archäologischer Spurensuche im Hönnetal (2005).

Kontakt

Museum für Stadt- und Kulturgeschichte
Marktplatz 3, 58706 Menden

Tel.: 0 23 73 / 9 03-653
Fax: 0 23 73 / 9 03-386
E-Mail: museum@menden.de
www.museumsverein-menden.de

Öffnungszeiten

Di–Sa: 9.00–12.00 Uhr
Do: auch 15.00–17.00 Uhr
So, Mo: geschlossen

Gerd-Christian Weniger

Lernen durch Erleben – das Neanderthal Museum in Mettmann

Am Ort des legendären Urmenschenfundes wurde 1996 ein neues Museum eingeweiht, das ein kleines Heimatmuseum aus den 30er Jahren des vergangenen Jahrhunderts ablöste. Das neue Museum lockt jährlich 170 000 Besucher aus aller Welt an. Seine Architektur und sein Ausstellungskonzept wurden mehrfach national und international ausgezeichnet (Abb. 157). Im Inneren eines sanft geschwungenen Glaskörpers steigt über vier Etagen eine 400 m lange Rampe nach oben. Hier tauchen Besucher in das Konzept des Hauses „Lernen durch Erleben" ein. Tageslicht gelangt nur durch Oberlichter im Dach, die das zentrale Treppenhaus beleuchten, in das Gebäude. Am Ende der Rampe im Café gibt eine große Glasfläche den Blick in den Museumsgarten sowie auf das Düsseltal in Richtung der Fundstelle des Neandertalers frei.

„Woher komme ich?" lautet das Motto der Ausstellung. Der Neandertalerfund ist Veranlassung, über die gesamte Entwicklungsgeschichte des Menschen nachzudenken, und so erleben Besucher diese Geschichte von den Anfängen vor über 4 Mio. Jahren bis in die Gegenwart hinein. Modernste multimediale Technik und lebensechte Dermoplastiken von Neandertalern eröffnen einen einzigartigen Wissensraum und vermitteln unerwartete Erkenntnisse über unsere Vergangenheit und unsere Gegenwart (Abb. 158).

Der Gang durch das Museum beginnt mit der spannenden Geschichte des Neandertals. Wie keine andere Land-

Abb. 157 Das Neanderthal Museum, Mettmann.

schaft Europas zeigt es den wechselvollen Umgang des Menschen mit seiner Umwelt zwischen Landschaftsidylle, Industrialisierung, Urgeschichte und modernem Naturschutz. Die Fundgeschichte des wohl berühmtesten Bürgers Nordrhein-Westfalens ist Teil dieser einmaligen Ereignisse. Die Neufunde aus den Grabungen des Jahres 1997 und 2000 können hier ausführlich betrachtet werden und auch der Fund aus dem Jahr 1856 kehrt aus dem Rheinischen LandesMuseum in Bonn, dem Eigentümer der Altfunde, in regelmäßigen Abständen an seinen Ursprungsort zurück. Der anschließende Zeittunnel macht die lange Geschichte der Menschen erfahrbar (Abb. 159) und leitet über zu zentralen Themen wie Leben und Überleben, Werkzeug und Wissen, Mythos und Religion, Umwelt und Ernährung oder Kommunikation und Gemeinschaft. Viele Fragen, die uns heute in der Gesellschaft beschäftigen, werden hier zurückverfolgt bis zu den Anfängen des Menschseins, und manche Antworten liefert die Vergangenheit. Durch die Inszenierungen, Hörtexte und Filmsequenzen ist die Ausstellung anregend und macht Lust auf Entdeckung. Sie lädt alle Altersgruppen ein, in der großen Erzählung der Menschheitsgeschichte herumzustöbern.

Besonders Familien und Schulklassen präsentiert sich das Neanderthal Museum als ungewöhnlich attraktives Freizeit- und Bildungserlebnis mitten in Nordrhein-Westfalen. Das Museum ist Lernort, Tagungsort, Dokumentations- und Forschungszentrum zugleich. Es beherbergt nicht nur mehrere Tausend Neufunde aus der Nachgrabung im Neandertal, sondern auch die Sammlung Wendel, das weltweit größte Bildarchive zur eiszeitlichen Höhlenkunst Europas. Weitere Highlights sind eine anthropo-

Abb. 158 Eine alte Neandertalerin im Gespräch mit ihrer Enkelin, Neanderthal Museum, Mettmann.

Abb. 159 Die Sanduhr am Beginn des Zeittunnels im Neanderthal Museum, Mettmann.

logische Abgusssammlung menschlicher Humanfossilien, eine Studiensammlung eiszeitlicher Steinwerkzeuge aus Europa und Nordafrika sowie eine paläontologische Sammlung eiszeitlicher Säugetiere.

Neben dem reinen Museumsbesuch sind es weitere Attraktionen, die einen Tagesausflug lohnen. Denn vom Museum führt ein Weg zum Fundort des Neandertalers. Die Feldhofer Grotte ist für immer verloren. Doch die Neugestaltung des Ortes erlaubt es, seinem Mythos nachzuspüren. Mit Kopfhörern, die an der Museumskasse kostenlos ausgegeben werden, können Besucher im Gelände Texten von Zeitzeugen der Talgeschichte lauschen. Geschichte wird so lebendig.

Die Steinzeitwerkstatt bietet mitten im Wald direkt am Ufer der Düssel ein einmaliges Programm der Erlebnisarchäologie. Bogenbau, Kochen in der Steinzeit, Eiszeitkunst oder Bau einer Schamanentrommel sind nur einige der vielen, außergewöhnlichen Seminare. Kurse werden wochentags oder auch am Wochenende angeboten. Für jede Altersstufe sind Aktionen drinnen und draußen im Angebot.

Zwischen Museum und Steinzeitwerkstatt verläuft der Kunstweg MenschenSpuren. Elf Künstlerinnen und Künstler von internationalem Rang haben ihren Blick auf das Neandertal gelenkt. Ihre Skulpturen knüpfen an die erste künstlerische Entdeckung des Neandertals durch die Düsseldorfer Malerschule Anfang des 19. Jhs. an und ermöglichen die

301

Interaktion zwischen dem Objekt, der Landschaft und dem Betrachter – ein Kunstgenuss, der bei Benutzung des Kopfhörers sogar die Künstler selber zu Wort kommen lässt.

Vom Kunstweg aus kann ein Abstecher zum eiszeitlichen Wildgehege unternommen werden. In großen Freigehegen, eingebettet in eine idyllische Landschaft, können hier beim Spazierengehen Auerochsen, Wildpferde und Wisente beobachtet werden.

Für Besuchergruppen werden ganzjährig – nach vorheriger Anmeldung – Führungen durch das Museum, am Fundort, auf dem Skulpturenpfad oder um das Wildgehege angeboten. Für Schulklassen wurden verschiedene Führungskonzepte entwickelt, die auf die Lehrpläne der Schulen abgestimmt sind. Jährlich werden weit über 2 000 Gruppen geführt.

Literatur

V. F. Marten – G.-C. Weniger (Hrsg.), MenschenSpuren. Katalog zum Kunstweg (2002).

A. Pastoors – G.-C. Weniger (Hrsg.), Bilder im Dunkeln. Höhlenkunst der Eiszeit. Die Sammlung Wendel, CD-ROM (2004).

G.-C. Weniger, Projekt Menschwerdung. Streifzüge durch die Entwicklungsgeschichte des Menschen (2001).

Kontakt

Neanderthal Museum
Talstraße 300, 40822 Mettmann

Tel.: 0 21 04 / 97 97-97
Fax: 0 21 04 / 97 97-96
E-Mail: museum@neanderthal.de
www.neanderthal.de

Öffnungszeiten des Museums und der Fundstelle

Di–So: 10.00–18.00 Uhr
Der Fundort schließt von November bis Februar bereits um 16 Uhr.
Mo (außer Oster- und Pfingstmontag), 24., 25. und 31. Dezember: geschlossen
Der Kunstweg liegt im öffentlichen Bereich und ist an keine Öffnungszeiten gebunden.
Veranstaltungen in der Steinzeitwerkstatt nur nach Anmeldung.

Markus Bertling

Das Geologisch-Paläontologische Museum der Universität Münster

Das Geologisch-Paläontologische Museum Münster befindet sich in einem barocken Adelshof in unmittelbarer Nachbarschaft des Doms, in der 1703 bis 1707 nach Plänen von Gottfried L. Pictorius erbauten Landsberg'schen Kurie. Das Museum wurde 1824 als Lehrsammlung für Studenten gegründet, und davon lässt sich mancherorts noch etwas in der heutigen Ausstellung erkennen. Die „Westfalen-Sammlung" mit Fossilien und Gesteinen aus der älteren Erdgeschichte Westfalens soll in ihrem Zustand der 50er Jahre als museumshistorisches Dokument bewahrt bleiben. Darüber hinaus zeigt ein Saal zur Allgemeinen und Angewandten Geologie den Kreislauf der Gesteine und belegt den Rohstoffreichtum Westfalens.

Die Dauerausstellung setzt regionale Schwerpunkte bei der Darstellung der Erdgeschichte. Daher stammen die meisten Exponate aus jenen geologischen Einheiten, die im Münsterland am weitesten verbreitet sind, der Kreidezeit (vor 140–65 Mio. Jahren) und dem Pleistozän (der Eiszeit vor 1,7 Mio.–11 500 Jahren). Der Kreide-Raum wird beherrscht von den weltberühmten Fischfunden aus den Baumbergen, doch sind auch westfälische Dinosaurier

Abb. 160 Blick auf die Rekonstruktion des Mammuts von Ahlen im Geologisch-Paläontologischen Museum der Universität Münster.

und Schwimmsaurier zu sehen. Der 1910 in Ahlen bei Münster gefundene Mammut-Bulle, ein Zeugnis aus der letzten Eiszeit, ist zum Wahrzeichen des Museums geworden (Abb. 160). Darüber hinaus kann der Besucher andere eiszeitliche Säugetiere in der Ausstellung bestaunen: Vollständige (wenn auch teilweise mit Gips ergänzte) Skelette von Mammut, Wollnashorn, Wisent, Auerochse, Höhlenbär und Höhlenhyäne sind in Deutschland sonst nicht gemeinsam zu sehen.

Im Jahr 2004 wurde die begehbare Rekonstruktion einer Tropfsteinhöhle eröffnet, die damit in ihrer Rolle als bedeutende Fossillagerstätte eiszeitlicher Säugetiere gewürdigt wird. Von außen ist die Höhle Teil des wandfüllenden Eiszeitdioramas (Abb. 161).

Ein erheblicher Teil der umfangreichen Sammlungsbestände konnte während des Zweiten Weltkriegs evakuiert werden, bevor das Haus mehrfach von Bomben getroffen wurde. Er bildet heute den Grundstock der Zehntausende Proben umfassenden Archivsammlung zur Geologie und Paläontologie Westfalens. Hier sind neben zahlreichen Korallen aus dem Erdaltertum besonders die Knochen der Eiszeitsäuger bemerkenswert. Diese Funde stammen fast ausschließlich aus dem 19. Jh., zum kleineren Teil aus der ersten Hälfte des 20. Jhs.; die Tierwelt der Höhlen und des Tieflandes ist dabei gleichermaßen gut repräsentiert.

Abb. 161 Diorama zur Landschaft Westfalens während der Eiszeit, mit einer Hyäne und einem Marder (als modellierte bzw. ausgestopfte Tiere), im Vordergrund ein Höhlenbärenskelett, Geologisch-Paläontologisches Museum der Universität Münster.

Literatur

G. Humpohl u. a., Skelettmontage einer pleistozänen Höhlenhyäne Crocuta crocuta spelaea Goldfuss 1823 im Geologisch-Paläontologischen Museum Münster. Coral Research Bulletin 5, 1997.

P. Siegfried, Das Mammut von Ahlen. Paläontologische Zeitschrift 33, 1959, 172–184.

Ders., Der Fund eines Wisentskeletts (Bison bonasus L.) in Gladbeck, Westfalen. Neues Jahrbuch für Geologie und Paläontologie, Abhandlungen 122, 1961, 83–105.

Ders., Fossilien Westfalens – Eiszeitliche Säugetiere, Münstersche Forschungen zur Geologie und Paläontologie 60, 1983, 1–163.

Kontakt

Geologisch-Paläontologisches Museum
der Universität Münster
Pferdegasse 3, 48143 Münster

Tel.: 02 51/83-23942
Fax: 02 51/83-24891
E-Mail: markus.bertling@uni-muenster.de
www.uni-muenster.de/Geomuseum/

Öffnungszeiten

Di–Fr: 9.00–17.00 Uhr
Sa: 10.00–17.00 Uhr
So, feiertags: 14.00–17.00 Uhr
Mo: geschlossen

Bernd Tenbergen

Begegnungen zwischen Mensch und Mammut im Westfälischen Museum für Naturkunde in Münster

Für viele von uns ist es kaum noch vorstellbar, dass einst auch im heutigen Westfalen in einer weiten gräser- und krautreichen, gleichzeitig aber auch gehölzarmen Landschaft Rentiere, Bären, Wisente, Elche und sogar Mammuts gelebt haben, die der Mensch mit Hilfe seiner einfachen Werkzeuge „überlisten" und damit erbeuten konnte. Im Westfälischen Museum für Naturkunde wurde eigens für die Dauerausstellung „Westfalen im Wandel – Von der Mammutsteppe zur Agrarlandschaft" und stellvertretend für viele andere Tiere des Eiszeitalters ein Mammut rekonstruiert (Abb. 162). Das Modell ist angelehnt an ein Mammutskelett, das sich fast vollständig erhalten im Jahr 1910 in einer Tongrube bei Ahlen im heutigen Kreis Warendorf fand.

Seit Beginn des Eiszeitalters streiften Steppenelefanten und später Mammuts durch die offenen pleistozänen Landschaften auf der ganzen Nordhalbkugel der Erde. Der bis zu 4 m hohe und tonnenschwere Körper des Mammuts benötigte viel Nahrung. 20 Stunden und mehr am Tag war das Tier damit beschäftigt, Futter aufzunehmen und seinen Nahrungsbedarf zu decken. Bei einem erwachsenen Tier waren das etwa 180 kg frische Nahrung täglich. In der Regel bestand das Futter zu ca. 90 % aus Gräsern und Seggen. Dabei waren dem Mammut vor allem im Winter seine außergewöhnlich stark ausgebildeten bis zu 5 m langen, nach innen gebogenen Stoßzähne ein wichtiges Werkzeug. Mit diesen legte das Mammut die von hohem Schnee bedeckte Nahrung frei. Zudem waren die Zähne bei Mammutbullen wichtige Waffen im Konkurrenzkampf um Weibchen. Es wird vermutet, dass die Bullen, ähnlich den heutigen Elefanten, anhand ihrer Stoßzähne ihre Kräfte maßen. Aber auch zum Vertreiben potenzieller Beutegreifer wie Höhlenlöwen, Wölfe oder Höhlenhyänen waren ihnen ihre Stoßzähne nützlich.

Somit hatte ein ausgewachsenes Mammut keine Feinde zu fürchten – bis auf den Neandertaler und seit rund 40 000 Jahren den anatomisch modernen Menschen, der zu dieser Zeit Europa zu besiedeln begann. Die zahlreichen Fels- und Höhlenmalereien belegen, dass sich die Wege von Mensch und Mammut kreuzten. Die damaligen

Menschen lebten neben pflanzlicher Kost wie Beeren und Wurzeln, die sie sammelten, vor allem von Fleisch. In erster Linie erbeuteten sie Tiere wie Wisente, Wildpferde, Rentiere, Schneehasen und Schneehühner.

Die Jagd auf die großen Mammuts bedeutete einerseits ein gefährliches Unterfangen, so dass die Menschen sie vermutlich selten aktiv jagten, sondern vielmehr die Überreste (Knochen, Stoßzähne und Sehnen) bereits verendeter Tiere aufsammelten. Andererseits vermochte ein erlegtes Mammut leicht eine ganze Gruppe für längere Zeit mit Fleisch zu versorgen. Zur Steigerung der Jagderfolge schlossen sich in der Regel mehrere Männer zusammen, um in Treibjagden junge oder schwache Tiere von der Herde zu trennen und zu erlegen. Bei größeren Tieren war es erforderlich, Waffen mit längerer Reichweite – wie Speer oder Speerschleuder – zu verwenden, um die Beute aus sicherer Distanz zu töten (Abb. 163). Eine andere Jagd-

Abb. 162 Die Mammutrekonstruktion im Westfälischen Museum für Naturkunde in Münster basiert auf dem nahezu vollständig erhaltenen Mammutskelett, das 1910 in einer Tongrube bei Ahlen/Kreis Warendorf entdeckt wurde.

möglichkeit war, die durch Feuer oder Treiber aufgebrachten Tiere in bergigem Gelände in den Abgrund zu treiben. Die nach diesen oder ähnlichen Methoden erlegte Beute wurde fast vollständig verwertet: Das Fleisch deckte den Nahrungsbedarf, die Knochen wurden zu Werkzeugen verarbeitet oder als Brennmaterial genutzt, Felle und Sehnen fanden Verwendung bei der Herstellung von Kleidung und als Abdeckungen für hüttenähnliche Behausungen. Ein anschauliches Bild davon vermittelt eine rekonstruierte Unterkunft im Westfälischen Museum für Naturkunde. Die Behausung ist abgedeckt mit Rentier- und Pferdefellen, davor sitzt eine Frau, die ein Schneehasenfell bearbeitet.

Aus dem Mammutelfenbein wurden unter anderem auch kunstvolle Figuren und Schmuckstücke hergestellt. Die Verarbeitung der Tiere zu täglichen Gebrauchsgegenständen, wie Kleidung und Decken, und die Nahrungszu-

Abb. 163 Urgeschichte zum Greifen nah – ein eiszeitlicher Jäger im Westfälischen Museum für Naturkunde, Münster.

bereitung gehörten vermutlich im Wesentlichen zu den Aufgaben der Frauen.

Bis heute ist nicht endgültig geklärt, inwieweit der eiszeitliche Mensch das Aussterben des Mammuts vor etwa 10 000 Jahren mit verursacht hat. Wissenschaftler vermuten, dass neben der vermehrten Bejagung durch den Menschen besonders die ungünstiger werdenden Lebensbedingungen, ausgelöst durch den Beginn einer Wärmeperiode, dem Mammut zum Verhängnis wurden.

Die Ausstellung „Westfalen im Wandel – Von der Mammutsteppe zur Agrarlandschaft" im Westfälischen Museum für Naturkunde in Münster greift dieses Stück Geschichte, in dem Mensch und Mammut zusammenlebten, auf und bietet dem Besucher einen kleinen Rückblick in unsere Vergangenheit.

Literatur

H. Küster, Geschichte der Landschaft in Mitteleuropa: Von der Eiszeit bis zur Gegenwart (1995).

A. Lister – P. Bahn, Mammuts. Die Riesen der Eiszeit (1997).

B. Tenbergen, Westfalen im Wandel – Von der Mammutsteppe zur Agrarlandschaft: Veränderungen der Tier- und Pflanzenwelt unter dem Einfluss des Menschen (2002).

Kontakt

Westfälisches Museum für Naturkunde
Sentruper Straße 285, 48161 Münster

Tel.: 02 51/5 91-05
Fax: 02 51/5 91-6098
E-Mail: naturkundemuseum@lwl.org
www.naturkundemuseum-muenster.de

Öffnungszeiten

Di–So: 9.00–18.00 Uhr
Mo: geschlossen

Klaus Wollmann

Das Naturkundemuseum im Marstall von Schloss Neuhaus in Paderborn

Das Paderborner Naturkundemuseum ist seit der Landesgartenschau 1994 zusammen mit dem Historischen Museum im ehemaligen fürstbischöflichen Marstall (Pferdestall und Kutschen-Halle) von Schloss Neuhaus untergebracht (Abb. 164).

Das Museum befasst sich insbesondere mit der Natur des Paderborner Landes. Es bietet zahlreiche Möglichkeiten, selbst aktiv zu werden. So müssen teilweise erst Klappen geöffnet werden, um bestimmte Informationen oder Objekte zu finden. Auch Lupen, Mikroskope, Aquarien, Tierstimmen, ein Beobachtungsbienenstand und kostenlose Entdeckungs- und Rallyebögen (teils auch in englischer Sprache) tragen zu einem abwechslungsreichen Museumserlebnis bei. Sonderausstellungen ergänzen zeitweise die Dauerausstellung. Der Eintritt ist frei.

Ein großes Reliefmodell, das die geographische Lage und Struktur der Landschaften um Paderborn (Eggegebirge, Senne, Lippeniederung, Delbrücker Land, Hellwegbörde,

Abb. 164 Der Marstall beherbergt das Naturkundemuseum und das Historische Museum in Paderborn.

Abb. 165 Steine zum Anfassen im Naturkundemuseum, Paderborn. Der Feuerstein stammt von einer Fundstelle bei Stukenbrock. Er gelangte mit eiszeitlichem Geschiebe aus dem skandinavischen Raum bis nach Ostwestfalen.

Paderborner Hochfläche) verdeutlicht, steht am Anfang der Dauerausstellung. Auf anschauliche Weise werden im Folgenden typische Lebensräume, wie zum Beispiel Wälder, Heiden und Feuchtgebiete mit ihren jeweils charakteristischen Tieren und Pflanzen vorgestellt.

Einen indirekten Bezug zu den Eiszeiten gibt es in den Bereichen „Heide und Sand" und „Feuchtlebensräume". Der sandige Charakter der großen Heidegebiete der Senne geht vor allem auf die Ablagerungen der Schmelzwasserströme während der Saale-Eiszeit (vor 230 000–120 000 Jahren) zurück. Insofern haben auf Sandlebensräume spezialisierte Arten, die man heute in der Senne antreffen kann, ihr Vorkommen diesen eiszeitlichen Ablagerungen zu verdanken. Dazu gehören zum Beispiel Sandlaufkäfer, Ameisenlöwe, Sandwespe, Sand-Segge und Sand-Thymian.

Im Ausstellungsbereich „Feuchtlebensräume" wird auf die Bedeutung von Sand- und Kiesgruben (Eiszeit-Ablagerungen) als „Ersatzbiotope" für viele selten gewordene Tierarten hingewiesen. Sand- und Kiesgruben haben nämlich vieles gemeinsam mit natürlichen Flussauen, die aus unserer Landschaft durch Begradigungen und Kanalisation größtenteils verschwunden sind. Die Flussufer waren ursprünglich dynamische Bereiche. Jedes Hochwasser schuf von neuem vegetationsfreie Flächen und Tümpel, an denen sich ganz spezifische Pflanzen und Tiere immer wieder neu ansiedeln konnten. Verschiedene Kleinlebensräume in Sand- und Kiesgruben können Uferschwalben, Flussregenpfeifern, Kreuzkröten und weiteren Spezialisten als Ersatz für die inzwischen weitgehend verschwundenen Flussauen dienen.

Beim Hinaufsteigen in das Obergeschoss des Museums unternimmt man symbolisch eine „Reise" vom Erdaltertum bis zur Erdneuzeit, bevor man die kleine geologische Abteilung betritt. Hier sind vor allem Gesteine und Fossilien aus der Kreidezeit (vor 140 Mio.–65 Mio. Jahren) und den Eiszeiten zu sehen, da diese Erdzeitalter die Paderborner Region vornehmlich geprägt haben.

Verschiedene Steine können die Besucher in die Hand nehmen und „begreifen" (Abb. 165). Dabei handelt es sich zum einen um verschiedene Kalkgesteine aus der Kreidezeit und zum anderen um Steine, die mit den eiszeitlichen Gletschern aus Skandinavien bis in das Paderborner Land

Abb. 166 Eiszeitliches Landschaftsbild mit Mammuts, Wollnashorn und Rentieren, ausgestellt im Naturkundemuseum, Paderborn. Die Karte zeigt den Vereisungsbereich während der Saale-Eiszeit (vor 230 000–120 000 Jahren).

gelangten. Dazu gehören Feuersteine, die wegen ihrer Festigkeit und äußerst scharfen Abbruchkanten von den Menschen der Steinzeit zur Werkzeugherstellung benutzt wurden.

Auf einer ganz mit Sand bedeckten Tafel wird gezeigt, wie der Sand während der Eiszeiten in die hiesige Region gelangte und sich mancherorts zu Schichten von fast 70 m Mächtigkeit auftürmen konnte.

Ein großes Lebensbild zeigt die tundrenartige Eiszeit-Landschaft mit einigen charakteristischen Großtieren (Rentier, Mammut, Wollnashorn) (Abb. 166). In Vitrinen sind fossile Reste dieser und anderer Eiszeit-Tiere zu sehen. Sie wurden in Sand- und Kiesgruben der Region gefunden. Besonders gut erhalten ist ein fast vollständiges Rentiergeweih aus einem Baggersee der Gemarkung Anreppen. 1985 blockierte es in 7 m Tiefe das Saugrohr des Saugbaggers. Es konnte geborgen und präpariert werden. Experten schätzen, dass es über 200 000 Jahre alt ist.

Literatur

W. Hecker, Das Rentiergeweih von Anreppen. Die Warte 53, 1987, 6.

L. Maasjost, Südöstliches Westfalen. Sammlung Geographischer Führer 9, 1973, 81–85.

E. Th. Seraphim, Erdgeschichte, Landschaftsformen und geomorphologische Gliederung der Senne, in: E. Th. Seraphim (Hrsg.), Beiträge zur Ökologie der Senne, Teil 1 (1978) 7–24.

Kontakt

Naturkundemuseum im Marstall
Marstallstraße 9, 33104 Paderborn – Schloss Neuhaus

Tel.: 0 52 51 / 88-1052 oder 88-1044
Fax: 0 52 51 / 88-1041
E-Mail: naturkundemuseum@paderborn.de
www.paderborn.de/naturkundemuseum

Öffnungszeiten

Di–So: 10.00–18.00 Uhr
Mo: geschlossen

John Loftus

Das Ruhrtalmuseum in Schwerte

Das Ruhrtalmuseum wurde 1933 von Josef Spiegel und mit Hilfe des damaligen Heimatvereins gegründet. Spiegel, damals arbeitslos, richtete einige Räume des Alten Schwerter Rathauses mit seiner Privatsammlung (Fossilien und steinzeitliche Artefakte) ein. In seiner über 40 Jahre langen Tätigkeit als Museumsleiter gelang es ihm, die

Abb. 167 Nachweis eiszeitlichen Materials in der Sandgrube Schwerte-Ost; im Bild Josef Spiegel, der Gründer des Ruhrtalmuseums in Schwerte.

Sammlungsbestände des Museums erheblich zu erweitern. Heute beherbergt das Ruhrtalmuseum Sammlungen aus den Bereichen Geologie, Urgeschichte, Mittelalter und Stadt- sowie Industriegeschichte. Besondere Sammlungsgebiete bilden das Postwesen, Medaillen und mittelalterliche Silberschatzfunde. Die im Museum gezeigte Dauerausstellung befasst sich mit der Entwicklung des mittleren Abschnitts des Ruhrtals – vor allem aber mit der Entstehung und Entwicklung Schwertes.

In den 30er Jahren machte der Museumsgründer Josef Spiegel eine herausragende geologische Entdeckung: In Drüpplingsen stieß er in einer Kiesgrube auf nordische Geschiebe und konnte somit erstmals den Nachweis erbringen, dass die Gletscher der Drenthe-Kaltzeit (ca. 180 000 v. Chr.) über den Haarstrang hinweg in das Ruhrtal geflossen sind. Mit dem Nachweis eiszeitlichen Materials in der Sandgrube Schwerte-Ost und dem Auffinden von Moränenresten bei Drüpplingsen korrigierte Josef Spiegel die bis dahin geläufige wissenschaftliche Annahme, die Eiszeit habe mit ihren Gletschern vor dem Ardeygebirge und dem Haarstrang nördlich von Schwerte Halt gemacht (Abb. 167).

Unter neuer Leitung wurden in den letzten Jahren viele Anstrengungen unternommen, das Ruhrtalmuseum zu modernisieren. 1997 konnte der ein Jahr zuvor gegründete Förderverein Ruhrtalmuseum e. V. die Halle des Alten Rathauses sanieren und neu gestalten. Die bisher offenen

Abb. 168   Das Alte Rathaus zu Schwerte mit verglaster Halle, in dem sich heute das Ruhrtalmuseum befindet.

Arkaden wurden verglast, Böden, Inventar und Treppenhaus erneuert, so dass ein würdiges Entree und zugleich ein Großraum für Ausstellungen und Veranstaltungen entstanden (Abb. 168). In einem ähnlichen Kraftakt entstand drei Jahre später endlich ein fachgerechtes Magazin für die Museumsbestände, die bis dahin unzureichend in einem Schulkeller lagerten.

Zurzeit werden in Zusammenarbeit mit dem Museumsamt, Landschaftsverband Westfalen-Lippe, umfangreiche Inventarisierungsarbeiten durchgeführt. Die Arbeiten werden die Grundlage für ein neues Konzept für die Dauerausstellung im Museum sein. Wesentlich mehr Fläche wird auch für eine Erweiterung der Ausstellung zur Verfügung stehen. Damit wird es wieder möglich sein, die wichtigen geologischen und paläontologischen Bestände des Hauses zu zeigen.

Literatur

F. J. Braun, Die Terrassen der mittleren Ruhr. Geologisches Jahrbuch 69, 1954, 391–400.

R. Loftus, Das Eiszeitalter im Ruhrtal, in: Stadt Schwerte (Hrsg.), Schwerte 1397–1997. Eine Stadt im mittleren Ruhrtal und ihr Umland (1997) 36–40.

Kontakt

Das Ruhrtalmuseum
Brückstraße 14, 58239 Schwerte

Tel.: 0 23 04/21 99-50 oder 21 99-13
Fax: 0 23 04/21 99-02
E-Mail: rtm@ruhrtalmuseum.de
www.ruhrtalmuseum.de

Öffnungszeiten

Di–So: 11.00–17.00 Uhr
Mo, feiertags: geschlossen

Günter Deppe

Die ur- und frühgeschichtliche Abteilung im Museum Burg Ramsdorf in Velen-Ramsdorf, Kreis Borken

Die 1425 für den Münsterischen Fürstbischof Heinrich von Moers errichtete Burg Ramsdorf (Abb. 169) beherbergt seit 1930 das Museum Burg Ramsdorf.

Die 1993 nach neuesten musealen Gesichtspunkten neu gestaltete Ausstellung gliedert sich in Abteilungen zur regionalen Ur- und Frühgeschichte, zur Stadt- und Sozialgeschichte sowie zur Naturkunde.

Die Geschichte dieses traditionsreichen Regional- und Heimatmuseums ist eng verknüpft mit dem schon 1899 gegründeten Ramsdorfer Altertums- bzw. Heimatverein. Die Mitglieder, engagierte Heimatschützer, widmeten sich schon früh der Sammlung von Archivalien und archäologischen Fundstücken. Diese Sammlung war der Grundstein für das heutige Museum Burg Ramsdorf.

Spuren früher Besiedlung im Bereich der „Berge" – ein Höhenrücken von ca. 8 km Länge und ca. 1 km Breite – und der Aa-Niederung (Flusslauf Bocholter Aa) in Ramsdorf-Ostendorf wurden schon in früheren Jahren bekannt und untersucht. Zahlreiche Exponate des Museums stammen aus diesem Gebiet.

Die zahlreichen über die gesamten „Berge" verteilten Grabhügelfelder und Grabhügel, obertägig sichtbare

Abb. 169 Die Burg Ramsdorf, Velen, ist Sitz des Regional- und Heimatmuseums mit seinen verschiedenen Abteilungen zur Ur- und Frühgeschichte, Stadt- und Sozialgeschichte sowie Naturkunde.

Monumente urgeschichtlichen Totenkults, stellen in dieser Geschlossenheit ein Ensemble von sichtbaren historischen Quellen dar wie es in seinem Erhaltungszustand einzigartig in Westfalen ist.

1957 wurden beim Bau eines Hochbehälters für ein neues Wasserwerk auf dem höchsten Punkt der „Berge" (Tannenbülten, 104 m ü. NN) drei Hügelgräber entdeckt. Aus einem dieser Gräber stammt ein Baumsarg, von dem konservierte Reste im Museum Burg Ramsdorf zu sehen sind. Außerdem stieß man unter einem der Hügel auf einen mittelsteinzeitlichen Lagerplatz mit Steinmaterial in Form von Kernstücken und sonstigen Abschlägen. Diese Funde zeigen, ebenso wie vier Faustkeile aus der Zeit der Neandertaler, dass die „Berge" schon vor dem Bau der Hügelgräber immer wieder von Menschen aufgesucht wurden. Die Faustkeile sind etwa 70 000 Jahre alt. Sie wurden aus Quarzit der so genannten Halterner Sande und aus Feuerstein (Flint) hergestellt, der in unmittelbarer Nähe des Fundgebiets vorkommt.

Auch aus der Jungsteinzeit, der Bronze- und Eisenzeit sowie dem frühen Mittelalter sind aus diesem Gebiet Funde vorhanden, die ebenfalls präsentiert werden.

Literatur

A. Heselhaus, Bodenforschung im Kreise Borken. Schriftenreihe des Kreises Borken 4 (1974).

Museumsführer Museum Burg Ramsdorf. Schriftenreihe der Gemeinde Velen 2 (1994).

J. Schulze Selting, Ramsdorf und seine Heimatgeschichte (1969).

Kontakt ⓘ

Museum Burg Ramsdorf
Burgplatz 4, 46342 Velen-Ramsdorf

Tel.: 0 28 63 / 9 26-0 (Zentrale)
Tel.: 0 28 63 / 9 26-215 (Buchen von Führungen)
Fax: 0 28 63 / 53 76

Öffnungszeiten

1. April bis 31. Oktober: Di–So 15.00–17.00 Uhr
1. November bis 31. März: Besuch und Führungen nur nach vorheriger Absprache
Mo: geschlossen

ANHANG

Glossar

Akkumulation: Anhäufung von lockeren Gesteinsmassen durch Flüsse, Wind oder Eis (Gletscher, Inlandeis)

Alluvium: das „Zusammengeschwemmte" oder „Angeschwemmte", alte Bezeichnung für die jüngere Abteilung des Quartärs, heute Holozän genannt

anthropogen: durch den Menschen verursacht

Artefakt: ein vom Menschen hergestellter oder bearbeiteter Gegenstand

Auelehm: feinkörnige Ablagerung der Flüsse, die bei Hochwasser auf den Uferflächen abgesetzt wird; vgl. Talaue

Aufschluss: Anschnitt der Erdoberfläche, an dem das Gestein unverhüllt durch Pflanzenwuchs oder Bodenbildung beobachtet werden kann. Man unterscheidet künstliche Aufschlüsse (Steinbrüche, Kiesgruben, Straßenschnitte) und natürliche Aufschlüsse (Steilufer, Steilküsten, Felswände).

Basismoräne: an der Basis eines Gletschers oder einer Inlandeismasse mitgeschleppter und ausgeschiedener Gesteinsschutt aller Korngrößen (Grundmoräne im engeren Sinn)

Bims: helles, schaumig-poröses Gestein vulkanischer Entstehung (Ergussgestein)

Biostratigraphie: Beschreibung und Gliederung von Schichtenfolgen und ihre zeitliche Einordnung nach den aufgefundenen Fossilien; vgl. Lithostratigraphie

$^{12}C/^{13}C$-Isotopenverhältnis: Das Verhältnis der Kohlenstoff-Isotope ^{12}C und ^{13}C in der Atmosphäre und in den Gewässern ist von klimatischen Bedingungen bzw. von der Dichte der Vegetation abhängig. Vegeta-tionsreiche Perioden zeichnen sich durch eine relativ niedrige, vegetationsärmere Zeiten dagegen durch eine höhere Konzentration an ^{13}C aus. Über das im Wasser gelöste Kohlendioxid geht dieses Verhältnis bei der Karbonatausfällung auch in die Kalksinter bzw. Höhlensinter ein. Die Kalksinterlagen geben somit Hinweise zum Klima während ihrer Entstehung und ermöglichen zugleich die Aufstellung einer klimastratigraphischen Gliederung nach wärmeren und kälteren Bildungszeiten.

^{14}C-Alter: ein nach der ^{14}C-Methode ermitteltes Alter unter Annahme bestimmter Voraussetzungen, wie zum Beispiel eines konstanten $^{12}C/^{14}C$-Verhältnisses in der Atmosphäre. Das radiometrisch bestimmte Alter weicht von dem in Sonnenjahren angegebenen Alter mehr oder weniger stark ab. Die Unterschiede nehmen mit dem Alter zu. Für den Zeitraum bis etwa 12 500 Jahre vor heute gibt es eine über die Auszählung von Baumringen ermittelte Korrekturkurve.

^{14}C-Methode (Radiokarbon-Methode): Verfahren zur Altersbestimmung aufgrund des gesetzmäßigen Zerfalls des radioaktiven Kohlenstoff-Isotops ^{14}C. Dieses Isotop entsteht durch kosmische Höhenstrahlung und wird wie normaler Kohlenstoff ^{12}C über das Kohlendioxid der Luft von den Pflanzen und über diese auch von den Tieren und Menschen aufgenommen und in die Knochen und Zähne eingebaut. Nach dem Absterben der Organismen verändert sich das Verhältnis von normalem zu radioaktivem Kohlenstoff. Aus der Abweichung zur ursprünglichen Konzentration des ^{14}C kann das radiometrische Alter kohlenstoffhaltiger organischer Reste wie Hölzer, Torfe, Knochen und Zähne bestimmt werden (^{14}C-Alter). Auch anorganische Höhlensinter, in die radioaktiver Kohlenstoff über das im Wasser gelöste Kohlendioxid bzw. über das ausgefällte Karbonat eingebaut wird, können nach dieser Methode datiert werden.

δ-Wert: Der δ-Wert bezeichnet das Isotopenverhältnis einer Probe in Promille (‰).

deluvial: flächenhaft abspülend

Devon: Zeitabschnitt (Formation) des Erdaltertums, ca. 395 bis 345 Mio. Jahre vor heute

Diluvium: Bildungen der „Großen Flut" oder „Überschwemmung", veralteter Name für den älteren Zeitabschnitt des Quartärs, entspricht dem Eiszeitalter, heute als Pleistozän bezeichnet

Endmoräne: ein vor der Stirn der Gletscher oder Inlandeismassen aufgehäufter Wall aus Gesteinsschutt; vgl. Grundmoräne

erratischer Block: ortsfremder Gesteinsblock in Gebieten ehemaliger Vereisung, der durch Gletscher oder Inlandeis zu seinem heutigen Fundort transportiert wurde; vgl. Findling

Findling: großer Gesteinsblock („Großgeschiebe"), der durch das Inlandeis vom Ursprungsort bis zum Fundort transportiert wurde

Flöz: „geebneter Boden"; Begriff aus dem bergmännischen Sprachgebrauch, bezeichnet eine Schicht nutzbarer Gesteine wie zum Beispiel Kohle und Kupferschiefer

fluviatil: vom fließenden Wasser erzeugt bzw. abgelagert; vgl. glazifluviatil

Formation: über einen längeren Zeitraum entstandene, in sich geschlossene Gesteinseinheit; Periode der Erdgeschichte, in der sich mehr oder weniger einheitliche Ablagerungen mit charakteristischen Faunen und Floren bildeten

Geschiebe: Stein oder Block, der von einem Gletscher oder dem Inlandeis von seinem Ursprungsort verfrachtet („geschoben"), beim Transport abgeschliffen und in der Grund- oder Endmoräne abgelagert wurde

glaziär: Bezeichnung für Vorgänge und Bildungen, die in enger Beziehung zu Eismassen stehen

Glazial: Kaltzeit (Kältephase) während einer Eiszeit, oft auch als Synonym für die Bezeichnung Eiszeit verwendet; längerer Zeitraum der Erdgeschichte, in dem infolge absinkender Temperaturen große Schnee- und Eismassen entstehen, die sonst eisfreie Gebiete in Form von Gletschern oder Inlandeis überdecken

glazifluviatil: von Schmelzwässern der Gletscher oder des Inlandeises erzeugt oder abgelagert; vgl. fluviatil

Grundmoräne: unsortierter, meistens ungeschichteter, von Ton über Sand bis zu Steinen und Blöcken reichender Gesteinsschutt, der an der Basis von Gletschern oder Inlandeis abgelagert wird; der höhere Teil der Grundmoräne ist häufig aus dem abgetauten Eis gebildet worden; vgl. Basismoräne und Endmoräne

Höhlensinter: dichte, krustenartige Ausscheidung von Kalziumkarbonat in Höhlen; vgl. Kalksinter

Holozän: jüngere Abteilung des Quartärs und damit jüngster Abschnitt der Erdgeschichte; Beginn vor etwa 11 000 Jahren, auch Postglazial genannt, ältere Bezeichnung: Alluvium

Interglazial: Warmzeit; längerer Zeitabschnitt mit wärmerem, dem heutigen ähnlichem Klima zwischen zwei Glazialen

Interstadial: kurzzeitige Phase geringer Erwärmung innerhalb eines Glazials

Isotop: Isotope sind Atome eines Elements, die eine gleiche Anzahl von Protonen und damit eine gleiche Kernladungszahl haben, aber eine abweichende Zahl von Neutronen und damit eine unterschiedliche Masse aufweisen. Die verschiedenen Isotope eines Elements können aufgrund ihrer Massenunterschiede in so genannten Massenspektrometern identifiziert werden. Es gibt stabile Isotope (zum Beispiel ^{13}C) und instabile, „radioaktive" (zum Beispiel ^{14}C), die nach einer zeitlichen Gesetzmäßigkeit zerfallen.

Kalksinter: dichte, krustenartige Ausscheidung von Kalziumkarbonat ($CaCO_2$) aus wässrigen Lösungen an Quellen, Bachläufen oder auch in Höhlen; vgl. Höhlensinter

Kalktuff: poröse, wenig verfestigte Ausscheidung von Kalziumkarbonat an Quellen und Bachläufen, häufig von Pflanzenresten durchsetzt; vgl. Kalksinter

Kaltzeit: vgl. Glazial

Karbon: Zeitabschnitt (Formation) des Erdaltertums, 345 bis 280 Mio. Jahre vor heute

Kataklase: Zertrümmerung von Mineralkörnern

Klimastratigraphie: Gliederung einer Schichtenfolge nach unterschiedlichen, von den klimatischen Verhältnissen zur Bildungszeit abhängigen Eigenschaften, die zum Beispiel eine Einteilung in warmzeitliche und kaltzeitliche Abschnitte ergeben

Konvektion: Mitführung bzw. Transport einer physikalischen Eigenschaft oder Größe aufgrund der Bewegung des Trägers dieser Eigenschaft

kosmogenes Nuklid: Kosmische Strahlung löst Kernreaktionen in der Atmosphäre aus. Die Nukleonenkomponenten – das sind Protonen, α-Teilchen, Neutronen, Kernfragmente und Myonen – gehen Kernreaktionen mit der Atmosphäre und Gesteinsoberfläche ein; dabei entstehen kosmogene Nuklide.

Kreide: jüngster Zeitabschnitt (Formation) des Erdmittelalters, ca. 140 bis 65 Mio. Jahre vor heute. In der Westfälischen Bucht liegen die Ablagerungen des Quartärs im Wesentlichen auf Mergel- und Kalksteinen der Kreidezeit.

kryogen: durch Frost entstanden

Lithostratigraphie: Beschreibung und Gliederung von Schichtenfolgen aufgrund unterschiedlicher Gesteinsbildung; vgl. Biostratigraphie

Löss: feinkörnige, sehr poröse Windablagerung, hauptsächlich aus Quarzkörnern, untergeordnet auch aus Feldspatkörnern bestehend; im frischen, kalkhaltigen Zustand graue Färbung, mit fortschreitender Entkalkung in bräunliche Farben übergehend

Maar: durch vulkanische Explosion erzeugte trichterförmige Vertiefung; an der Erdoberfläche rundlich ovale Öffnung mit Durchmessern bis zu mehreren Hundert Metern

Mächtigkeit: Dicke einer Schichtenfolge oder Schicht

Massenkalk: nahezu ungeschichteter („massiger") Kalkstein aus dem Devon des Rheinischen Schiefergebirges

Moräne: unsortierter Gesteinsschutt aller Korngrößen, der von Gletschern oder Inlandeis mitgeführt wird oder abgelagert wurde; vgl. Endmoräne und Grundmoräne

Morphologie: Oberflächenform einer Landschaft

Ordovizium: Zeitabschnitt (Formation) des Erdaltertums, ca. 500 bis 430 Mio. Jahre vor heute

Paläoboden: Bodenbildung aus einem geologischen Zeitabschnitt, fossiler Boden

periglaziär: Bezeichnung für das Gebiet in der Umrandung von Eismassen mit starker Frosteinwirkung und für die in diesem Raum auftretenden bzw. ablaufenden Erscheinungen und Vorgänge

Perihel: Punkt größter Sonnennähe der Bahn eines Himmelskörpers

Perm: jüngster Zeitabschnitt (Formation) des Erdaltertums, ca. 280 bis 225 Mio. Jahre vor heute

Pleistozän: ältere Abteilung des Quartärs, auch als Eiszeitalter bezeichnet, ca. 2 Mio. bis 11 000 Jahre vor heute

Pliozän: jüngste Abteilung des Tertiärs, ca. 5 bis 2 Mio. Jahre vor heute

Postglazial: Nacheiszeit, Bezeichnung für den Zeitabschnitt vom Ende der Weichsel-Kaltzeit (vor etwa 10 000 Jahren) bis heute, entspricht dem Holozän. Es ist allerdings bisher nicht geklärt, ob das Holozän wirklich eine Nacheiszeit ist oder ein Interglazial darstellt.

Präkambrium: ältester Zeitabschnitt der Erdgeschichte von der Entstehung der Erde vor etwa 4,5 Mrd. Jahren bis 600 Mio. Jahre vor heute

Präzession: allgemein die Lageveränderung der Achse eines rotierenden Kreisels; im Speziellen die Lageveränderung der Erdachse, vor allem bedingt durch die Gravitationskräfte der Sonne und des Mondes

Quartär: jüngster Zeitabschnitt (Formation) der Erdgeschichte. Er beginnt vor rund 2 Mio. Jahren, reicht bis heute und wird in die ältere Abteilung Pleistozän („Eiszeitalter") und in die jüngere Abteilung Holozän („Nacheiszeit") untergliedert.

Schrägschichtung: besondere Schichtungsart, bei der in Strömungsrichtung des transportierenden Mediums (Wasser oder auch Wind) einzelne Lagen schräg voneinander abgesetzt werden. Bei wechselnden Strömungen zeigen die Lagen von Schicht zu Schicht unterschiedliche Neigungsrichtungen. Ein derartiger Aufbau wird häufig als Kreuzschichtung bezeichnet, obwohl die Schichten sich nicht durchkreuzen, sondern nur mit unterschiedlichen Winkeln gegeneinander stoßen.

Sediment: Absatz aus Verwitterungsprodukten älterer Gesteine, die durch Wasser, Wind oder Eis transportiert und abgelagert werden oder sich aus wässrigen Lösungen ausscheiden. Es gibt unverfestigte (lockere) und verfestigte Sedimente.

Stadial: vgl. Stadium

Stadium: kältere Periode innerhalb eines Glazials mit starkem Vorstoß des Inlandeises

Stratigraphie: Beschreibung, Gliederung und zeitliche Einstufung von Schichtenfolgen; vgl. Biostratigraphie und Lithostratigraphie

Talaue: flacher Talboden beiderseits eines Flusses, der bei Hochwasser noch überflutet wird und nach außen durch die Talhänge begrenzt ist; vgl. Auelehm

Terrasse: horizontale Fläche als Rest eines ehemaligen Talbodens. In größeren Tälern treten häufig treppenförmig angeordnete Verebnungsflächen auf, die durch periodisch verstärktes Einschneiden der Flüsse in ältere Ablagerungen oder in den Taluntergrund entstehen (Talterrassen). Auch die während der Kaltzeiten des Quartärs ebenflächig aufgeschütteten Schotterkörper werden als Terrassen bezeichnet (Schotterterrassen), wobei dieser Begriff nicht nur die ebene Oberfläche, sondern den gesamten Sedimentkörper umfasst. Durch den klimatisch bedingten Wechsel von Aufschotterung und Einschneiden entstanden Terrassenkörper in unterschiedlicher Höhenlage. Man unterscheidet deshalb auch Hoch-, Mittel- und Niederterrassen, wobei die höchste Terrasse die älteste, die tiefste Terrasse die jüngste ist.

Tertiär: Zeitabschnitt (Formation) der Erdneuzeit, 65 bis 1,8 Mio. Jahre vor heute

Toteis: Beim Rückschmelzen der Gletscher oder Inlandeismassen entstanden isolierte Eisblöcke, die nicht mehr mit dem aktiven Eis in Verbindung stehen.

Tuff: lockere bis schwach verfestigte, häufig poröse vulkanische Auswurfmassen; im übertragenen Sinn auch andere poröse, gering verfestigte Ablagerungen, zum Beispiel Kalktuff

Tundra: baumlose, ebene bis flachwellige Landschaft der arktischen Regionen mit einer Vegetation aus Flechten, Moosen und Zwergsträuchern

Verkarstung: Auflösung leicht löslicher, geklüfteter Gesteine (hauptsächlich Kalk- und Gipsgesteine) durch Niederschlags- und Grundwasser unter Bildung von typischen Oberflächenformen und Hohlräumen

Warmzeit: vgl. Interglazial

Autorenverzeichnis

Priv.-Doz. Dr. Michael Baales
LWL/Westfälisches Museum für
Archäologie/Landesmuseum und
Amt für Bodendenkmalpflege
Außenstelle Olpe
In der Wüste 4
57462 Olpe

Dr. Markus Bertling
Westfälische Wilhelms-Universität
Münster
Geologisch-Paläontologisches Institut
und Museum
Pferdegasse 3
48143 Münster

Susanne Birker M. A.
Gustav-Lübcke-Museum
Neue Bahnhofstraße 9
59065 Hamm

Ralf Blank M. A.
Historisches Centrum Hagen
Stadtmuseum/Stadtarchiv
Museum für Ur- und Frühgeschichte
Eilper Straße 71–75
58091 Hagen

Günter Deppe
Mühlenweg 11
46342 Velen-Ramsdorf

K. Heiner Deutmann M. A.
Museum für Kunst und Kulturgeschichte
Hansastraße 3
44137 Dortmund

Priv.-Doz. Dr. Harald Floss
Eberhard-Karls-Universität Tübingen
Institut für Ur- und Frühgeschichte
und Archäologie des Mittelalters
Abteilung Ältere Urgeschichte und
Quartärökologie
Schloss, Burgsteige 11
72070 Tübingen

Dr. Renate Gerlach
LVR/Rheinisches Amt für
Bodendenkmalpflege
Endenicher Straße 133
53115 Bonn

Julia Hallenkamp-Lumpe M. A.
LWL/Westfälisches Museum für
Archäologie/Landesmuseum
Europaplatz 1
44623 Herne

Dr. Martin Heinen
Artemus GmbH
Kölner Straße 201
50226 Frechen

Dr. Detlef Hopp
Institut für Denkmalschutz und
Denkmalpflege Essen
Stadtarchäologie
Kennedyplatz 6
45121 Essen

Prof. Dr. Heinz Günter Horn
Rembrandtstraße 32
50389 Wesseling

Dr. Olaf Jöris
Forschungsbereich Altsteinzeit des
Römisch-Germanischen Zentralmuseums
Schloß Monrepos
56567 Neuwied

Dr. Susanne Jülich
LWL/Westfälisches Museum für
Archäologie/Landesmuseum
Europaplatz 1
44623 Herne

Lutz Kindler M. A.
Forschungsbereich Altsteinzeit des
Römisch-Germanischen Zentralmuseums
Schloß Monrepos
56567 Neuwied

Prof. Dr. Josef Klostermann
Geologischer Dienst Nordrhein-Westfalen
Landesbetrieb
De-Greiff-Straße 195
47803 Krefeld

Prof. Dr. Wighart von Koenigswald
Rheinische Friedrich-Wilhelms-Universität
Paläontologisches Institut
Nussallee 8
53115 Bonn

Dr. Klaus-Peter Lanser
LWL/Westfälisches Museum für Naturkunde/Paläontologische Bodendenkmalpflege
Sentruper Straße 285
48161 Münster

Prof. Dr. Thomas Litt
Rheinische Friedrich-Wilhelms-Universität
Institut für Paläontologie
Nussallee 8
53115 Bonn

John Loftus M. A.
Ruhrtalmuseum Schwerte
Brückstraße 14
58239 Schwerte

Dr. Stefan Niggemann
Dechenhöhle und Höhlenmuseum
Dechenhöhle 5
58644 Iserlohn

Dr. Holger Paulick
Rheinische Friedrich-Wilhelms-Universität
Mineralogisch-Petrologisches Institut und
Museum
Poppelsdorfer Schloß
53115 Bonn

Dr. Hans-Otto Pollmann
LWL/Westfälisches Museum für
Archäologie/Landesmuseum und
Amt für Bodendenkmalpflege
Außenstelle Bielefeld
Kurze Straße 36
33613 Bielefeld

Svea Rathje M. A.
LWL/Westfälisches Museum für Archäologie/Landesmuseum
Europaplatz 1
44623 Herne

Prof. Dr. Jürgen Richter
Universität zu Köln
Institut für Ur- und Frühgeschichte
Weyertal 125
50923 Köln

Dr. Barbara Rüschoff-Thale
LWL/Westfälisches Museum für
Archäologie/Landesmuseum
Europaplatz 1
44623 Herne

Dr. Michael Schmauder M. A.
LVR/Rheinisches LandesMuseum Bonn
Sammlungsbereich Vorgeschichte
Bachstraße 5–9
53115 Bonn

Priv.-Doz. Dr. Ralf W. Schmitz
Eberhard-Karls-Universität Tübingen
Institut für Ur- und Frühgeschichte und
Archäologie des Mittelalters
Abteilung Ältere Urgeschichte und
Quartärökologie
Schloss, Burgsteige 11
72070 Tübingen
und
LVR/Rheinisches LandesMuseum Bonn
Bachstraße 5–9
53115 Bonn

Stephan Sensen
Museen Burg Altena
Fritz-Thomée-Straße 80
58762 Altena

Dr. Eckhard Speetzen
Westfälische Wilhelms-Universität
Münster
Geologisch-Paläontologisches Institut
und Museum
Corrensstraße 24
48149 Münster

Prof. Dr. Rainer Springhorn
Lippisches Landesmuseum Detmold
Ameide 4
32756 Detmold

Dr. Bernhard Stapel
LWL/Westfälisches Museum für
Archäologie/Landesmuseum und
Amt für Bodendenkmalpflege
Bröderichweg 35
48159 Münster

Ulrike Stottrop
Ruhrlandmuseum Essen
Abteilung Geologie
Goethestraße 41
45128 Essen

Michael Strauß
Museum Bünde
Fünfhausenstraße 8–12
32257 Bünde

Dr. Walter Tanke
Museum für Naturkunde
Münsterstraße 271
44145 Dortmund

Dr. Bernd Tenbergen
LWL/Westfälisches Museum für
Naturkunde
Sentruper Straße 285
48161 Münster

Jutta Törnig-Struck M. A.
Museum für Stadt- und Kulturgeschichte
Marktplatz 3
58706 Menden

Martin Walders
Quadrat Bottrop
Museum für Ur- und Ortsgeschichte
Im Stadtgarten 20
46236 Bottrop

Dr. Gabriele Wand-Seyer
Emschertal-Museum
Karl-Brandt-Weg 7
44629 Herne

Heinz-Werner Weber
Arbeitsgemeinschaft Höhle und
Karst Sauerland Hemer e. V.
Am Mittelfeld 1 a
58675 Hemer

Prof. Dr. Gerd-Christian Weniger
Neanderthal Museum
Talstraße 300
40822 Mettmann

Dr. Klaus Wollmann
Naturkundemuseum im Marstall
Marstallstraße 9
33104 Paderborn – Schloss Neuhaus

LVR = Landschaftsverband Rheinland
LWL = Landschaftsverband Westfalen-Lippe

Abbildungsnachweis

Für die Institutionen werden folgende Abkürzungen verwendet: AHKS (Arbeitsgemeinschaft Höhle und Karst Sauerland Hemer e. V.), LVR (Landschaftsverband Rheinland), LWL (Landschaftsverband Westfalen-Lippe), RAB (Rheinisches Amt für Bodendenkmalpflege Bonn), RGZM (Römisch-Germanisches Zentralmuseum Mainz), RLM (Rheinisches LandesMuseum Bonn), WMfA (Westfälisches Museum für Archäologie/Landesmuseum und Amt für Bodendenkmalpflege Münster), WMfN (Westfälisches Museum für Naturkunde/ Paläontologische Bodendenkmalpflege Münster).

Abb. 1, 32, 35–37, 61–63, 88, 127: Fotos G. Oleschinski, Institut für Paläontologie, Universität Bonn

Abb. 2: Foto B. Beyer-Rotthoff, LVR/RAB

Abb. 3: aus: K. Günther, Alt- und mittelsteinzeitliche Fundplätze in Westfalen. Einführung in die Vor- und Frühgeschichte Westfalens 6, Teil 2 (1988) 161 Abb. 75

Abb. 4: Foto R. Dreyer, R. Graw, Dechenhöhle und Höhlenmuseum Iserlohn

Abb. 5, 120: LVR/RAB

Abb. 6, 57, 72, 105, 109: Fotos S. Brentführer, LWL/WMfA

Abb. 7, 114–116, 122, 152–154: LWL/ WMfA

Abb. 8: J. Klostermann, Geologischer Dienst NRW; verändert nach: Bundesforschungsanstalt für Landeskunde und Raumplanung 1959–1978

Abb. 9: aus: W. H. Berger u. a., Das Klima im Quartär. Rekonstruktion aus Tiefseesedimenten mit Hilfe der Milankovitch-Theorie. Geowissenschaften 12, 1994, 260 Abb. 3 b; mit freundlicher Genehmigung von Prof. Dr. G. Wefer, Universität Bremen

Abb. 10: aus: G. Wefer – W. H. Berger, Klimageschichte aus der Tiefsee, in:

G. Wefer (Hrsg.), Expedition Erde (2002) 156 Abb. 3; mit freundlicher Genehmigung von Prof. Dr. G. Wefer, Universität Bremen

Abb. 11: aus: W. H. Calvin, The Emergence of Intelligence. Scientific American 271, Oktober 1994, 81; Copyright © 2006 by Scientific American, Inc. All rights reserved.

Abb. 12: aus: J. Imbrie – K. Palmer Imbrie, Die Eiszeiten (1981) 84 Abb. 16

Abb. 13: aus : W. S. Broecker – G. H. Denton, Ursachen der Vereisungszyklen, in: P. J. Crutzen (Hrsg.), Atmosphäre, Klima, Umwelt (1990) 85 Abb. 5; Copyright George Retseck Illustration

Abb. 14, 18, 20: J. Klostermann, Geologischer Dienst NRW

Abb. 15, 16, 19, 22: Fotos J. Klostermann, Geologischer Dienst NRW

Abb. 17, 21: Fotos C. Piepjohn

Abb. 23: E. Speetzen, Geologisch-Paläontologisches Institut und Museum, Universität Münster

Abb. 24, 27–31: Fotos E. Speetzen, Geologisch-Paläontologisches Institut und Museum, Universität Münster

Abb. 25: aus: Th. Wegner, Geologie Westfalens und der angrenzenden Gebiete (1926) 353 Abb. 223

Abb. 26, 40, 43, 74: LWL/WMfN

Abb. 33: aus: T. Litt, Klimaentwicklung in Europa während der letzten Warmzeit (126 000–115 000 Jahre vor heute), in: Deutscher Wetterdienst (Hrsg.), Klimastatusbericht 2003 (2004) 28 Abb. 3

Abb. 34: aus: W. von Koenigswald – W. Meyer (Hrsg.), Erdgeschichte im Rheinland. Fossilien und Gesteine aus 400 Millionen Jahren (1994) 196 Abb. 21.11

Abb. 38: aus: T. Litt u. a., Environmental response to climate and volcanic events in central Europe during the Weichselian Lateglacial. Quaternary Science Reviews 22, 2003, 14 Abb. 7

Abb. 39, 41, 42, 44, 162: Fotos G. Thomas, LWL/WMfN

Abb. 45: J. Richter, Institut für Ur- und Frühgeschichte, Universität Köln; verändert nach: J.-J. Hublin, Die Sonderevolution der Neandertaler, in: Die Evolution des Menschen. Dossier Spektrum der Wissenschaften 2, 2004, 61

Abb. 46, 81–83, 92, 93, 118, 119, 131, 132: Fotos M. Thuns, LVR/RAB

Abb. 47: Zeichnung Henri Bidault, Copyright Neanderthal Museum, Mettmann

Abb. 48: aus: Ruhrlandmuseum Essen (Hrsg.), Das Eiszeitalter im Ruhrland, zusammengestellt von Gerhard Bosinski (1982) 50 Abb. 32

Abb. 49: Th. Terberger, Lehrstuhl für Ur- und Frühgeschichte, Universität Greifswald

Abb. 50: Zeichnung Ch. Duntze, LVR/RLM; nach: H. Löhr, Der Magdalénien-Fundplatz Alsdorf, Kreis Aachen-Land. Ein Beitrag zur Kenntnis der funktionalen Variabilität jungpaläolithischer Stationen (1988) 307 Abb. 33

Abb. 51: Zeichnung Ch. Duntze, LVR/RLM; nach: H.-U. Schmincke, Vulkane im Laacher See-Gebiet (1988) 22 Abb. 13

Abb. 52, 100: J. Richter, Institut für Ur- und Frühgeschichte, Universität Köln

Abb. 53: Foto M. Street, Forschungsbereich Altsteinzeit des RGZM; Zeichnung (Aquarell) Friederike Hilscher-Ehlert; aus: M. Street, Jäger und Schamanen. Bedburg-Königshoven. Ein Wohnplatz am Niederrhein vor 10 000 Jahren (1989) Farbtaf. VI

Abb. 54, 87, 101, 110: Fotos M. Baales, LWL/WMfA/Außenstelle Olpe

Abb. 55: Foto L. Kindler, Forschungsbereich Altsteinzeit des RGZM

Abb. 56: Foto H. Menne, LWL/WMfA/Außenstelle Olpe

Abb. 58: Geographisches Institut, Universität Bonn

Abb. 59, 60: Fotos H. Paulick, Mineralogisch-Petrologisches Institut und Museum, Universität Bonn

Abb. 64, 65, 104, 108, 121: Fotos B. Stapel, LWL/WMfA

Abb. 66, 67: Lippisches Landesmuseum Detmold

Abb. 68: Foto D. Hopp/Stadtarchäologie Essen

Abb. 69, 71: Stadtarchäologie Essen

Abb. 70: Fotoarchiv Ruhrlandmuseum Essen

Abb. 73: Foto H.-W. Weber, AHKS

Abb. 75: Fotoarchiv Ruhrlandmuseum Essen (Archiv, T. Stern)

Abb. 76: Foto P. Happel, Stadtbildstelle Essen (Archiv, P. Prengel); Fotobearbeitung A. Müller, LWL/WMfA/Außenstelle Olpe

Abb. 77, 138–141: Fotos J. Ihle, Lippisches Landesmuseum Detmold

Abb. 78: Foto J. Ihle, Lippisches Landesmuseum Detmold; Fotobearbeitung A. Müller, LWL/WMfA/Außenstelle Olpe

Abb. 79: Foto E. Hammerschmidt, Dechenhöhle und Höhlenmuseum Iserlohn

Abb. 80: Foto S. Niggemann, Dechenhöhle und Höhlenmuseum Iserlohn

Abb. 84: aus: St. Veil (Hrsg.), Alt- und mittelsteinzeitliche Fundplätze des Rheinlandes. Kunst und Altertum am Rhein 81 (1978) 45 Abb. 12

Abb. 85: Foto A. Thünker DGPh, Bad Münstereifel

Abb. 86, 102, 103: Fotos M. Baales, LWL/WMfA/Außenstelle Olpe; Fotobearbeitung A. Müller, LWL/WMfA/Außenstelle Olpe

Abb. 89: Foto R. W. Schmitz, Institut für Ur- und Frühgeschichte und Archäologie des Mittelalters, Abt. Ältere Urgeschichte und Quartärökologie, Universität Tübingen

Abb. 90: Foto F. Willer, LVR/RLM

Abb. 91: Neanderthal Museum, Mettmann

Abb. 94, 130, 133: Fotos St. Taubmann, LVR/RLM

Abb. 95: Umzeichnung G. Otto, LVR/RAB; nach einer Vorlage unter http://www.hohesvenn.de/wissen.htm

Abb. 96: Foto B. Friedrich

Abb. 97, 98: Fotos H. Jensen, Institut für Ur- und Frühgeschichte und Archäologie des Mittelalters, Abt. Ältere Urgeschichte und Quartärökologie, Universität Tübingen

Abb. 99: Foto J. Richter, Institut für Ur- und Frühgeschichte, Universität Köln

Abb. 106: Archiv LWL/WMfA

Abb. 107: Foto S. Müller, LWL/WMfA; Fotobearbeitung A. Müller, LWL/WMfA/Außenstelle Olpe

Abb. 111, 117: Fotos H. Menne; Fotobearbeitung A. Müller, LWL/WMfA/Außenstelle Olpe

Abb. 112: Foto H. Floss, Institut für Ur- und Frühgeschichte und Archäologie des Mittelalters, Abt. Ältere Urgeschichte und Quartärökologie, Universität Tübingen; Fotobearbeitung A. Müller, LWL/WMfA/Außenstelle Olpe

Abb. 113: aus: St. Veil (Hrsg.), Alt- und mittelsteinzeitliche Fundplätze des Rheinlandes. Kunst und Altertum am Rhein 81 (1978) 55 Abb. 18

Abb. 123: Foto J. Steiner, Wuppertal

Abb. 124: Foto Th. Millutat, Lüdenscheid

Abb. 125: Foto S. Jülich, LWL/WMfA/Landesmuseum

Abb. 126: Foto W. von Koenigswald, Paläontologisches Institut, Universität Bonn

Abb. 128, 129: Fotos M. Lingnau, Universität Tübingen

Abb. 134, 135: Quadrat Bottrop, Museum für Ur- und Ortsgeschichte

Abb. 136, 137: Fotos U. Franzrahe, Museum Bünde

Abb. 142, 143: Fotos K. H. Deutmann, Museum für Kunst und Kulturgeschichte, Dortmund

Abb. 144: Museum für Naturkunde, Dortmund

Abb. 145, 146: Fotos J. Nober, Ruhrlandmuseum Essen

Abb. 147, 148: Historisches Centrum Hagen

Abb. 149, 150: Fotos S. Birker, Gustav-Lübcke-Museum, Hamm

Abb. 151: Stadt Herne, Emschertal-Museum

Abb. 155, 156: Museum für Stadt- und Kulturgeschichte Menden

Abb. 157: Foto M. Reisch, Neanderthal Museum, Mettmann

Abb. 158: Foto C. Creutz, Neanderthal Museum, Mettmann

Abb. 159: Foto T. Haltner, Neanderthal Museum, Mettmann

Abb. 160: Foto M. Bertling, Geologisch-Paläontologisches Institut und Museum, Universität Münster

Abb. 161: Foto Th. Wrede, Geologisch-Paläontologisches Museum, Universität Münster

Abb. 163: Foto B. Tenbergen, LWL/WMfN

Abb. 164–166: Fotos K. Wollmann, Naturkundemuseum, Paderborn

Abb. 167, 168: Ruhrtalmuseum, Schwerte

Abb. 169: Verkehrsverein Velen-Ramsdorf e. V.

S. 1: Foto M. Pietrek, Neanderthal Museum, Mettmann

S. 117: Neanderthal Museum, Mettmann

S. 239: Foto M. Thuns, LVR/RAB

Karte (Umschlaginnenseite vorne): S. Zoeldi, Bonn

Frontispiz: Foto C. Creutz, Neanderthal Museum, Mettmann

Covervorderseite, von oben nach unten: Schädelkalotte des namengebenden Fundes von 1856: Foto St. Taubmann, LVR/RLM

Balver Höhle: Foto M. Baales, LWL/WMfA/Außenstelle Olpe

Höhlenbärenschädel von Höling bei Obermarsberg: Foto J. Ihle, Lippisches Landesmuseum Detmold

Archäologische Parkanlage des Neanderthal Museums, Mettmann: Neanderthal Museum, Mettmann

Hintergrund: aus: St. Veil (Hrsg.), Alt- und mittelsteinzeitliche Fundplätze des Rheinlandes. Kunst und Altertum am Rhein 81 (1978) 96 Abb. 37.